国家自然科学基金项目（31760618和31360511）资助

贺兰山鞘翅目昆虫多样性及空间分布格局

杨贵军　王新谱　时项锋　编著

科学出版社

北　京

内 容 简 介

本书是基于贺兰山鞘翅目昆虫物种多样性的调查成果，按照 Bouchard 等（2011）分类体系列出了贺兰山鞘翅目 2 亚目 31 科 252 属 469 种（亚种）的中文名、拉丁名、采集记录、分布和习性等信息，介绍了鞘翅目昆虫物种多样性特征，运用动物地理区划理论、地理信息系统和生物地理学统计方法分析了鞘翅目昆虫区系组成，进行了贺兰山山地鞘翅目昆虫地理单元划分，并分析了贺兰山鞘翅目昆虫多样性的空间分布格局及环境影响因子。

本书可为高等院校昆虫学、生态学、林学等专业的师生，以及从事动物监测、自然保护区管理的专业人员提供参考。

图书在版编目（CIP）数据

贺兰山鞘翅目昆虫多样性及空间分布格局/杨贵军，王新谱，时项锋编著.—北京：科学出版社，2020.11
ISBN 978-7-03-066948-3

Ⅰ.①贺⋯ Ⅱ.①杨⋯ ②王⋯ ③时⋯ Ⅲ.①贺兰山–鞘翅目–调查研究 Ⅳ.①Q969.480.8

中国版本图书馆 CIP 数据核字(2020)第 226715 号

责任编辑：王 静 付 聪 / 责任校对：郑金红
责任印制：吴兆东 / 封面设计：刘新新

科学出版社 出版
北京东黄城根北街 16 号
邮政编码：100717
http://www.sciencep.com
北京虎彩文化传播有限公司 印刷
科学出版社发行 各地新华书店经销
*
2020 年 11 月第 一 版 开本：B5 (720×1000)
2020 年 11 月第一次印刷 印张：16
字数：323 000
定价：168.00 元
(如有印装质量问题，我社负责调换)

前　言

贺兰山地处阿拉善高原与银川平原之间，是北温带草原向荒漠过渡的地带，是我国北方阿拉善-鄂尔多斯生物多样性中心的核心区域。地理坐标为 38°13′N～39°30′N、105°41′E～106°41′E，面积 2729.6km²。山脉呈西南—东北走向，东坡地势平缓，西坡地势相对陡峭。因受地质构造、干燥剥蚀和流水侵蚀的影响，山体突兀，岭谷相间，山地主体海拔 2000～3000m，最高峰敖包圪垯海拔 3556.1m。贺兰山以西是腾格里沙漠，以东是毛乌素沙漠，以北是乌兰布和沙漠，是干旱半干旱地区具有代表性的自然综合体，而且具有带谱比较完整的山地植被垂直带结构。贺兰山独特的地形地貌和地理特征孕育了丰富的生物资源，是备受关注的生物多样性研究热点区域。

有关贺兰山地区昆虫区系的研究已有 200 多年。中华人民共和国成立后，吴福桢先生 20 世纪 60～70 年代对宁夏农业昆虫的考察，高兆宁先生、能乃扎布先生、王希蒙先生、任国栋先生等学者 80～90 年代对宁夏和内蒙古昆虫区系的深入研究，均涉及贺兰山区域。近年来，宁夏贺兰山国家级自然保护区管理局和内蒙古贺兰山国家级自然保护区管理局分别组织专家对贺兰山地区进行了综合科学考察，有关贺兰山昆虫区系的研究成果汇总于《宁夏贺兰山昆虫》和《内蒙古贺兰山地区昆虫》。鞘翅目隶属于昆虫纲有翅亚纲，是昆虫纲中种类最多、分布最广的类群。鞘翅目昆虫是贺兰山生态系统中不可或缺的一环，对维持贺兰山山地生态系统结构及物质循环和能量流动具有重要作用，其类群丰富、食性复杂，对环境具有较强的适应能力，而且对环境变化敏感，其物种多样性的变化可作为环境变化的重要指标。研究该地区鞘翅目昆虫多样性的地理分布格局及其形成机制具有重要的生物地理学意义和保护生物学意义。但截至目前，对该地区鞘翅目昆虫物种多样性地理分布格局与区域分化间的量化关系及多样性格局形成机制的专门性研究几乎为空白。

作者自 2005 年开始，一直从事贺兰山地区昆虫物种多样性及其与环境关系的相关研究，承担了宁夏贺兰山国家级自然保护区综合科学考察的昆虫调查项目，并编撰了《宁夏贺兰山昆虫》一书；参与了内蒙古贺兰山的昆虫调查；主持完成了宁夏贺兰山林业有害生物的调查。特别是在国家自然科学基金项目"贺兰山鞘翅目昆虫的地理分布格局及区域分异研究"（31360511）和"贺兰山地表甲虫多样性分布格局及环境解释"（31760618）的资助下，深入开展了鞘翅目昆虫多样性分布格局及区域分异研究，并进行了其形成机制的深入探索。

在书稿付梓之时，特别感谢业师于有志教授多年来的关心和指导。书中部分种类鉴定得到了中国科学院动物研究所、河北大学、国家林业和草原局森防总站等单位相关专家的帮助。宁夏大学农学院贾彦霞副教授，辛明博士，杨益春、王杰、李欣芸、王敏、王源、刘晓莉、贺奇、马永林等硕士参加了标本采集工作。在野外调查时，得到宁夏贺兰山国家级自然保护区管理局和内蒙古贺兰山国家级自然保护区管理局大力支持。谨向所有关心、支持、指导和帮助我们完成研究工作的单位和个人表示诚挚感谢。

虽然作者对贺兰山地区鞘翅目昆虫的研究已有多年的积累，但还存在调查精细度不足的问题，再加上作者知识水平有限，疏漏或不当之处在所难免，望读者批评指正。

编著者

2019 年 10 月

目　　录

1 绪 论

贺兰山山脉位于阿拉善高原与银川平原之间，北起巴彦敖包，南至马夫峡子。贺兰山是我国重要的自然地理分界线之一，也是西北地区重要的生态屏障（金山，2009；梁存柱等，2012）。该地区地处北温带草原向荒漠过渡的地带，也是我国北方主要的农牧交错带，同时，又位于我国西北荒漠绿洲交接生态脆弱区，暴雨、山洪、干旱等自然灾害和人为因素的严重干扰，破坏了生物群落与外部环境条件间脆弱的动态平衡（刘军会等，2015）。

贺兰山在行政区划上隶属于宁夏和内蒙古，位于两个自治区的分界线上，并分别建立了宁夏贺兰山国家级自然保护区和内蒙古贺兰山国家级自然保护区（以下简称贺兰山保护区）。贺兰山经历了 25 亿年的地质演变，形成了独特的地形地貌和地理特征，并孕育了丰富的生物资源，成为我国北方阿拉善-鄂尔多斯生物多样性中心的核心区域。鞘翅目昆虫是贺兰山生态系统中不可或缺的一环，对维持山地生态系统结构及物质循环和能量流动具有重要作用。鞘翅目昆虫类群丰富，食性复杂，对环境具有较强的适应能力（Yu et al.，2010），而且对环境变化敏感。栖息地植被组成、地表枯落物、栖息地破碎化、演替阶段、地形等因素均可能影响鞘翅目昆虫的组成和分布，因此，鞘翅目昆虫物种多样性变化可作为环境变化的重要指标。

动物分布区的地理位置、大小可反映动物对现代自然条件的适应能力，同时也是动物分布历史变迁至现阶段的结果。有学者认为贺兰山一带可视为华夏植物群的起源中心（孙克勤和邓胜徽，2004），贺兰山植物区系的过渡性表征了过去自然历史条件，尤其是以气温和降水为主导因素的气候条件的历史性变迁，因此掌握该地区生物多样性的地理分布格局并对其形成机制进行研究具有重要的生物地理学意义和保护生物学意义。但截至目前，对该地区鞘翅目昆虫物种多样性、地理分布格局与区域分化间量化关系的专门研究几乎为空白。该地区鞘翅目昆虫的物种多样性在地理梯度上呈现怎样的格局？哪些区域鞘翅目昆虫多样性较为丰富，哪些区域相对贫乏？如何对上述格局的形成机制进行理论上的解释？对上述问题回答的缺失，在一定程度上可能不利于科学、合理地保护该地区丰富多样的昆虫资源。所以，有必要对贺兰山地区鞘翅目昆虫物种多样性的地理分布格局及其形成机制进行深入的探索，为该地区昆虫多样性保护政策的制定、措施的实施提供必要的基础信息和理论指导。

1.1 贺兰山昆虫研究概况

1.1.1 贺兰山昆虫区系和物种多样性研究

贺兰山因其独特的地理位置，一直以来是学术界关注的生物多样性研究热点地区。有关贺兰山地区昆虫区系的研究已有 200 多年。在 18 世纪后期，俄罗斯军官 N. M. Przewlsky 率队先后进行了 3 次中亚大考察（1853～1885 年），其中至少两次经过阿拉善地区，就包括贺兰山在内；法国传教士 P. E. Lisent 对黄河以北地区的昆虫进行了考察（1927～1937 年），该考察也包括贺兰山地区。中华人民共和国成立后，从中央到地方均有涉及贺兰山的零散或小规模资源考察，并有涉及昆虫多个类群的零星报道，其中最具代表性的是吴福祯先生在 20 世纪 60～70 年代的宁夏农业昆虫考察（王新谱和杨贵军，2010），这一研究具有里程碑意义。随后，80～90 年代能乃扎布（1986）、王希蒙（1992）、高兆宁（1993）、郑哲民和万历生（1992）、任国栋和于有志（1999）等对宁夏和内蒙古昆虫区系的深入研究均涉及贺兰山区域。

近年来，关于贺兰山地区昆虫区系的研究主要包括直翅目（张红利等，2012；郑哲民等，2012；曾慧花等，2015）、半翅目（贾彦霞等，2011；王旭娜等，2018）、鞘翅目（沈向阳，2003；杨贵军等，2011；Lin and Danilevsky，2011；贾龙，2014；白玲，2016；孙晓杰，2016；王杰等，2016；贾龙等，2017；王杰，2017；任国栋等，2019）、毛翅目（杨莲芳和贾金山，2011）、双翅目（赵喆等，2012）、膜翅目（长有德和贺达汉，2002；辛明等，2011；李泽建和魏美才，2012）、鳞翅目（贾彦霞等，2010）等昆虫类群。王新谱和杨贵军（2010）、白晓拴等（2013）对贺兰山进行了较为系统的昆虫考察，报道了多个昆虫类群的区系和物种多样性的成果，并集中总结于《宁夏贺兰山昆虫》和《内蒙古贺兰山地区昆虫》，其中，王新谱和杨贵军（2010）记录宁夏贺兰山昆虫 18 目 153 科 647 属 1025 种，其中古北界物种 730 种（约占 71.22%），东洋界物种 19 种（约占 1.85%），广布种 276 种（约占 26.93%），优势目包括直翅目、半翅目、同翅目、鞘翅目、鳞翅目、双翅目和膜翅目；白晓拴等（2013）研究发现，内蒙古贺兰山共有昆虫 25 目 203 科 1914 种，其中古北界物种 1274 种（约占 66.56%），广布种 604 种（约占 31.56%），东洋界物种 36 种（约占 1.88%），优势目包括半翅目、鞘翅目、双翅目、鳞翅目和膜翅目。关于贺兰山不同生境类型昆虫多样性特征及其与环境因子的关系也逐步受到关注，贾彦霞等（2010）的研究表明，宁夏贺兰山山麓荒漠化草原生境蛾类 Shannon-Wiener 多样性指数最大。王新谱等（2009）的研究认为，宁夏贺兰山灰榆疏林是半翅目昆虫物种多样性最丰富的生境。李欣芸等（2020）的研究表明，蝶类的栖息地偏好与寄主植物有关，生境差异性和干扰显著影响蝴蝶群落的物种多样性。

1.1.2　贺兰山鞘翅目昆虫区系和物种多样性研究

鞘翅目（Coleoptera）昆虫，俗称甲虫，隶属于昆虫纲有翅亚纲（Pterygota），是昆虫纲中种类最多、分布最广的类群，迄今全世界已知约 40 万种，为动物界中最大的一目，约占昆虫纲的 40%，我国记载 3 万余种（聂瑞娥等，2019）。相较于其他目，甲虫栖息环境较为隐蔽，一般不易引起人们注意。甲虫是全变态类群，坚固刚硬的鞘翅提高了甲虫对环境的抗逆力，使得甲虫的分布范围极其广泛，泥土中、水中、仓库、林木都可见到甲虫的身影，更有甚者会存在于海拔高达 5300m 以上的地区。目前已知鞘翅目最早的化石记录见于古生代早二叠纪。关于鞘翅目的起源，有 3 个代表性假说：蜚蠊目假说、脉翅目假说和广翅目假说，现在被绝大多数学者接受和使用的学说是鞘翅目起源于三叠纪的古鞘翅目，且在三叠纪晚期，现代鞘翅目 4 个亚目已分化形成。白垩纪晚期，已经发生了亚科的分化，古近纪和新近纪时，现代鞘翅目昆虫的格局基本形成（郑乐怡和归鸿，1999）。不同学者对于鞘翅目现生类群的分类见解不一，一般分为 2～4 个亚目 7～21 个总科（类）（表 1-1）（郑乐怡和归鸿，1999；Bouchard et al.，2011；蔡邦华，2017）。

表 1-1　鞘翅目亚目和总科（类）划分概况

国别、学者、年份	亚目	总科（类）
奥地利 Ganglbauer，1903	肉食亚目（Adephaga）	
	多食亚目（Polyphaga）	隐翅虫总科（Staphylinoidea）、须角类（Palpicornia）、异角类（Diversicornia）、异跗节类（Heteromera）、植食类（Phytophaga）、象甲类（Rhynchophora）、鳃角类（Lamellicornia）
德国 Weber，1933	肉食亚目（Adephaga）	陆栖类（Geodephaga）、水栖类（Hydrocanthari）
	多食亚目（Polyphaga）	隐翅虫类（Staphylinoidea）、水龟甲类（Hydrophiloidea）、软鞘类（Malacodermata）、球角类（Clavicornia）、短节类（Brachymera）、大趾类（Macrodactyli）、大基窝类（Fossipedes）、尖胸类（Sternoxia）、木蠹类（Teredilia）、异节类（Heteromera）、伪四节类（Pseudotetramera）、鳃角类（Lamellicornia）
荷兰 Sheerpeltz，1939	肉食亚目（Adephaga）	
	多食亚目（Polyphaga）	
	原鞘亚目（Archostemata）	
法国 Jeannel，1941	肉食亚目（Adephaga）	步甲总科（Caraboidea）、沼梭总科（Haliploidea）、水甲总科（Hygrobioidea）、条脊甲总科（Rhysodoidea）、龙虱总科（Dytiscoidea）、豉甲总科（Gyrinoidea）
	原鞘亚目（Archostemata）	
	原腹亚目（Haplogastra）	隐翅虫总科（Staphylinoidea）、金龟甲总科（Scarabaeoidea）
	异腹亚目（Heterogastra）	软鞘虫科（Malacodermoidea）、异跗节总科（Heteromeroidea）、郭公虫总科（Cleroidea）、花甲总科（Dascilloidea）、扁甲总科（Cucujoidea）、植食总科（Phytophagoidea）

国别、学者、时间	亚目	总科（类）
意大利 Essig，1947	肉食亚目（Adephaga）	步甲总科（Caraboidea）、豉甲总科（Gyrinoidea）、棒角甲总科（Paussoidea）
	多食亚目（Polyphaga）	水龟虫总科（Hydrophiloidea）、隐翅虫总科（Staphylinoidea）、花萤总科（Cantharoidea）、筒蠹总科（Lymexyloidea）、长扁甲总科（Cupesoidea）、叩甲总科（Elateroidea）、泥甲总科（Dryopoidea）、花甲总科（Dascilloidea）、条脊甲总科（Rhysodoidea）、扁甲总科（Cucujoidea）、花蚤总科（Mordelloidea）、拟步甲总科（Tenebrionoidea）、蛛蠹总科（Ptinoidea）、金龟甲总科（Scarabaeoidea）、天牛总科（Cerambycoidea）
	象甲亚目（Rhynchophora）	三锥象甲总科（Brentoidea）、象甲总科（Curculionoidea）
中国 杨星科，2015	原鞘亚目（Archostemata）	长扁甲总科（Cupesoidea）
	藻食亚目（Myxophaga）	球甲总科（Sphaerioidea）
	多食亚目（Polyphaga）	水龟虫总科（Hydrophiloidea）、隐翅虫总科（Staphylinoidea）、金龟甲总科（Scarabaeoidea）、花甲总科（Dascilloidea）、丸甲总科（Byrrhoidea）、泥甲总科（Dryopoidea）、吉丁总科（Buprestoidea）、叩甲总科（Elateroidea）、花萤总科（Cantharoidea）、皮蠹总科（Dermestoidea）、长蠹总科（Bostrichoidea）、郭公甲总科（Cleroidea）、筒蠹总科（Lymexyloidea）、扁甲总科（Cucujoidea）、伪步甲总科（Tenebrioidea）、叶甲总科（Chrysomeloidea）、象甲总科（Curculionoidea）
	肉食亚目（Adephaga）	步甲总科（Caraboidea）
加拿大 Bouchard 等，2011	原鞘亚目（Archostemata）	
	藻食亚目（Myxophaga）	单跗甲总科（Lepiceroidea）、球甲总科（Sphaerioidea）
	肉食亚目（Adephaga）	
	多食亚目（Polyphaga）	水龟甲总科（Hydrophiloidea）、隐翅虫总科（Staphylinoidea）、金龟总科（Scarabaeoidea）、沼甲总科（Scirtoidea）、花甲总科（Dascilloidea）、吉丁总科（Buprestoidea）、丸甲总科（Byrrhoidea）、叩甲总科（Elateroidea）、伪郭公总科（Derodontoidea）、长蠹总科（Bostrichoidea）、筒蠹总科（Lymexyloidea）、郭公甲总科（Cleroidea）、扁甲总科（Cucujoidea）、拟步甲总科（Tenebrioidea）、叶甲总科（Chrysomeloidea）、象甲总科（Curculionoidea）

以贺兰山山脊为界，西侧为内蒙古辖区，东侧为宁夏辖区。关于贺兰山地区鞘翅目昆虫的研究主要在区系组成（表1-2）、多样性及其与环境因子的关系方面。其中，关于区系的研究，贺兰山东侧（即宁夏贺兰山）有关鞘翅目昆虫的研究较多，涉及类群最多的是拟步甲科，参与研究的单位集中在河北大学和宁夏大学。全面系统地总结贺兰山鞘翅目昆虫区系集中在2007~2011年的综合科学考察，宁夏贺兰山有鞘翅目33科175属273种，总趋势仍以古北界物种占优势，有207

种（约占 75.82%）（王新谱和杨贵军，2010）；内蒙古贺兰山有鞘翅目 25 科 164 属
299 种，其中古北界物种 204 种（约占 68.23%），东洋界物种 5 种（约占 1.67%），
广布种 90 种（约占 30.10%）（白晓拴等，2013）。白玲（2016）和任国栋等（2019）
记载宁夏甲虫区系中包括贺兰山甲虫 30 科 211 属 355 种（亚种）。一些重要科的生
态分布亦有报道。杨贵军等（2011）报道，宁夏贺兰山拟步甲科昆虫以拟步甲亚科种
类最多，漠甲亚科次之，区系组成上，以中亚亚界成分为主，蒙新区比例最高，根
据生态分布特征，拟步甲科生态类型可分为阴湿林地土栖种组、区域广布土栖种组、
干旱林草地土栖种组、典型荒漠土栖种组四类。贺兰山天牛科昆虫在垂直分布上，
以山前阔叶林带采集到的天牛种类最多，山地针叶林带和针阔混交林带天牛种类组
成相似性较高，山地灌丛带、山地疏林带和山前阔叶林带相似性较高，山前荒漠半
荒漠带、山地草地带与其他植被带天牛组成差异较大（王杰等，2016）。步甲科和拟
步甲科作为地表甲虫的主要类群，其分布受地形影响。杨益春等（2017）研究认为
贺兰山步甲物种多样性的分布格局受海拔为主的坡向、坡度、剖面曲率和地形湿度
指数等多种地形因子综合作用的影响，不同生境中不同地形因子对不同种类的影响
也有差异。海拔、坡度和平面曲率对拟步甲的分布格局有显著影响，拟步甲在贺兰
山山地更倾向选择在热量、光照和水分适中的半阴缓坡聚集，优势种阿小鳖甲的分
布受海拔、坡度和平面曲率的显著影响（杨贵军等，2016）。王敏等（2020）研究认
为海拔、土壤含水量和枯落物盖度明显影响贺兰山地表甲虫群落的多样性，在较小
空间尺度上，地形因子对地表甲虫的分布相对重要。因此，由地形差异导致的环境
异质性为景观及更小尺度范围内生物多样性的形成与维持提供了一种重要机制。

表 1-2　有关贺兰山鞘翅目昆虫区系研究统计

序号	作者	发表年份	研究对象	涉及贺兰山的记录
1	章有为	1965	中国齿爪金龟亚属昆虫	记录贺兰山分布的 1 种
2	任国栋	1986	宁夏金龟科昆虫	记录贺兰山分布的 8 种
3	任国栋	1991	宁夏拟步甲科昆虫	记录贺兰山分布的 1 种
4	刘荣光、孙普	1991	宁夏天牛科昆虫	记录贺兰山分布的 11 种
5	杨彩霞、刘育钜、马成俊等	1992	宁夏象甲科昆虫	记录贺兰山分布的 1 种
6	任国栋、武新	1994	拟步甲科新种	记录分布于贺兰山的刺足甲属 1 新种
7	杨彩霞、刘育钜、高立原	1996	宁夏荒漠拟步甲科昆虫	记录贺兰山分布的 3 种
8	刘永江、乌宁、照日格图	1997	内蒙古阿拉善瓢虫科昆虫	记录贺兰山分布的 6 种
9	任国栋、于有志	1999	中国荒漠半荒漠拟步甲科昆虫	记录贺兰山分布的 6 种
10	于有志、任国栋	2000	中国北方朽木甲亚科幼虫	其中 1 种采集于贺兰山
11	王新谱、任国栋、姜红等	2000	宁夏拟步甲科琵甲属昆虫	记录贺兰山分布的 6 种
12	于有志、张大治、任国栋	2000	中国琵甲属幼虫	其中 1 种采集于贺兰山
13	杨秀娟	2003	中国土甲族昆虫	记录贺兰山分布的 5 种

续表

序号	作者	发表年份	研究对象	涉及贺兰山的记录
14	沈向阳	2003	步甲科昆虫	记录贺兰山分布的30种
15	白明	2004	中国朽木甲亚科昆虫	记录贺兰山分布的3种
16	杨贵军、于有志	2005	蒙新区拟步甲科幼虫	其中1种采集于贺兰山
17	任国栋、杨秀娟	2006	中国拟步甲科土甲族昆虫	记录贺兰山分布的5种
18	巴义彬、任国栋	2008	中国鳖甲族昆虫	记录贺兰山分布的10种
19	任国栋、巴义彬	2010	中国拟步甲科鳖甲族昆虫	记录贺兰山分布的10种
20	潘昭、王新谱、任国栋	2010	中国芫菁科齿爪斑芫菁亚属昆虫	记录贺兰山分布的1种
21	王新谱、杨贵军	2010	宁夏贺兰山昆虫	记录贺兰山分布的273种
22	杨玉霞	2007	中国豆芫菁属昆虫	记录贺兰山分布的2种
23	林美英、M. L. Danilevsky	2011	天牛科昆虫	记录分布于贺兰山的草天牛属2亚种
24	赵亚楠、贺海明、王新谱	2012	宁夏芫菁科昆虫	记录贺兰山分布的8种
25	时书青	2012	中国幽天牛亚科、瘦天牛科昆虫	记录贺兰山分布的1种
26	胡晓燕	2012	中国部分地区锹甲科昆虫	记录贺兰山分布的1种
27	巴义彬	2012	中国漠甲科昆虫	记录贺兰山分布的14种
28	白晓拴、彩万志、能乃扎布	2013	内蒙古贺兰山地区昆虫	记录贺兰山分布的299种
29	贾龙	2014	阿拉善高原拟步甲科昆虫	记录贺兰山分布的45种
30	赵玉	2014	鄂尔多斯高原拟步甲科昆虫	记录贺兰山分布的1种
31	王章训	2016	中国部分地区蚁形甲科昆虫	记录贺兰山分布的1种
32	孙晓杰	2016	蒙古高原拟步甲科昆虫	记录贺兰山分布的17种
33	白玲	2016	宁夏甲虫	记录贺兰山分布的355种
34	任国栋	2016	拟步甲科琵甲族昆虫	记录贺兰山分布的11种
35	王杰、杨贵军、岳艳丽等	2016	贺兰山天牛科昆虫	记录贺兰山分布的45种
36	任国栋、白兴龙、白玲	2019	宁夏甲虫	记录贺兰山分布的355种
37	彭陈丽	2019	中国幽天牛亚科昆虫	记录贺兰山分布的1种

1.2 物种多样性地理分布格局及环境解释

1.2.1 物种多样性地理分布格局

探索生物多样性的分布格局及其影响机制一直是生态学和生物地理学的基本问题和研究热点。在海拔梯度上，植物物种多样性存在3种截然不同的分布格局，即偏峰分布格局、递减分布格局和无明显规律（Lieberman et al.，1996；Vazquez and Givnish，1998；岳明等，2002；唐志尧和柯金虎，2004；王志恒等，2004；Kreft et al.，2006；胡玉昆等，2007；徐成东等，2008；孔祥海，2011）。在动物方面，

McCain（2010）认为，物种丰富度的海拔梯度格局主要有 4 种，即单调递减分布格局、驼峰分布格局、先平台后递减分布格局、单峰分布格局。在脊椎动物类群中，4 种格局分别占 26%、14%、15% 和 45%，其中单峰分布格局最为普遍，但其成因尚存在争议。两栖爬行动物物种丰富度的海拔梯度格局呈普遍的单峰分布格局，存在明显的中域效应（Colwell et al.，2004；Hu et al.，2011；郑智等，2014a，2014b）。在昆虫方面，张鑫等（2013）研究发现，新疆东部天山蝶类物种数和个体数随着海拔上升呈现先增加后下降的趋势，而广布种所占的比例递减。祁连山及河西走廊蝶类（谢宗平等，2009）、广西猫儿山的叶蜂（游群和聂海燕，2007）、黑河亚洲小车蝗（张军霞等，2012）等昆虫类群多样性海拔梯度格局也有类似的结果，即中海拔地带丰富度和多样性高。李丽丽等（2011）研究发现，黑河上游天然草地蝗虫密度在海拔梯度上呈"S"曲线分布，海拔分异导致的地形复杂度影响了蝗虫的丰富度，使蝗虫分布格局出现多元化及破碎化；查高德等（2013）研究表明，海拔对该地区亚洲小车蝗雌虫与雄虫多度的空间分布起主导控制作用，但雌虫在海拔梯度上的分布上限大于雄虫。海拔 Rapoport 法则（elevational Rapoport's rule，ERR）是对纬度 Rapoport 法则（latitude Rapoport's rule，LRR）的延伸和补充，认为在高海拔地区气候变动较大，所以高海拔地区分布的物种比低海拔地区的物种有更为广泛的适应性和更宽的生态位，因此低海拔地区需要更高的物种丰富度来填充生态位的缺失。很多学者采用不同的方法进行了大量的验证，其结果并不统一。沈泽昊和卢绮妍（2009）指出 Rapoport 法则的支持与否不但取决于研究对象和采用的尺度，而且取决于研究的假设和验证方法。在纬度梯度上，物种多样性的分布格局也存在较大争议（Coates，1998；Cramer and Willig，2002）。在经度梯度上，有关物种多样性变化规律的研究比较少见。

近年来，地理信息系统（GIS）在动物分布格局研究中的应用也逐步开展。Palmeirim（1988）将遥感技术和 GIS 相结合获得英格兰 Strathclydae 地区鸟类巢区分布图。在马达加斯加西部进行的狐猴区系研究中，Smith 等（1997）运用 GIS 获得了物种的分布图，并运用叠加方法获得了狐猴详细的物种丰富度。除上述应用以外，GIS 还被应用于预测动物的空间分布格局，构建了许多动物与生境关系的模型（Austin et al.，1996；Bolger et al.，1997）。直接在地图上对动植物的分布信息进行标注分析，是动植物分布格局研究中最简单有效的方法，随着对动物地理研究中定量分析需求的增加，等面积栅格法（张荣祖，2011；王健铭等，2019）、行政区划法（冯建孟和朱有勇，2010；张宇和冯刚，2018）成为进行不同尺度生物空间分布格局分析最简单有效的方法。聚类分析既可以应用于研究动物地理区划（张显理等，1999；许升全等，2004），也可以根据分布情况，通过对分类单元的分析来寻找重叠的分布格局（Guido and Gianelle，2001）。

物种区系分化和空间分异是长期地质历史时期环境影响的结果，科水平上的生物类群反映相对久远的地质历史时期环境的影响，而属和种水平上的生物类群则较多地反映近现代地质历史及环境因素对生物区系的影响（李果等，2009）。李果等（2009）研究发现，植物区系分化（flora differentiation）与植物物种多样性之间存在着密切联系，较强的区系分化是导致植物物种丰富度增加的重要因素之一。区系分化强度用于表征属和科的水平上植物区系的分化强度，区系分化强度与表征地形复杂度的单位面积海拔高差之间存在显著的相关性（沈泽昊等，2004；冯建孟和朱有勇，2010）。动物地理格局的研究也定义物种数与属数之比、属数与科数之比分别为属和科的区系分化指数，该指数运用于研究鸟类和兽类的分布格局和区域分异（张有瑜等，2008；邢雅俊等，2008；王开锋等，2010）。

1.2.2 影响物种多样性分布格局的环境因素

研究生物分布格局旨在阐明物种的各级分类阶元的分布规律及其影响因素。诸多因素可以影响物种的分布格局，其中，最主要的影响因素是气候的历史性变迁（尤其是水热条件的急剧变化），而复杂多样性的区域生态环境、海陆的生成及再分布、高山的大规模隆起及动植物区系的演变等因素也不同程度地改变着物种的分布格局（Bolger et al.，1997；Bücking et al.，1998）。生物多样性的空间分布格局是各种生态因子梯度变化的综合反映，已有许多学者提出了关于物种多样性分布格局的假说，其中，水热动态假说认为，物种多样性的大尺度格局是由能量和水分共同控制的（O'Brien，2006）；环境能量假说认为，物种多样性的空间变化主要受能量的控制（Turner，2004）；生产力假说指出，水资源充沛的低纬度地区环境能量的增加能够提高物种净初级生产力，增大种群规模，从而增加物种多样性（Brown，1981；Wright，1983）；寒冷忍耐假说关注的是寒冷地区，由于很多物种不能忍受冬季的低温而无法生存，物种多样性逐渐减少（Hawkins，2001）；种库假说提出，一个地区可进入某一群落的潜在物种数量由地史过程和区域过程所决定（Zobel，1997）；生境异质性假说认为，由于结构复杂的栖息地能为物种提供多样化的环境资源利用方式，有助于增加物种的多样性（Cox et al.，2016）；种-面积关系模型认为，物种栖息环境的复杂性随面积增加而增加，复杂的环境能容纳更多的物种（Gleason，1925）。在海拔梯度上，中域效应模型认为，物种多样性在中海拔呈单峰分布形式（Lees et al.，1999）。

随着分类研究的深入，许多学者逐步开展了关于昆虫地理分布格局及其形成机制的研究。研究表明，在较小尺度下，单一类群昆虫的分布格局受某类因子影响，山地森林中蚂蚁丰富度主要受能量制约（Sanders et al.，2007），在较大研究尺度范围，降水量、年平均气温、最冷月平均气温、生境异质性显著影响蚂蚁丰富度格局（Gotelli and Arnett，2000；Shah et al.，2015；沈梦伟等，2016）。

影响多类群昆虫分布格局的有植物多样性与海拔变化等生境异质性因子（Schuldt et al.，2010），亦有研究认为昆虫种间关系可能是昆虫多样性分布格局形成的关键因素（张宇和冯刚，2018）。

1.3　贺兰山区域概况

1.3.1　地理位置

贺兰山位于阿拉善高原与银川平原之间，地理坐标为 38°13′N～39°30′N、105°41′E～106°41′E，西坡在内蒙古阿拉善盟境内，东坡属宁夏石嘴山市和银川市，面积 2729.6km^2，山脉呈西南—东北走向，全长约 270km，东西宽 20～40km。山地主体海拔 2000～3000m，最高峰敖包圪垯海拔 3556.1m（王小明，2011；梁存柱等，2012）。

1.3.2　地质地貌

贺兰山是一座地质历史相对年轻的山体，地层除青白口系、志留系、泥盆系外发育比较完整。地貌属于第三级，呈较典型的拉张或剪切拉张型块断山地，因受地质构造、干燥剥蚀和流水侵蚀的影响，形成山体突兀、岭谷相间、山壁陡峭、地面破碎的特点。山体东侧崖谷险峻，西侧地势和缓。贺兰山北段为剥蚀低山，海拔低于 2000m，山势平缓，山丘有覆沙；中段为贺兰山主体，山高谷深，海拔高差较大，最大相差 2100m，自下而上有山前洪积扇、干燥剥蚀山地、流水侵蚀山地和寒冻风化山地；南段为海拔 1500m 的低缓山丘（王小明，2011；梁存柱等，2012）。

1.3.3　气候

贺兰山属中温带干旱气候区，是典型的大陆性气候，由于山体陡峭、地形复杂，贺兰山保护区内山地气候明显。全年干旱少雨，寒暑变化强烈，日照强，无霜期短，热量资源丰富。年平均气温为-0.8℃（海拔 2900m 处），年降水量为 200～400mm，降水的季节变化大，空气干燥（王小明，2011；梁存柱等，2012）。

1.3.4　生物资源

依据贺兰山水热组合和植被特征，贺兰山山地可划分为 6 个垂直植被带：亚高山灌丛草甸带、山地灌丛带、山地森林带、山地疏林带、浅山荒漠带和山地草原带,多种多样生态因素的组合使贺兰山具有比较丰富的生物资源(王小明,2011;李志刚等,2012;梁存柱等,2012)。

贺兰山有野生维管植物 83 科 330 属 624 种,苔藓植物 30 科 82 属 204 种,大型真菌 16 目 32 科 81 属 259 种。贺兰山分布脊椎动物 218 种,其中,鸟类 14 目 31 科 143 种,哺乳类 6 目 15 科 56 种,爬行类 2 目 6 科 14 种,两栖类 1 目 2 科 3 种,鱼类 1 目 2 科 2 种(王小明,2011)。

1.4 研 究 方 法

1.4.1 标本采集方法

本研究涉及标本 4 万余号,来自宁夏大学生命科学学院和农学院 2007~2018 年实地采集,部分标本信息来源于 2007~2011 年贺兰山保护区综合科学考察中的鞘翅目昆虫标本信息(王新谱和杨贵军,2010;白晓拴等,2013),未见种标本的分布信息和形态特征主要由相关文献记载获得。昆虫标本依据相关专著鉴定,部分种类请有关专家鉴定。

标本采集主要有以下方法。

(1)徒手采集法:可以采集白天活动、不善飞行的种类,而且能够获得活的个体。直接捕捉植物枝叶上、石块下的甲虫,或用小铁铲挖掘植物根际或洞穴采集,如步甲科、拟步甲科、象甲科、叶甲科、天牛科、金龟类等的种类。

(2)网捕法:可以采集白天活动、善飞行的类型。沿贺兰山沟道采用样线法,在灌木层、草本层直接扫网,或击打乔木和灌丛枝叶,采集飞行、停落在植物上或有假死性的甲虫,如叩甲科、瓢虫科、芫菁科、吉丁科、花萤科、郭公虫科、天牛科、叶甲科昆虫。

(3)巴氏罐诱法:可以采集步甲科、拟步甲科、金龟科、象甲科、隐翅虫科等地表活动的甲虫。于 2007~2009 年、2012 年、2014~2018 年的 5~8 月,选择贺兰山 26 条沟道,根据海拔、植被、土壤及地形特征布设样地,利用一次性塑料杯(口径 7.5cm,高 9cm,容积 300ml)作为诱杯对地表甲虫进行诱捕。将诱杯埋入地下时要遵循杯口与地表平齐的原则,诱杯在埋入前要在距杯口 2cm 处打下若干均匀的圆孔,以避免由于降雨导致诱杯水满而标本流失的问题。在每个诱杯内加 60~70ml 的引诱剂(①糖醋液:糖、醋、医用酒精和水的混合物,质量比为 2∶1∶1∶20,诱集步甲科、拟步甲科、金龟类等常见地表甲虫;②在饱和 NaCl 溶液中加腐肉:诱集葬甲科、阎甲科等腐食性昆虫)。于 5~8 月集中采集,诱杯置于样地 3 天后收取(Ulyshen et al.,2005;计云,2012)。

(4)灯诱集法:选用功率 400W 的自整流型高压汞灯(250nm),在灯后张挂一块 2m×1m 的白布，采集趋光性甲虫。采集时间在夏季 21：00～24：00。

（5）马氏网：将马氏网布置在林缘或林间向阳小道，放置 5 天，采集一些遇到垂直表面喜欢向上飞行的昆虫，对膜翅目、双翅目和鳞翅目昆虫尤为有效，也能采集到少量访花甲虫。

（6）性信息素诱集法：采用天牛类、小蠹类等诱芯诱集甲虫及其天敌，如放置的小蠹类诱芯可诱集到小蠹及大量郭公虫科昆虫。

（7）粘虫板：将黄色粘虫板悬挂或绑在灰榆、油松等乔木距地面 80～100cm 高的树干上，于 5 月中旬放置至 8 月下旬收回，主要收集吉丁科和叩甲科昆虫。

野外采集过程中详细记录采集标本的海拔、小生境、经纬度等相关信息，按照标本的采集地和类群差异进行简单的初步分类，再浸泡于 60%的酒精中暂时保存，带回实验室后集中制成针插标本。

1.4.2　种类组成和区系分析方法

鞘翅目分类系统主要参照 Bouchard 等（2011）的 5 亚目 24 总科 211 科 541 亚科的分类体系进行编排，并根据鞘翅目分类学专著对贺兰山鞘翅目昆虫学名进行校对，编制科和部分属内种的检索表。详细记录采集信息，包括个体数、地点及海拔（例如：宁夏贺兰山大口子，1460m）、采集时间（例如：2008-Ⅶ-5）和采集人。对鞘翅目的科、属、种进行统计，在此基础上分析物种组成并确定该地区的优势科与优势属。

依据鞘翅目相关专著统计和分析甲虫分布信息，分析种级阶元在世界动物地理区系、中国动物地理区系的归属，在世界动物地理区系的归属分析采用六界方法，在中国动物地理区系的归属分析采用张荣祖（2011）的方法。动物地理区系分布类型的划分按照单区型、双区型、……、广布型等分布类型分别列出，将分布在所有地理区的称为全球（或全国）广布型，其中将分布于 2 个以上地理区的各类区系统称为跨区分布类型。复计种数即含特定地理区的各式跨区分布类型的种数的合计。

1.4.3　环境数据获取方法

1.4.3.1　气候数据

选取甲虫物种丰富度分布格局与气候关系具有代表性的 7 个气候指标，将气候指标分为水分因子和能量因子两大类。水分因子包括 3 个气候指标：年均降水量（mean annual precipitation，MAP）、年均实际蒸散量（mean annual actual evapotranspiration，MAET）、年均潜在蒸散量（mean potential annual evapotranspiration，

MPET）；能量因子包括 4 个气候指标：年平均气温（mean annual temperature，MAT）、最冷月平均气温（mean temperature of coldest month，MTCM）、最热月平均气温（mean temperature of warmest month，MTWM）和年均辐射（mean annual solar radiation，MASR）。其中，MPET 和 MAET 数据来源于国际农业研究磋商组织网站（http://www.cgiarcsi.org）提供的 1km×1km 分辨率的全球干旱指数和潜在蒸散气候数据，其余气候变量源自世界气候数据网（http://www.worldclim.org）数据库 1km×1km 分辨率的气候数据，以上数据均为 1970～2000 年的平均值。水平空间分布格局分析提取 5km×5km 栅格气候数据，垂直分布格局分析提取每 100m 海拔段气候数据。

1.4.3.2　生境异质性数据

水平空间分布格局用单位栅格内的海拔高差（altitude difference，AD）、植被类型数（植被多样性，vegetation diversity，VD）和归一化植被指数（normalized difference vegetation index，NDVI）表征生境异质性。海拔高差（即各栅格内最高海拔与最低海拔之差）根据贺兰山数字高程模型的数据计算得到。将等面积栅格系统与贺兰山植被 1∶250 000 植被图（梁存柱等，2012）叠加，统计每个网格内的植被类型数量。

海拔垂直分布格局生境异质性以每 100m 海拔段面积（A）、植被类型数和归一化植被指数表征。归一化植被指数源自地理国情监测云平台（http://www.dsac.cn）30m×30m 分辨率的数据（2000～2016 年）。

1.4.4　空间分布格局分析方法

1.4.4.1　水平分布格局分析

采用栅格分析方法（图 1-1），利用 ArcGIS 结合贺兰山数字高程模型（digital elevation model，DEM），将贺兰山山地按照 5km×5km 进行栅格划分，将其作为本研究分析的假设单元，纬度带方向栅格分别标注 A、B、C、…、Z、AA、AB、AC、AD；经度带方向栅格分别标注 1、2、…、17、18。由于某些栅格内研究单元的不规则而造成的栅格不完整，做合并或舍弃处理，研究单元不足栅格面积 1/4 的忽略不计，为 1/4～1/2 栅格面积的合并至相邻栅格。经过调整共得到有效栅格 183 个。在此基础上，将贺兰山山地鞘翅目昆虫采集坐标信息在 ArcGIS 叠加分析，统计栅格内甲虫的分布信息，并分析甲虫的分布格局特点（冯建孟和朱有勇，2010；贾龙，2014）。

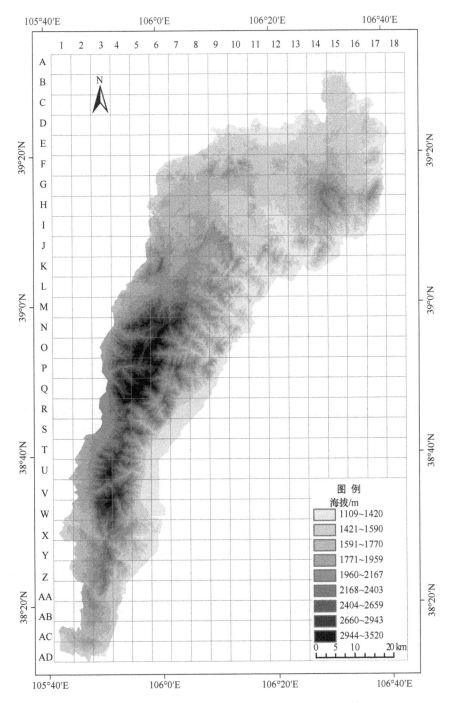

图 1-1　贺兰山地区鞘翅目昆虫分布格局研究的地理单元

1.4.4.2 垂直分布格局分析

将贺兰山保护区 1200～3200m 的海拔范围按照每 100m 的间隔划分成 21 个海拔段，即 1200～1300m、1300～1400m、…、3100～3200m，3200m 以上的不再按每 100m 进行划分。因此调查的海拔段共有 21 个。统计每个海拔段内的甲虫物种数、属数和科数。

1.4.5 物种多样性相关分析测度方法

1.4.5.1 物种丰富度

水平空间格局以 5km×5km 栅格内物种数表征鞘翅目昆虫物种丰富度。为了消除面积对每 100m 海拔段内甲虫物种丰富度地理分布格局的影响，利用单位面积的物种多样性，即物种密度（species density，SD）表征物种丰富度（Qian，1998），公式为

$$SD = \frac{S}{\ln A} \tag{1-1}$$

式中，S 为物种数；A 为栅格内地表面积（km^2）。

1.4.5.2 物种多样性

采用基于信息测度方法的 G-F 指数（蒋志刚和纪力强，1999）测定贺兰山地区的物种多样性。

F 指数（D_F，科的多样性）公式为

$$D_F = \sum_{k=1}^{m} D_{Fk} \tag{1-2}$$

$$D_{Fk} = -\sum_{i=1}^{n} p_i \ln p_i \tag{1-3}$$

式中，$p_i = \dfrac{S_{ki}}{S_k}$，其中，$S_k$ 为群落中 k 科的物种数，S_{ki} 为群落中 k 科 i 属的物种数；n 为 k 科中属数；m 为群落中的科数；D_{Fk} 为群落中第 k 科的多样性。

G 指数（D_G，属的多样性）公式为

$$D_G = -\sum_{j=1}^{p} q_j \ln q_j \tag{1-4}$$

式中，$q_j = \dfrac{S_j}{S}$，其中，S 为群落中物种总数，S_j 为群落中 j 属的物种数；p 为群落中

属数。

$G\text{-}F$ 指数（$D_{G\text{-}F}$，群落多样性）公式为

$$D_{G\text{-}F} = 1 - \frac{D_G}{D_F} \tag{1-5}$$

1.4.5.3　区系分化强度

属的区系分化强度（D_g）公式为

$$D_g = \frac{N_{sp}}{N_g} \tag{1-6}$$

科的区系分化强度（D_f）公式为

$$D_f = \frac{N_g}{N_f} \tag{1-7}$$

式中，N_{sp}、N_g 和 N_f 分别为定义栅格内的物种数、属数和科数（冯建孟和朱有勇，2010）。

1.4.5.4　相似性聚类分析

基于栅格单元中的物种分布数据（二元数据，有分布为 1，无分布为 0），运用 Jaccard 系数计算相似性矩阵，采用非加权组平均法（unweighted pair-group method with arithmetic means，UPGMA）对地理单元进行层次聚类分析。

Jaccard 系数公式为

$$C_j = \frac{c}{a+b-c} \tag{1-8}$$

式中，C_j 是两个研究地理单元间的相似性系数；a 和 b 分别是两单元的物种数；c 是两个单元的共有物种数。

1.4.5.5　物种种域的 Rapoport 法则检验

运用 Stevens 法、Pagel 法、中点法和逐种法 4 种算法得到贺兰山鞘翅目昆虫在海拔梯度上的种域格局，验证 Rapoport 法则是否适用于描述鞘翅目昆虫物种种域及其与海拔梯度的关系。前 3 种方法均以海拔和种域宽度（species range）作图，但种域宽度计算方法不同，Stevens 法计算每 100m 高度带内出现的所有物种的海拔分布宽度的平均值；Pagel 法计算物种分布的上限位于某个海拔段内物种的分布宽度平均值；中点法计算物种分布中点位于该海拔段内的所有物种的种域的平均值；逐种法以物种种域分布的中点（x）和分布宽度值（y）作散点图，并拟合线性回归模型（沈泽昊和卢绮研，2009）。

1.4.6 数据处理方法

1.4.6.1 相关性分析

用 SPSS 23.0 软件 Pearson 相关系数分析物种丰富度及属、科区系分化强度分布格局与环境因子的相关性。

1.4.6.2 回归分析

采用一元非线性回归方法的高斯函数模型分析甲虫丰富度及区系分化强度沿经纬度方向和海拔梯度的分布曲线。

1.4.6.3 广义加性模型的建立

广义加性模型（generalized additive model，GAM）是通过使用一个连接函数来建立响应变量的期望与各因子变量之间的关系，可以较好地分析因变量与多自变量之间的非线性关系。本研究响应变量为物种丰富度（R 或 SD）及属区系分化强度（D_g）、科区系分化强度（D_f），10 个环境因子为自变量。模型中每一个加性项都使用单个光滑函数来估计，而每一项都可以解释因变量和自变量之间的关系。GAM 的表达式一般为

$$g(\mu) = \beta_0 + \sum_{i=1}^{k} f_{i(x_i)} \tag{1-9}$$

式中，$g(\mu)$ 为关联函数，是用来将预测变量和响应变量之间的线性函数进行拓展，使其非仅限于线性关系，μ 为响应变量的期望；β_0 为常数截距项；k 为预测变量个数；$f_{i(x_i)}$ 用来描述 $g(\mu)$ 与第 i 个解释变量关系的样条光滑函数。

根据逐步回归法（stepwise regression）遴选最优影响因子。在逐步回归过程中以赤池信息量准则（akaike information criterion，AIC）的信息统计量为标准，剔除 P 值大于 0.05 的因子以达到删除或增加变量的目的。通过 F 值判断检验因子影响的显著性。GAM 的构建和逐步回归分析由 S-Plus 8.0 软件完成（杨晋浩，2007）。

1.4.6.4 方差分解

由于影响物种丰富度分布的因子之间存在着共线性，方差分解（variation partitioning）能分析不同影响因子之间的独立作用和相互作用（Heikkinen et al.，2005）。本研究涉及水分、能量和生境异质性 3 组变量，利用物种分布数据与环境变量做冗余分析（redundancy analysis，RDA），并通过方差分解来探讨水分、能量和生境异质性 3 组变量对贺兰山鞘翅目昆虫物种丰富度的独立解释率及共同解释率（图 1-2）。冗余分析和方差分解使用 Canoco 5.12 软件完成。用蒙特卡洛

置换检验（Monte Carlo permutation test）对环境因子的综合作用与物种数据之间的关系进行显著性检验，用前向选择（foward selection）分析各种环境因子对甲虫分布及多样性的贡献率和显著性，分析前对甲虫分布数量及环境因子数据进行 $\lg(x+1)$ 转换。

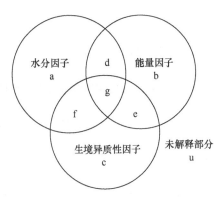

图 1-2　方差分解图

a、b、c 分别为水分因子、能量因子、生境异质性因子的单独作用；d、e、f、g 分别表示三组变量之间的交互作用；u 表示三组变量中未解释部分

主要参考文献

巴义彬. 2012. 中国漠甲亚科分类与地理分布(鞘翅目: 拟步甲科). 河北大学硕士学位论文.

巴义彬, 任国栋. 2008. 中国鳖甲族昆虫的区系组成与分析(鞘翅目: 拟步甲科). 河北大学学报(自然科学版), (4): 407-413.

白玲. 2016. 宁夏甲虫的物种多样性与生物地理. 河北大学硕士学位论文.

白明. 2004. 中国朽木甲亚科 Alleculinae(鞘翅目: 拟步甲科)系统学研究. 河北大学硕士学位论文.

白晓拴, 彩万志, 能乃扎布. 2013. 内蒙古贺兰山地区昆虫. 呼和浩特: 内蒙古人民出版社.

蔡邦华. 2017. 昆虫分类学. 北京: 化学工业出版社.

长有德, 贺达汉. 2002. 中国西北地区蚁属分类研究兼 9 新种和 4 新记录种记述(膜翅目: 蚁科: 蚁亚科). 动物学研究, 23(1): 49-60.

冯建孟, 朱有勇. 2010. 滇西北地区裸子植物多样性的地理分布格局及其与区系分化之间的关系. 生态环境学报, 19(4): 830-835.

高兆宁. 1993. 宁夏农业昆虫实录. 咸阳: 天则出版社.

胡晓燕. 2012. 中国广义刀锹甲属的分类及系统发育研究(鞘翅目: 金龟总科: 锹甲科). 安徽大学硕士学位论文.

胡玉昆, 李凯辉, 阿德力·麦地, 等. 2007. 天山南坡高寒草地海拔梯度上的植物多样性变化格局. 生态学杂志, 26(2): 182-186.

计云. 2012. 中华葬甲. 北京: 中国林业出版社.

贾龙. 2014. 阿拉善高原拟步甲区系与地理分布(鞘翅目: 拟步甲总科). 河北大学博士学位论文.

贾龙, 任国栋, 张建英. 2017. 阿拉善高原拟步甲的多样性与区系组成. 生物多样性, 24(12): 1341-1344.

贾彦霞, 贺海明, 杨贵军, 等. 2010. 宁夏贺兰山蛾类区系调查及多样性分析. 宁夏大学学报(自然科学版), 31(2): 169-172.

贾彦霞, 杨贵军, 胡天华, 等. 2011. 宁夏贺兰山半翅目昆虫区系组成分析. 宁夏大学学报(自然科学版), 32(4): 389-394.

蒋志刚, 纪力强. 1999. 鸟兽物种多样性测度的 G-F 指数方法. 生物多样性, 7(3): 220-225.

金山. 2009. 宁夏贺兰山国家级自然保护区植物多样性及其保护研究. 北京林业大学博士学位论文.

李果, 沈泽昊, 应俊生, 等. 2009. 中国裸子植物物种丰富度空间格局与多样性中心. 生物多样性, 17(3): 272-279.

李丽丽, 赵成章, 殷翠琴, 等. 2011. 黑河上游天然草地蝗虫物种丰富度与地形关系的 GAM 分析. 昆虫学报, 54(11): 1312-1318.

李欣芸, 杨益春, 贺泽帅, 等. 2020. 宁夏贺兰山自然保护区蝴蝶群落多样性及其环境影响因子. 环境昆虫学报, 42(3): 660-673.

李泽建, 魏美才. 2012. 内蒙古贺兰山突瓣叶蜂亚科两新种(膜翅目, 叶蜂科). 动物分类学报, 37(1): 175-180.

李志刚, 梁存柱, 王炜, 等. 2012. 贺兰山植物区系的特有性. 内蒙古大学学报(自然科学版), 43(6): 630-638.

梁存柱, 朱宗元, 李志刚. 2012. 贺兰山植被. 银川: 阳光出版社.

刘军会, 邹长新, 高吉喜, 等. 2015. 中国生态环境脆弱区范围界定. 生物多样性, 23(6): 725-732.

马万里, 罗菊春. 2000. 贺兰山森林生态系统的脆弱性及其生物多样性的保护. 北京林业大学学报, 22(4): 130-1431.

孟磊. 2005. 中国刺甲族系统学研究(鞘翅目: 拟步甲科). 河北大学硕士学位论文.

能乃扎布. 1986. 内蒙古昆虫志(第 1 卷 第 1 册)半翅目 异翅亚目. 呼和浩特: 内蒙古人民出版社.

聂瑞娥, 白明, 杨星科. 2019. 中国甲虫研究七十年. 应用昆虫学报, 56(5): 884-906.

潘昭, 王新谱, 任国栋. 2010. 中国齿爪斑芫菁亚属分类(鞘翅目: 芫菁科). 昆虫分类学报, 32(S1): 34-42.

任国栋. 1991. 宁夏拟步甲调查报告. 宁夏农学院学报, 12(2): 60-64.

任国栋. 2016. 中国动物志 昆虫纲 第六十三卷 鞘翅目 拟步甲科(一). 北京: 科学出版社.

任国栋, 巴义彬. 2010. 中国土壤拟步甲志 第二卷 鳖甲类. 北京: 高等教育出版社.

任国栋, 白兴龙, 白玲. 2019. 宁夏甲虫志. 北京: 电子工业出版社.

任国栋, 武新. 1994. 中国刺足甲属一新种(鞘翅目: 拟步甲科). 动物分类学报, (3): 351-353.

任国栋, 杨秀娟. 2006. 中国土壤拟步甲志 第一卷 土甲类. 北京: 高等教育出版社.

任国栋, 于有志. 1999. 中国荒漠半荒漠的拟步甲科昆虫. 保定: 河北大学出版社.

沈梦伟, 陈圣宾, 毕孟杰, 等. 2016. 中国蚂蚁丰富度地理分布格局及其与环境因子的关系. 生态学报, 36(23): 7732-7739.

沈向阳. 2003. 内蒙古贺兰山地区步甲科昆虫初录. 呼伦贝尔学院学报, 11(2): 48-51, 70.

沈泽昊, 胡会峰, 周宇, 等. 2004. 神农架南坡植物群落多样性的海拔梯度格局. 生物多样性, 12(1): 99-107.

沈泽昊, 卢绮妍. 2009. 物种分布区范围地理格局的 Rapoport 法则. 生物多样性, 17(6): 560-567.

孙克勤, 邓胜徽. 2004. 华夏植物群起源中心的研究. 地质评论, 50(4): 337-341.

孔祥海. 2011. 福建武夷山脉裸子植物区系与地理分布的研究. 热带亚热带植物学报, 19(1): 33-39.

孙晓杰. 2016. 蒙古高原拟步甲多样性与地理分布研究(鞘翅目: 拟步甲科). 河北大学硕士学位论文.

唐志尧, 柯金虎. 2004. 秦岭牛背梁植物物种多样性垂直分布格局. 生物多样, 12(1): 108-114.

王健铭, 崔盼杰, 钟悦鸣, 等. 2019. 阿拉善高原植物区域物种丰富度格局及其环境解释. 北京林业大学学报, 41(3): 14-23.

王杰. 2017. 贺兰山步甲昆虫区系组成、物种多样性及空间分布格局. 宁夏大学硕士学位论文.

王杰, 杨贵军, 岳艳丽, 等. 2016. 贺兰山天牛科昆虫区系组成及垂直分布. 环境昆虫学报, 38(6): 1154-1162.

王开锋, 张继荣, 雷富民. 2010. 中国动物地理亚区繁殖鸟类地理分布格局与时空变化. 动物分类学报, 35(1): 145-157.

王敏, 李欣芸, 杨益春, 等. 2020. 贺兰山地表甲虫群落多样性及其与环境因子的相关性. 干旱区资源与环境, 34(4): 154-161.

王希蒙, 任国栋, 刘荣光. 1992. 宁夏昆虫名录. 西安: 陕西师范大学出版社.

王小明. 2011. 宁夏贺兰山国家级自然保护区综合科学考察. 银川: 阳光出版社.

王新谱, 贾彦霞, 杨贵军, 等. 2009. 宁夏贺兰山保护区半翅目昆虫物种多样性研究. 江西农业大学学报, 31(6): 1044-1048.

王新谱, 任国栋, 姜红, 等. 2000. 宁夏琵甲属昆虫的区系组成(鞘翅目: 拟步甲科). 宁夏农学院学报, 21(3): 54-57.

王新谱, 杨贵军. 2010. 宁夏贺兰山昆虫. 银川: 宁夏人民出版社.

王旭娜, 白晓拴, 赵永文. 2018. 内蒙古贺兰山半翅目昆虫区系组成分析. 内蒙古大学学报(自然科学版), 49(6): 637-645.

王章训. 2016. 中国部分地区蚁形甲科(鞘翅目, 多食亚目, 拟步甲总科)分类研究. 宁夏大学硕士学位论文.

王志恒, 陈安平, 方精云. 2004. 湖南省种子植物物种丰富度与地形的关系. 地理学报, 59(6): 889-894.

谢宗平, 倪永清, 李志忠, 等. 2009. 祁连山北坡及河西走廊蝶类垂直分布及群落多样性研究. 草业学报, 18(4): 195-201.

辛明, 马永林, 贺达汉. 2011. 宁夏蚁科昆虫区系研究. 宁夏大学学报(自然科学版), 32(4): 403-407.

邢雅俊, 周立志, 马勇. 2008. 中国湿润半湿润地区啮类动物的分布格局. 动物学杂志, 43(5): 51-61.

徐成东, 冯建孟, 王襄平, 等. 2008. 云南高黎贡山北段植物物种多样性的垂直分布格局. 生态学杂志, 27(3): 323-327.

许升全, 张大治, 郑哲民. 2004. 宁夏蝗虫地理分布的聚类分析. 陕西师范大学学报(自然科学版), 32(2): 71-73.

杨彩霞, 刘育钜, 高立原. 1996. 宁夏荒漠拟步甲主要种类及为害情况记述. 宁夏农林科技, (2): 14-17.

杨贵军, 贾龙, 张建英, 等. 2016. 宁夏贺兰山拟步甲科昆虫分布与地形的关系. 环境昆虫学报,

38(1): 77-86.

杨贵军, 于有志. 2005. 蒙新区漠甲亚科 7 种幼虫的记述(鞘翅目: 拟步甲科). 宁夏大学学报(自然科学版), (1): 59-63.

杨贵军, 于有志, 王新谱. 2011. 宁夏贺兰山拟步甲科的区系组成与生态分布. 宁夏大学学报(自然科学版), 32(1): 67-72.

杨晋浩. 2007. S-PLUS 实用统计分析. 成都: 电子科技大学出版社.

杨莲芳, 贾金山. 2011. 贺兰山毛翅目两新种记述(毛翅目, 幻沼石蛾科, 沼石蛾科). 动物分类学报, 36(2): 404-407.

杨秀娟. 2003. 中国土甲族 Opatrini 系统学研究(鞘翅目: 拟步甲科). 河北大学硕士学位论文.

杨益春, 杨贵军, 王杰. 2017. 地形对贺兰山步甲群落物种多样性分布格局的影响. 昆虫学报, 60(9): 1060-1073.

杨玉霞. 2007. 中国豆芫菁属 Epicauta 分类研究(鞘翅目: 拟步甲总科: 芫菁科). 河北大学硕士学位论文.

游群, 聂海燕. 2007. 广西猫儿山沿海拔梯度的叶蜂多样性. 应用生态学报, 18(9): 2001-2005.

于有志, 任国栋. 2000. 中国北方朽木甲亚科幼虫分类研究(鞘翅目: 拟步甲科). 河北大学学报(自然科学版), (S1): 58-62.

于有志, 张大治, 任国栋. 2000. 中国琵甲属幼虫分类研究 I (鞘翅目: 拟步甲科). 河北大学学报(自然科学版), (S1): 94-101.

岳明, 张静林, 党高弟, 等. 2002. 佛坪自然保护区植物群落物种多样性与海拔的梯度关系. 地理科学, 22(3): 349-354.

曾慧花, 张红利, 郑哲民. 2015. 贺兰山两种蝗虫雌性新发现(癞蝗科 网翅蝗科). 陕西师范大学学报(自然科学版), 43(2): 68-69.

查高德, 赵成章, 张军霞, 等. 2013. 黑河上游天然草地亚洲小车蝗雌雄虫的空间格局. 生态学杂志, 32(11): 3022-3028.

张红利, 曾慧花, 郑哲民, 等. 2012. 中国内蒙古贺兰山地区拟埃蝗属二新种(直翅目, 剑角蝗科). 动物分类学报, 37(1): 124-127.

张军霞, 赵成章, 殷翠琴, 等. 2012. 黑河上游天然草地亚洲小车蝗蝗蝻与成虫多度分布与地形关系的 GAM 分析. 昆虫学报, 55(12): 1368-1375.

张荣祖. 2011. 中国动物地理. 北京: 科学出版社.

张显理, 邵月芬, 张大治. 1999. 宁夏哺乳动物地理分布的聚类分析. 宁夏大学学报(自然科学版), 20(3): 285-288.

张鑫, 胡红英, 吕昭智. 2013. 新疆东部天山蝶类多样性及其垂直分布. 生态学报, 33(17): 5329-5338.

张有瑜, 周立志, 王岐山, 等. 2008. 安徽省繁殖鸟类分布格局和热点区分析. 生物多样性, 16(3): 305-312.

张宇, 冯刚. 2018. 内蒙古昆虫物种多样性分布格局及其机制. 生物多样性, 26(7): 701-706.

赵亚楠, 贺海明, 王新谱. 2012. 宁夏芫菁种类记述(鞘翅目, 芫菁科). 农业科学研究, 33(2): 35-39.

赵玉. 2014. 鄂尔多斯高原拟步甲区系与地理分布(鞘翅目: 拟步甲科). 河北大学硕士学位论文.

赵喆, 王诗迪, 林海, 等. 2012. 贺兰山国家级自然保护区寄蝇科昆虫区系调查. 中国媒介生物学及控制杂志, 23(3): 193-197.

郑乐怡, 归鸿. 1999. 昆虫分类学. 南京: 南京师范大学出版社.

郑哲民, 万历生. 1992. 宁夏蝗虫. 西安: 陕西师范大学出版社.

郑哲民, 曾慧花, 张红利, 等. 2012. 内蒙古贺兰山自然保护区蝗虫的调查(直翅目). 陕西师范大学学报(自然科学版), 40(1): 51-58.

郑智, 龚大洁, 孙呈祥. 2014b. 白水江自然保护区两栖爬行动物物种丰富度和种域海拔梯度格局及对 Rapoport 法则的验证. 生态学杂志, 33(2): 537-546.

郑智, 龚大洁, 孙呈祥, 等. 2014a. 秦岭两栖爬行动物物种多样性海拔分布格局及其解释. 生物多样性, 22(5): 596-607.

Austin G E, Thomas C J, Houston D C, et al. 1996. Predicting the spatial distribution of buzzard Buteo buteo nesting areas using a Geographical Information System and remote sensing. Journal of Applied Ecology, 33(6): 1541-1550.

Bolger D T, Scott T A, Rotenberry J T. 1997. Breeding bird abundance in an urbanizing landscape in coastal southern California. Conservation Biology, 11(2): 406-421.

Bouchard P, Bousquet Y, Davies A E, et al. 2011. Family-group names in Coleoptera (Insecta). ZooKeys, 88: 1-972.

Brown J H. 1981. Two decades of homage to Santa Rosalia: toward a general theory of diversity. American Zoologist, 21(4): 877-888.

Bücking J, Ernst H, Siemer F. 1998. Population dynamics of phytophagous mites inhabiting rocky shores-K-strategists in an extreme environment? Arthropod Biology: Contributions to Morphology, Ecology and Systematics. Biosystematics and Ecology Series, 14: 93-143.

Coates M. 1998. A comparison of intertidal assemblages on exposed and sheltered tropical and temperate rocky shores. Global Ecology and Biogeography, 7(2): 115-124.

Colwell R K, Rahbek C, Gotelli N J. 2004. The mid-domain effect and species richness patterns: what have we learned so far? The American Naturalist, 163(3): E1-E23.

Cox C B, Moore P D, Ladle R. 2016. Biogeography: an ecological and evolutionary approach. Chichester: John Wiley & Sons.

Cramer M J, Willig M R. 2002. Habitat heterogeneity, habitat associations and rodent species diversity in a sand-shinnery-oak landscape. Journal of Mammalogy, 83(3): 743-753.

Gleason H A. 1925. Species and area. Ecology, 6(1): 66-74.

Gotelli N J, Arnett A E. 2000. Biogeographic effects of red fire ant invasion. Ecology Letters, 3(4): 257-261.

Guido M, Gianelle D. 2001. Distribution patterns of four Orthoptera species in relation to microhabitat heterogeneity in an ecotonal area. Acta Oecologica, 22(3): 175-185.

Hawkins B A. 2001. Ecology's oldest pattern? Trends in Ecology & Evolution, 16(8): 470.

Heikkinen R K, Luoto M, Kuussaari M, et al. 2005. New insights into butterfly-environment relationships using partitioning methods. Proceedings of the Royal Society B: Biological Sciences, 272(1577): 2203-2210.

Hu J H, Xie F, Li C, et al. 2011. Elevational patterns of species richness, range and body size for spiny frogs. PLoS ONE, 6(5): e19817.

Kreft H, Sommer J H, Barthlott H. 2006. The significance of geographic range size for spatial diversity patterns in Neotropical palms. Ecography, 29(1): 21-30.

Lees D C, Kremen C, Andriamampianina L. 1999. A null model for species richness grdients: boundedrange overlap of butterflies and other rainforest endemics in Madagascar. Biological Journal of the Linnean Society, 67(4): 529-584.

Lieberman D, Lieberman M, Peralta R, et al. 1996. Tropical forest structure and com position on a large scale altitudinal gradient in Costa Rica. Journal of Ecology, 84(2): 137-152.

Lin M Y, Danilevsky M L. 2011. Two new subspecies of Eodorcadion Breuning, 1947 (Coleoptera, Cerambycidae) from Helan Mountains (Helanshan), Inner Mongolia. Euroasian Entomological Journal, 10(3): 381-382.

McCain C M. 2010. Global analysis of reptile elevational diversity. Global Ecology and Biogeography, 19(4): 541-553.

O'Brien E M. 2006. Biological relativity to water-energy dynamics. Journal of Biogeography, 33(11): 1868-1888.

Palmeirim J M. 1988. Automatic mapping of avian species habitat using satellite imagery. Oikos, 52(1): 59-68.

Plotkin J B, Chave J, Ashton P S. 2002. Cluster analysis of spatial patterns in Malaysian tree species. The American Naturalist, 160(5): 629-644.

Qian H. 1998. Large-scale biogeographic patterns of vascular plant richness in North America: an analysis at the genera level. Journal of Biogeography, 25(5): 829-836.

Sanders N J, Lessard J P, Fitzpatrick M C, et al. 2007. Temperature, but not productivity or geometry, predicts elevational diversity gradients in ants across spatial grains. Global Ecology and Biogeography, 16(5): 640-649.

Schuldt A, Baruffol M, Böhnke M, et al. 2010. Tree diversity promotes insect herbivory in subtropical forests of south-east China. Journal of Ecology, 98: 917-926.

Shah D N, Tonkin J D, Haase P, et al. 2015. Latitudinal patterns and large-scale environmental determinants of stream insect richness across Europe. Limnologica, 55: 33-43.

Smith A P, Horning N, Moore D. 1997. Regional Biodiversity Planning and Lemur Conservation with GIS in Western Madagascar: Planeacion de la Biodiversidad Regionaly Conservación de Lemures con SIG en Madagascar Occidental. Conservation Biology, 11(2): 498-512.

Turner J R. 2004. Explaining the global biodiversity gradient: energy, area, history and natural selection. Basic and Applied Ecology, 5(5): 435-448.

Ulyshen M D, Hanula J L, Horn S. 2005. Using malaise traps to sample ground beetles (Coleoptera: Carabidae). The Canadian Entomologist, 137(2): 251-256.

Vazquez J A, Givnish T J. 1998. Altitudinal gradients in tropical forest composition, structure, and diversity in the Sierra de Manantlan. Journal of Ecology, 86(6): 999-1020.

Wright D H. 1983. Species-energy theory: an extension of species-area theory. Oikos, 41(3): 496-506.

Yu X D, Luo T H, Zhou H Z. 2010. Distribution of ground-dwelling beetle assemblages (Coleoptera) across ecotones between natural oak forests and mature pine plantations in North China. Journal of Insect Conservation, 14(6): 617-626.

Zobel M. 1997. The relative role of species pools in determining plant species richness: an alternative explanation of species coexistence? Trends in Ecology & Evolution, 12(7): 266-269.

2 贺兰山鞘翅目昆虫种类组成

本研究共采集 4 万余号鞘翅目昆虫标本,参考相关资料,对标本进行分类鉴定和整理,最终统计贺兰山鞘翅目昆虫共 2 亚目 31 科 252 属 469 种(亚种),依据 Bouchard 等(2011)的分类体系,并参考《秦岭昆虫志 鞘翅目(一)》(杨星科,2018)体系编排,根据鞘翅目分类学专著对贺兰山鞘翅目昆虫的中文名和拉丁名进行了校订,编制了科和部分属内种的检索表,详细记录了在贺兰山地区的标本采集信息、物种分布地和习性等。

贺兰山已知鞘翅目分科检索表
(郑乐怡和归鸿,1999;蔡邦华,2017)

1	第 1 腹节腹板被后足基节窝分割为二 ··················	(肉食亚目 Adephaga)2
	第 1 腹节腹板不被后足基节窝分割 ··················	(多食亚目 Polyphaga)3
2	后胸腹板无横沟,无基前片,后足为游泳足,水生 ··············	龙虱科 Dytiscidae
	后胸腹板有 1 横沟,在基节前划出一块基前片,后足步行足,陆生 ··········	步甲科 Carabidae
3	腹部第 2 节呈小骨片,位于后足基节外侧;通常有齿或刺着生在前足胫节外侧;触角大多为丝状,若为棒状,则由末端 5 节组成;马氏管多为 4 条,个别为 6 条,非隐肾型········4
	腹部第 2 节一般不存在;跗节式多样;触角若为棒状,不由端部 5 节组成;马氏管为隐肾型·································12
4	马氏管 4 条;触角 8~11 节,触角端部 3~8 节形成鳃片状 ···· (金龟总科 Scarabaeoidea)5
	马氏管 6 条;触角不呈鳃片状·································9
5	触角鳃片部各节呈栉状,不完全呈扁平叶片形,不能互相并合;腹部仅见 5 个腹板,触角通常为肘状·································锹甲科 Lucanidae
	触角鳃片部各节呈扁平叶片状,可相互并合;腹部腹板 6 个,极少见仅 5 个者·······6
6	中胸腹板侧片达足之基节;腹部常见 6 个腹板·················7
	中胸腹板侧片不达足之基节;腹部有 5 个腹板;体表刻纹粗密,鞘翅常有成列瘤突,臀板为鞘翅覆盖·································皮金龟科 Trogidae
7	触角 10 节或 11 节·································8
	触角非 10 节或 11 节·································金龟科 Scarabaeidae
8	触角 10 节·································红金龟科 Ochodaeidae
	触角 11 节·································粪金龟科 Geotrupidae
9	下颚须与触角等长或长于触角;触角端部数节呈棒状,具毛···· (牙甲总科 Hydrophiloidea)10
	下颚须短于触角;触角呈丝状或由端部 3 节组成球杆状···· (隐翅虫总科 Staphylinoidea)11
10	下颚须细长,常与短形触角相等或较更长;触角 6~10 节,末端环节有毛,形成不对称的棍棒状;鞘翅基部有翅瓣·································牙甲科 Hydrophilidae

下颚须较触角甚短；鞘翅短形，腹部大部分露出，腹部背板革质……………阎甲科 Histeridae

11 鞘翅短形，腹背大部分露出，后翅发达，静止时叠置于鞘翅下，腹部背板强度硬化………

…………………………………………………………………隐翅虫科 Staphylinidae

鞘翅长形，覆盖腹部的大部分，如呈短形时，则缺后翅，或静止时不叠于鞘翅下，腹部背

板一般为膜质………………………………………………………葬甲科 Silphidae

12 后足基节下侧形成沟槽，容纳腿节；前足基节窝开放；跗节式 5-5-5；触角丝状、锯齿状或

栉状；腹部第 8 节气门明显………………………………………………………13

后足基节一般无容纳腿节的沟槽；前足基节窝部分或完全关闭；跗节式多样；触角多为丝

状或棒状；腹部第 8 节气门退化…………………………………………………16

13 前足基节横形，中足基节相距较远；头部无明显的额唇基沟…………丸甲科 Byrrhidae

前足基节非横形，若为横形，则中足基节相距较近；头部具明显的额唇基沟…………14

14 后胸腹板具横缝；前胸腹板突伸至中胸基节沟；前胸不可动；触角短，锯齿状；腹部背板

骨化强，马氏管隐肾型……………………………………………吉丁科 Buprestidae

后胸腹板无横缝；前胸可动；腹部背板骨化弱，马氏管非隐肾型……（叩甲总科 Elateroidea）15

15 后足基节具明显的完整腿盖；腹部可见 5 节；前胸腹板突发达，直达中足基节间………

…………………………………………………………………………叩甲科 Elateridae

后足基节腿盖窄，不完全或缺无；腹部可见 6～7 节；前胸腹板突不发达………………

…………………………………………………………………………花萤科 Cantharidae

16 腹部第 8 节气门正常；前足基节突出，后足基节凹洼，跗节式 5-5-5；马氏管末端游离或在

后肠一侧埋入呈束状……………………………………（长蠹总科 Bostrichoidea）17

腹部第 8 节气门退化；前足基节一般不突出，若突出，则跗节式为 5-5-4；马氏管隐肾型……18

17 前胸背板端部下弯，头位于其下；头顶无背单眼；第 1 跗节很小，或转节延长与腿节横接……

…………………………………………………………………………长蠹科 Bostrichidae

前胸背板端部不下弯；头顶有 2 个背单眼；第 1 跗节及转节正常……皮蠹科 Dermestidae

18 跗节伪 4 节……………………………………………………………………19

跗节不是伪 4 节…………………………………………………………………26

19 额区延长成喙，喙的两端各有 1 触角窝；触角膝状或棒状；无外咽片………………

…………………………………………………………（象甲总科 Curculionoidea）20

额区不延长成喙；触角多为丝状，个别有锯齿状；有外咽片……………………………

………………………………………………………（叶甲总科 Chrysomeloidea）21

20 触角第 1 节长于 2～4 节之和，棒状部 1 节或 4 节；前足胫节腹面无明显的褶皱或颗粒，第

1 跗节不长于 2～4 节之和，第 3 跗节双叶状；复眼椭圆形，边缘有凹痕或被分为 2 个……

…………………………………………………………………………象甲科 Curculionidae

触角第 1 节短于 2～4 节之和，球状部 3 节明显分离；上颚尖长；胫节有钩形矩 2 个，爪基

部愈合……………………………………………………………齿颚象科 Rhynchitidae

21 跗节式 4-4-4，第 4、第 5 跗节完全愈合，有时残留痕迹，但不成环状；头额前部向下后方

扭转，口后位，口器仅腹面可见，有时部分或大部分隐藏于胸腔之内；两触角着生处靠近，

一般近乎连接；跗节 1～3 节黏毛单叉式……………………………铁甲科 Hispidae

跗节式 5-5-5，第 4 跗节很小，呈环状；头前口式、亚前口式或下口式，如口器后位或部

分隐藏，则两触角彼此远隔，被额的全部分开；跗节黏毛单支式或片支式，或仅第 3 节单

叉式……………………………………………………………………………22

22 阳茎具 1 对中突；各足胫端具双距，有时前胫单距；中胸背板常具发音器；鞘翅刻点不规
　　则；产卵管和腹部近乎等长 ··23
　　无此综合特征 ··24

23 鞘翅较软；触角窝靠近上颚，朝向侧面 ···暗天牛科 Vesperidae
　　鞘翅通常较硬且触角窝离上颚较远；触角窝靠近上颚时，鞘翅硬 ·····天牛科 Cerambycidae

24 头前口式，后头常呈颈状，复眼不与前胸前缘接触，两者间有一定距离；前胸两侧一般无
　　边框；跗节第 3 节黏毛单叉式；雄虫阳基环节，如系叉式，则臀板具发器
　　···负泥虫科 Crioceridae
　　头亚前口式或下口式，后头不呈颈状，复眼常与前胸前缘接触；前胸背板两侧具边框；跗
　　节黏毛单支式或片支式；雄虫阳基叉式 ··25

25 头下口式；前唇基不明显，额唇基前缘凹弧，两侧前角或多或少突出；前足基节窝关闭····
　　··肖叶甲科 Eumolpidae
　　头亚前口式；前唇基略明显，额唇基前缘平直不凹，两侧前角不突出；前足基节窝关闭或
　　开放 ··叶甲科 Chrysomelidae

26 跗节式 5-5-5，触角多为棒状 ···郭公虫科 Cleridae
　　跗节式非 5-5-5 ··27

27 前足基节多不突出；跗节非 5-5-4，或仅雄虫 5-5-4
　　··(扁甲总科 Cucujoidea) 瓢虫科 Coccinellidae
　　前足基节突出；雌雄跗节均 5-5-4 ·······················(拟步甲总科 Tenebrionoidea) 28

28 跗爪栉齿状；身体瘦长，隆起，小型至中等大小；前胸背板基部变宽；触角末节通常较长
　　··拟步甲科 Tenebrionidae
　　跗爪简单 ··29

29 前胸背板侧缘有锐边，至少基部有；触角丝状；腹部的节紧紧套叠 ·····花蚤科 Mordellidae
　　前胸背板变圆，侧缘无锐边 ···30

30 后足基节大而突出；跗爪具齿或裂开；头倾斜，额垂直 ·····················芫菁科 Meloidae
　　后足基节不突出；跗爪简单；眼卵形，完整；后足基节彼此分离 ·····蚁形甲科 Anthicidae

2.1 肉食亚目 Adephaga

2.1.1 龙虱科 Dytiscidae Leach, 1815

2.1.1.1 龙虱亚科 Dytiscinae Leach, 1815

1）斑龙虱属 *Hydaticus* Leach, 1817 贺兰山记录 1 种

（1）宽缝斑龙虱 *Hydaticus grammicus* Germar, 1830

采集记录：1，宁夏贺兰山大口子，1460m，2008-VII-5，杨海丰采；1，宁夏
贺兰山拜寺口，1450m，2012-VII-5，辛明采。

分布：宁夏、新疆、北京、吉林、黑龙江、上海、江苏、浙江、河南、湖南、
四川、云南。亚洲、欧洲。

习性：捕食水生昆虫及小动物。

2）真龙虱属 *Cybister* Curtis, 1827　贺兰山记录 1 种

（2）黄缘龙虱 *Cybister japonicus* Sharp, 1873

采集记录：2，宁夏贺兰山贺兰口，1450m，2008-Ⅷ-2，马永林采；2，宁夏贺兰山拜寺口，1520m，2012-Ⅶ-5，辛明采。

分布：宁夏、甘肃、陕西、天津、辽宁、吉林、黑龙江、上海、江西、湖南、贵州、云南。日本、朝鲜、俄罗斯。

习性：捕食水生昆虫及小动物。

2.1.1.2　瓢龙虱亚科 Agabinae Thomson, 1867

3）端毛龙虱属 *Agabus* Leach, 1817　贺兰山记录 2 种（亚种）

贺兰山端毛龙虱属分种检索表

体型较大（超过 10mm）；雄性外生殖器中叶末端不宽，二分叉浅··
··浅叉端毛龙虱 *Agabus amoenus amoenus*
体型较小（小于 10mm）；雄性外生殖器中叶末端宽，二分叉深···
··日本端毛龙虱 *Agabus japonicus japonicus*

（3）浅叉端毛龙虱 *Agabus amoenus amoenus* Solsky, 1874（贺兰山新记录）
采集记录：1，宁夏贺兰山大水沟，1340m，2008-Ⅶ-14，张刚采。

分布：宁夏、甘肃、新疆、陕西、黑龙江、北京、天津、江西、贵州、云南、西藏、四川。塔吉克斯坦、乌兹别克斯坦。欧洲。

习性：捕食水生昆虫及小动物。

（4）日本端毛龙虱 *Agabus japonicus japonicus* Sharp, 1873（贺兰山新记录）
采集记录：1，宁夏贺兰山小水沟，1350m，2008-Ⅶ-15，杨海丰采。

分布：宁夏、吉林、辽宁、江苏、江西、湖北、四川、云南、广西、福建、台湾。日本。

习性：捕食水生昆虫及小动物。

2.1.2　步甲科 Carabidae Latreille, 1802

2.1.2.1　虎甲亚科 Cicindelinae Latreille, 1802

4）唇虎甲属 *Cephalota* Dokhtouroff, 1883　贺兰山记录 1 种

（5）黄唇虎甲 *Cephalota chiloleuca* (Fisher von Waldheim, 1820)
采集记录：1，宁夏贺兰山汝箕沟，2235m，2008-Ⅶ-18，贺奇采；2，宁夏贺

兰山大水沟，1292～1659m，2014-Ⅷ-20，张琦采；1，宁夏贺兰山归德沟，1258m，2014-Ⅷ-20，王杰采；5，内蒙古贺兰山水磨沟，1890～2160m，2015-Ⅶ-27，杨贵军采；1，内蒙古贺兰山马莲井，2360m，2015-Ⅶ-24，李哲光采；12，内蒙古贺兰山镇木关，2068～2184m，2015-Ⅶ-22，杨贵军采；1，内蒙古贺兰山大殿沟，2366m，2015-Ⅶ-25，杨贵军采。

分布：宁夏、内蒙古。韩国、俄罗斯、土耳其。

习性：捕食小型昆虫。

5）虎甲属 *Cicindela* Linnaeus, 1758　贺兰山记录 1 种

（6）芽斑虎甲 *Cicindela gemmata* Faldermann, 1848

采集记录：1，宁夏贺兰山归德沟，1258m，2014-Ⅷ-20，王杰采。

分布：宁夏、内蒙古、新疆、甘肃、北京、河北、山西、黑龙江、河南、山东、安徽、湖北、江苏、上海、浙江、江西、云南、广东、海南、台湾。朝鲜、日本。

习性：捕食鳞翅目昆虫等多种小型昆虫。

6）斑虎甲属 *Cosmodela* Rivalier, 1961　贺兰山记录 1 种（亚种）

（7）星斑虎甲 *Cosmodela kaleea kaleea* (Bates, 1866)

采集记录：1，宁夏贺兰山大水沟，1659m，2014-Ⅷ-20，杨贵军采。

分布：宁夏、甘肃、北京、河北、江苏、浙江、江西、山东、河南、四川、贵州、云南、台湾。印度。

习性：捕食多种昆虫。

7）卡虎甲属 *Calomera* Motschulsky, 1862　贺兰山记录 1 种

（8）月斑虎甲 *Calomera lunulata* (Fabricius, 1781)

采集记录：2，宁夏贺兰山插旗口，1612m，2014-Ⅶ-19，杨贵军采；1，宁夏贺兰山大口子，1350m，2014-Ⅶ-13，杨贵军采。

分布：宁夏、内蒙古、新疆、甘肃、北京、河北、山西、辽宁、贵州。俄罗斯、伊朗、叙利亚、埃及。欧洲。

习性：捕食小型昆虫及其他小动物。

8）圆虎甲属 *Cylindera* Westwood, 1831　贺兰山记录 4 种

贺兰山圆虎甲属分种检索表

1　鞘翅斑纹银白色，呈斜卧形 ·······················斜斑虎甲 *Cylindera germanica germanica*
　　鞘翅斑纹金黄色，呈弯曲云纹 ·· 2
2　鞘翅斑纹细，色暗 ···云纹虎甲 *Cylindera elisae elisae*

鞘翅斑纹粗，极具光泽···3
3 鞘翅 "c" 形肩纹几乎闭合，中央的 "s" 形纹复杂·················· 卷纹虎甲 *Cylindera contorta*
鞘翅 "c" 形肩纹呈半圆形，中央的 "s" 形纹简单···
·· 拟沙漠虎甲 *Cylindera pseudodeserticola*

（9）卷纹虎甲 *Cylindera contorta* (Fischer von Waldheim, 1828)

分布：宁夏、内蒙古。阿富汗、阿塞拜疆、埃及、格鲁吉亚、伊朗、以色列、哈萨克斯坦、摩尔多瓦、蒙古国、罗马尼亚、俄罗斯、塔吉克斯坦、土库曼斯坦、乌克兰、乌兹别克斯坦。

习性：捕食多种昆虫。

（10）云纹虎甲 *Cylindera elisae elisae* (Motschulsky, 1859)

采集记录：1，宁夏贺兰山响水沟，1746～2612m，2014-Ⅶ-25，杨贵军采。

分布：我国广布。日本、朝鲜、蒙古国、俄罗斯。

习性：捕食鳞翅目昆虫等多种小型昆虫。

（11）斜斑虎甲 *Cylindera germanica germanica* (Linnaeus, 1758)

采集记录：1，内蒙古贺兰山大殿沟，2366m，2015-Ⅶ-28，杨贵军采；1，内蒙古贺兰山大殿沟，2366m，2015-Ⅶ-25，杨贵军采。

分布：宁夏、内蒙古。

习性：捕食多种昆虫。

（12）拟沙漠虎甲 *Cylindera pseudodeserticola* (Horn, 1891)

分布：宁夏、新疆。哈萨克斯坦、蒙古国。

习性：捕食多种昆虫。

2.1.2.2 通缘步甲亚科 Pterostichinae Bonelli, 1810

9）暗步甲属 *Amara* Bonelli, 1810 贺兰山记录 18 种

（13）棒胸暗步甲 *Amara banghaasi* Baliani, 1933

采集记录：1，宁夏贺兰山响水沟，1746～2612m，2014-Ⅶ-25，杨贵军采；1，宁夏贺兰山归德沟，1160～1258m，2014-Ⅷ-20，杨贵军采；45，内蒙古贺兰山哈拉乌，2150～2812m，2015-Ⅶ-22，杨贵军采。

分布：宁夏、内蒙古、青海、北京、黑龙江、辽宁、湖北。朝鲜、韩国、俄罗斯。

习性：取食植物根及嫩芽，亦捕食黏虫、地老虎等鳞翅目昆虫的幼虫和蛴螬。

（14）双节暗步甲 *Amara biarticulata* Motschulsky, 1844（贺兰山新记录）

采集记录：1，宁夏贺兰山响水沟，1760～2460m，2015-Ⅷ-5，杨贵军采；1，内蒙古贺兰山哈拉乌，2160～2660m，2015-Ⅶ-22，杨贵军采；2，内蒙古贺兰山水磨沟，1960～2360m，2015-Ⅶ-27，杨贵军采；1，内蒙古贺兰山马莲井，2168～

2360m，2015-Ⅶ-27，杨贵军采。

分布：宁夏、内蒙古、甘肃、新疆、青海、四川。哈萨克斯坦、吉尔吉斯斯坦、蒙古国、俄罗斯、塔吉克斯坦。

习性：栖息于苔藓中，亦捕食小型昆虫。

（15）短胸暗步甲 *Amara brevicollis* (Chaudoir, 1850)

采集记录：1，宁夏贺兰山响水沟，1746～2612m，2014-Ⅶ-25，杨贵军采。

分布：宁夏、内蒙古、陕西、甘肃、青海、新疆、北京、河北、吉林、黑龙江、湖北、贵州。蒙古国、朝鲜、韩国、俄罗斯、吉尔吉斯斯坦、哈萨克斯坦、土库曼斯坦。

习性：取食植物叶及嫩芽，亦捕食鳞翅目昆虫的幼虫和蛹蟠。

（16）同暗步甲 *Amara communis* (Panzer, 1797)（贺兰山新记录）

采集记录：1，内蒙古贺兰山哈拉乌，2160～2660m，2015-Ⅶ-22，杨贵军采。

分布：内蒙古、新疆。俄罗斯、蒙古国、朝鲜、日本。欧洲、北美洲。

习性：取食植物根及嫩芽，亦捕食多种昆虫。

（17）雅暗步甲 *Amara congrua* Morawitz, 1862（贺兰山新记录）

采集记录：4，内蒙古贺兰山哈拉乌，2160～2760m，2015-Ⅶ-22，杨贵军采。

分布：内蒙古、新疆。日本、朝鲜、俄罗斯、韩国。

习性：取食植物根及嫩芽，亦捕食多种昆虫。

（18）大卫暗步甲 *Amara davidi* Tschitschérine, 1897（宁夏新记录，贺兰山新记录）

采集记录：1，宁夏贺兰山苏峪口，1952～2280m，2008-Ⅶ-29，杨贵军采。

分布：宁夏、陕西、甘肃、青海、四川、云南。

习性：取食植物根及嫩芽，亦捕食鳞翅目昆虫的幼虫和蛹蟠。

（19）点胸暗步甲 *Amara dux* Tschitscherine, 1894

采集记录：2，宁夏贺兰山归德沟，1160～1258m，2014-Ⅷ-20，杨贵军采。

分布：宁夏。朝鲜、韩国、日本、俄罗斯。

习性：取食植物根及嫩芽，亦捕食鳞翅目昆虫的幼虫和蛹蟠。

（20）甘肃胸暗步甲 *Amara gansuensis* Jedlicka, 1957

采集记录：1，宁夏贺兰山苏峪口，1952～2280m，2008-Ⅶ-29，杨贵军采；5，宁夏贺兰山响水沟，1746～2612m，2014-Ⅶ-25，杨贵军采；31，宁夏贺兰山响水沟，1750～2620m，2015-Ⅷ-5，杨贵军采；2，内蒙古贺兰山哈拉乌，2160～2860m，2015-Ⅶ-22，杨贵军采；10，内蒙古贺兰山水磨沟，2010m，2015-Ⅶ-27，杨贵军采；2，内蒙古贺兰山大殿沟，2125～2366m，2015-Ⅶ-28，杨贵军采；1，内蒙古贺兰山镇木关，2068～2184m，2015-Ⅶ-28，杨贵军采。

分布：宁夏、内蒙古、甘肃、陕西、北京、辽宁。朝鲜、俄罗斯。

习性：取食植物根及嫩芽，亦捕食鳞翅目昆虫的幼虫和蛴螬。

（21）婪胸暗步甲 *Amara harpaloides* Dejean, 1828

采集记录：1，宁夏贺兰山响水沟，1746～2612m，2014-Ⅶ-25，杨贵军采。

分布：上海、湖北、西北、华北、东北。蒙古国、朝鲜。中亚。

习性：取食植物根及嫩芽，亦捕食鳞翅目昆虫的幼虫和蛴螬。

（22）巨胸暗步甲 *Amara magnicollis* Tschitscherine, 1894（贺兰山新记录）

采集记录：5，宁夏贺兰山大口子，1294～1561m，2014-Ⅶ-13，杨贵军采；4，宁夏贺兰山响水沟，1746～2612m，2014-Ⅶ-25，杨贵军采；1，宁夏贺兰山响水沟，2530m，2015-Ⅷ-5，杨贵军采；15，内蒙古贺兰山哈拉乌，2150～2812m，2015-Ⅶ-22，杨贵军采。

分布：宁夏、内蒙古、甘肃、青海、北京、辽宁、四川。蒙古国、朝鲜、俄罗斯。

习性：取食植物根及嫩芽，亦捕食多种昆虫。

（23）点翅暗步甲 *Amara majuscula* (Chaudoir, 1850)

采集记录：6，宁夏贺兰山响水沟，1890m，2014-Ⅶ-25，杨贵军采；5，内蒙古贺兰山水磨沟，1930m，2015-Ⅶ-27，杨贵军采。

分布：我国广布。俄罗斯、日本、朝鲜、蒙古国。欧洲。

习性：捕食多种昆虫。

（24）隐暗步甲 *Amara obscuripes* Bates, 1873（贺兰山新记录）

采集记录：4，内蒙古贺兰山哈拉乌，2160～2660m，2015-Ⅶ-22，杨贵军采；5，内蒙古贺兰山马莲井，2168～2360m，2015-Ⅶ-27，杨贵军采。

分布：宁夏、内蒙古、甘肃、陕西、北京、辽宁。印度、日本、蒙古国、朝鲜、俄罗斯、韩国、越南。

习性：取食植物根及嫩芽，亦捕食多种昆虫。

（25）卵暗步甲 *Amara ovata* (Fabricius, 1792)（贺兰山新记录）

采集记录：4，内蒙古贺兰山哈拉乌，2160～2660m，2015-Ⅶ-22，杨贵军采。

分布：内蒙古、甘肃、陕西、新疆、青海、西藏、云南、四川。俄罗斯。欧洲、北美洲。

习性：取食植物根及嫩芽，亦捕食多种昆虫。

（26）北暗步甲 *Amara robusta* Baliani, 1932

分布：宁夏、内蒙古、青海、西藏、云南。印度、尼泊尔。

习性：取食植物根及嫩芽，亦捕食多种昆虫。

（27）乡居暗步甲 *Amara rupicola* Zimmermann, 1832

分布：宁夏、内蒙古、甘肃、陕西。印度、哈萨克斯坦、吉尔吉斯斯坦、蒙古国、俄罗斯、土库曼斯坦。

习性：取食植物根及嫩芽，亦捕食多种昆虫。

（28）陕西暗步甲 *Amara shaanxiensis* Hieke, 2002（贺兰山新记录）

采集记录：36，宁夏贺兰山响水沟，1760～2460m，2015-Ⅷ-5，杨贵军采；20，内蒙古贺兰山马莲井，2168～2360m，2015-Ⅶ-27，杨贵军采；1，内蒙古贺兰山大殿沟，2125～2366m，2015-Ⅶ-28，杨贵军采；1，内蒙古贺兰山镇木关，1960～2360m，2015-Ⅶ-28，杨贵军采。

分布：宁夏、内蒙古、陕西。

习性：取食植物根及嫩芽，亦捕食多种昆虫。

（29）膨胸暗步甲 *Amara tumida* Morawitz, 1862

采集记录：1，宁夏贺兰山小口子，1530m，2008-Ⅵ-24，杨贵军采；6，内蒙古贺兰山哈拉乌，2160～2860m，2015-Ⅶ-22，杨贵军采。

分布：宁夏、内蒙古、黑龙江。蒙古国、俄罗斯。

习性：取食植物根及嫩芽，亦捕食鳞翅目昆虫的幼虫和蛴螬。

（30）乌苏里暗步甲 *Amara ussuriensis* Lutshnik, 1935（贺兰山新记录）

采集记录：1，内蒙古贺兰山水磨沟，2160～2660m，2015-Ⅶ-27，杨贵军采；3，内蒙古贺兰山马莲井，2168～2360m，2015-Ⅶ-27，杨贵军采。

分布：宁夏、内蒙古、甘肃、陕西、四川、黑龙江。俄罗斯、日本。

习性：取食植物根及嫩芽，亦捕食多种昆虫。

10）脊角步甲属 *Poecilus* Bonelli, 1810　贺兰山记录 3 种

（31）壮脊角步甲 *Poecilus fortipes* (Chaudoir, 1850)

采集记录：35，宁夏贺兰山苏峪口，1952～2340m，2008-Ⅵ-17，杨贵军采；106，宁夏贺兰山苏峪口，1952～2280m，2008-Ⅶ-29，杨贵军采；1，宁夏贺兰山小口子，1546～1604m，2008-Ⅷ-6，杨贵军采；11，宁夏贺兰山苏峪口，1952～2280m，2009-Ⅷ-14，杨贵军采；5，宁夏贺兰山插旗口，1612m，2014-Ⅶ-19，杨贵军采；215，宁夏贺兰山响水沟，1746～2612m，2014-Ⅶ-25，杨贵军采；1，宁夏贺兰山拜寺口，1389～1627m，2014-Ⅶ-26，杨贵军采；21，宁夏贺兰山插旗口，1543～1659m，2014-Ⅷ-19，杨贵军采；2，宁夏贺兰山大水沟，1292～1659m，2014-Ⅷ-20，杨贵军采；2，宁夏贺兰山归德沟，1160～1258m，2014-Ⅷ-20，杨贵军采；27，宁夏贺兰山响水沟，1750～2360m，2015-Ⅷ-5，杨贵军采；1，宁夏贺兰山苏峪口，2038m，2015-Ⅶ-11，杨贵军采；79，内蒙古贺兰山哈拉乌，2160～2860m，2015-Ⅶ-22，杨贵军采；10，内蒙古贺兰山水磨沟，1960～2660m，2015-Ⅶ-27，杨贵军采；16，内蒙古贺兰山马莲井，2168～2360m，2015-Ⅶ-27，杨贵军采；97，内蒙古贺兰山大殿沟，2125～2366m，2015-Ⅶ-28，杨贵军采；4，

内蒙古贺兰山镇木关，1950～2360m，2015-Ⅶ-28，杨贵军采；2，内蒙古贺兰山马莲井，2168～2360m，2015-Ⅶ-24，李哲光采；2，内蒙古贺兰山哈拉乌，2246m，2015-Ⅶ-24，杨贵军采。

分布：宁夏、内蒙古、河北、云南。朝鲜、蒙古国、日本、俄罗斯。

习性：捕食多种小型昆虫。

（32）亮背脊角步甲 *Poecilus lamproderus* (Chaudoir, 1868)

分布：内蒙古。蒙古国、朝鲜、俄罗斯。

习性：捕食多种昆虫。

（33）光颈脊角步甲 *Poecilus nitidicollis* Motschulsky, 1844

采集记录：4，内蒙古贺兰山水磨沟，2025m，2015-Ⅶ-27，杨贵军采。

分布：内蒙古。蒙古国、俄罗斯。

习性：捕食多种昆虫。

11）通缘步甲属 *Pterostichus* Bonelli, 1810 贺兰山记录 1 种

（34）直角通缘步甲 *Pterostichus gebleri* (Dejean, 1831)

采集记录：3，宁夏贺兰山苏峪口，1952～2340m，2008-Ⅵ-17，杨贵军采；11，宁夏贺兰山小口子，1530m，2008-Ⅵ-24，杨贵军采；6，宁夏贺兰山小口子，1530m，2008-Ⅵ-25，杨贵军采；26，宁夏贺兰山小口子，1560m，2008-Ⅶ-6，杨贵军采；539，宁夏贺兰山汝箕沟，2235～2364m，2008-Ⅶ-18，杨贵军采；12，宁夏贺兰山苏峪口，1952～2280m，2008-Ⅶ-29，杨贵军采；72，宁夏贺兰山小口子，1546～1600m，2008-Ⅷ-4，杨贵军采；50，宁夏贺兰山小口子，1546～1604m，2008-Ⅷ-6，杨贵军采；1，宁夏贺兰山苏峪口，1860～2340m，2009-Ⅵ-30，杨贵军采；1，宁夏贺兰山苏峪口，1952～2280m，2009-Ⅷ-14，杨贵军采；8，宁夏贺兰山大口子，1540m，2014-Ⅵ-6，杨贵军采；128，宁夏贺兰山大口子，1294～1561m，2014-Ⅶ-13，杨贵军采；7，宁夏贺兰山插旗口，1612m，2014-Ⅶ-19，杨贵军采；911，宁夏贺兰山响水沟，1746～2612m，2014-Ⅶ-25，杨贵军采；9，宁夏贺兰山拜寺口，1389～1627m，2014-Ⅶ-26，杨贵军采；2，宁夏贺兰山大水沟，1750～2540m，2014-Ⅷ-13，杨贵军采；359，宁夏贺兰山插旗口，1543～1659m，2014-Ⅷ-19，杨贵军采；459，宁夏贺兰山大水沟，1292～1659m，2014-Ⅷ-20，杨贵军采；7，宁夏贺兰山归德沟，1160～1258m，2014-Ⅷ-20，杨贵军采；1，宁夏贺兰山道路沟，1278～1412m，2014-Ⅷ-21，杨贵军采；6，宁夏贺兰山响水沟，1760～2360m，2015-Ⅷ-5，杨贵军采；968，内蒙古贺兰山水磨沟，1960～2350m，2015-Ⅶ-27，杨贵军采；731，内蒙古贺兰山马莲井，2168～2360m，2015-Ⅶ-27，杨贵军采；194，内蒙古贺兰山大殿沟，2125～2366m，2015-Ⅶ-28，杨贵军采；365，内蒙古贺兰山镇木关，2160～2360m，2015-Ⅶ-28，杨贵军采；16，内蒙古贺兰山

马莲井，2168~2360m，2015-Ⅶ-24，李哲光采，4，内蒙古贺兰山哈拉乌，2246~2916m，2015-Ⅶ-24，杨贵军采；3，内蒙古贺兰山镇木关，2068~2184m，2015-Ⅶ-22，杨贵军采；4，内蒙古贺兰山大殿沟，2125~2366m，2015-Ⅶ-25，杨贵军采。

分布：宁夏、内蒙古、甘肃、青海、黑龙江、辽宁、吉林、北京、河北、福建、四川、云南。蒙古国、朝鲜、俄罗斯。

习性：捕食地老虎、草地螟、蝇类幼虫等。

2.1.2.3 柄胸步甲亚科 Broscinae Hope, 1838

12）柄胸步甲属 *Broscus* Panzer, 1813 贺兰山记录 2 种

（35）大头肉步甲 *Broscus cephalotes* (Linnaeus, 1758)

分布：内蒙古、台湾。蒙古国。欧洲。

习性：捕食多种小型昆虫。

（36）考氏肉步甲 *Broscus kozlovi* Kryzhanovskij, 1995

采集记录：7，宁夏贺兰山苏峪口，1850m，2007-Ⅶ-3，贺奇采；21，宁夏贺兰山苏峪口，2010m，2008-Ⅴ-21，杨贵军采；82，宁夏贺兰山苏峪口，1952~2340m，2008-Ⅵ-17，辛明采；22，宁夏贺兰山苏峪口，1760~2360m，2008-Ⅵ-30，杨贵军采；2，宁夏贺兰山汝箕沟，2235~2364m，2008-Ⅶ-18，张琦采；90，宁夏贺兰山苏峪口，1952~2280m，2008-Ⅶ-29，杨贵军采；8，宁夏贺兰山苏峪口，2150m，2009-Ⅵ-30，杨贵军采；9，宁夏贺兰山苏峪口，1952~2280m，2009-Ⅷ-14，杨贵军采；38，宁夏贺兰山响水沟，1746~2612m，2014-Ⅶ-25，王杰采；33，宁夏贺兰山响水沟，1600~2150m，2015-Ⅷ-5，王杰采；6，内蒙古贺兰山哈拉乌，1950~2680m，2015-Ⅶ-22，杨贵军采；19，内蒙古贺兰山水磨沟，1968~2360m，2015-Ⅶ-27，贾龙采；48，内蒙古贺兰山马莲井，2168~2360m，2015-Ⅶ-27，杨贵军采；42，内蒙古贺兰山大殿沟，2125~2366m，2015-Ⅶ-28，贾龙采；11，内蒙古贺兰山镇木关，1950~2360m，2015-Ⅶ-28，杨贵军采；1，内蒙古贺兰山大殿沟，2125~2366m，2015-Ⅶ-25，杨贵军采。

分布：宁夏、内蒙古。蒙古国。欧洲。

习性：捕食鳞翅目昆虫的幼虫和蛹蟓。

2.1.2.4 步甲亚科 Carabinae Latreille, 1802

13）星步甲属 *Calosoma* Weber, 1801 贺兰山记录 3 种

（37）中华金星步甲 *Calosoma chinense* Kirby, 1818

采集记录：1，宁夏贺兰山大口子，1294~1561m，2014-Ⅶ-13，杨贵军采；1，

宁夏贺兰山归德沟，1160～1258m，2014-Ⅷ-20，赵飞采。

分布：我国广布。日本、朝鲜、俄罗斯。东南亚。

习性：捕食黏虫、地老虎等鳞翅目昆虫的幼虫和蛹蟪。

（38）暗星步甲 *Calosoma lugens* Chaudoir, 1869

采集记录：3，宁夏贺兰山小口子，1546～1600m，2008-Ⅷ-4，杨贵军采；2，宁夏贺兰山响水沟，1746～2612m，2014-Ⅶ-25，杨贵军采；1，宁夏贺兰山大水沟，1292～1659m，2014-Ⅷ-20，赵飞采；1，宁夏贺兰山大水沟，1292～1659m，2014-Ⅷ-20，杨贵军采；2，宁夏贺兰山归德沟，1160～1258m，2014-Ⅷ-20，王杰采。

分布：华北、东北、西北。朝鲜、蒙古国、俄罗斯。

习性：捕食黏虫、地老虎等鳞翅目昆虫的幼虫和蛹蟪。

（39）大星步甲 *Calosoma maximoviczi* A. Morawitz, 1863

采集记录：3，宁夏贺兰山正义关，1320m，2008-Ⅷ-4，杨贵军采。

分布：我国广布。朝鲜、日本、俄罗斯。

习性：捕食毒蛾科、舟蛾科等鳞翅目昆虫的幼虫。

14）大步甲属 *Carabus* Linné, 1758　贺兰山记录 3 种

（40）麻步甲 *Carabus brandti* Faldermann, 1835

采集记录：1，宁夏贺兰山苏峪口，1952～2340m，2008-Ⅵ-17，杨贵军采；5，宁夏贺兰山小口子，1530m，2008-Ⅵ-24，杨贵军采；15，宁夏贺兰山小口子，1530m，2008-Ⅵ-25，杨贵军采；1，宁夏贺兰山小口子，1550m，2008-Ⅶ-6，杨贵军采；1，宁夏贺兰山汝箕沟，2235～2364m，2008-Ⅶ-18，杨贵军采；1，宁夏贺兰山小口子，1534～1540m，2008-Ⅶ-22，杨贵军采；12，宁夏贺兰山苏峪口，1952～2280m，2008-Ⅶ-29，杨贵军采；75，宁夏贺兰山小口子，1546～1600m，2008-Ⅷ-4，杨贵军采；7，宁夏贺兰山小口子，1546～1604m，2008-Ⅷ-6，杨贵军采；1，宁夏贺兰山大口子，1360～1540m，2014-Ⅵ-6，杨贵军采；16，宁夏贺兰山大口子，1294～1561m，2014-Ⅶ-13，杨贵军采；22，宁夏贺兰山响水沟，1746～2612m，2014-Ⅶ-25，杨贵军采；24，宁夏贺兰山插旗口，1543～1659m，2014-Ⅷ-19，杨贵军采；16，宁夏贺兰山大水沟，1292～1659m，2014-Ⅷ-20，杨贵军采；4，宁夏贺兰山归德沟，1160～1258m，2014-Ⅷ-20，杨贵军采；1，宁夏贺兰山响水沟，2130m，2015-Ⅷ-5，杨贵军采；19，内蒙古贺兰山水磨沟，1950～2504m，2015-Ⅶ-27，杨贵军采；4，内蒙古贺兰山马莲井，2168～2360m，2015-Ⅶ-27，杨贵军采；2，内蒙古贺兰山镇木关，2150～2500m，2015-Ⅶ-28，杨贵军采。

分布：宁夏、内蒙古、北京、河北、辽宁、吉林、黑龙江、河南。日本、韩国、俄罗斯。

习性：捕食鳞翅目昆虫的幼虫。

（41）锥步甲 *Carabus glyptopterus* Fischer von Waldheim, 1828

采集记录：1，内蒙古贺兰山马莲井，2168～2360m，2015-Ⅶ-27，杨贵军采；1，内蒙古贺兰山镇木关，2150～2500m，2015-Ⅶ-28，杨贵军采。

分布：宁夏、内蒙古、山西。蒙古国、俄罗斯。

习性：捕食鳞翅目昆虫的幼虫。

（42）刻步甲 *Carabus kruberi kruberi* Fischer von Waldheim, 1820

采集记录：1，宁夏贺兰山小口子，1530m，2008-Ⅵ-24，杨贵军采；1，宁夏贺兰山小口子，1530m，2008-Ⅵ-25，杨贵军采；8，宁夏贺兰山小口子，1546～1600m，2008-Ⅷ-4，杨贵军采；1，宁夏贺兰山小口子，1546～1604m，2008-Ⅷ-6，杨贵军采；1，宁夏贺兰山大口子，1294～1561m，2014-Ⅶ-13，杨贵军采；35，宁夏贺兰山响水沟，1746～2612m，2014-Ⅶ-25，杨贵军采；8，内蒙古贺兰山马莲井，2168～2360m，2015-Ⅶ-27，杨贵军采；3，内蒙古贺兰山镇木关，2068～2184m，2015-Ⅶ-28，杨贵军采。

分布：宁夏、内蒙古、陕西、山西、黑龙江、吉林、辽宁、河北。蒙古国、俄罗斯、韩国、朝鲜。

习性：捕食鳞翅目昆虫的幼虫。

2.1.2.5　畸颚步甲亚科 Licininae Bonelli, 1810

15）青步甲属 *Chlaenius* Bonelli, 1810　贺兰山记录 4 种

（43）黄斑青步甲 *Chlaenius micans* (Fabriciue, 1792)
分布：宁夏、内蒙古。朝鲜、日本、斯里兰卡、印度尼西亚。
习性：捕食鳞翅目昆虫的幼虫。

（44）毛青步甲 *Chlaenius pallipes* (Gebler, 1823)
分布：我国广布。日本、朝鲜、蒙古国、俄罗斯。
习性：捕食黏虫、地老虎、半翅目昆虫等。

（45）点沟青步甲 *Chlaenius praefectus* Bates, 1873
采集记录：2，宁夏贺兰山小口子，1546～1604m，2008-Ⅷ-6，杨贵军采。
分布：宁夏、湖北、广西、四川、台湾。日本。东南亚。
习性：捕食鳞翅目昆虫的幼虫和蛴螬。

（46）黄缘青步甲 *Chlaenius spoliatus* (P. Rossi, 1792)
采集记录：1，宁夏贺兰山大口子，1294～1561m，2014-Ⅶ-13，杨贵军采；5，宁夏贺兰山插旗口，1543～1659m，2014-Ⅷ-19，杨贵军采。
分布：宁夏、内蒙古、甘肃、新疆、黑龙江、吉林、辽宁、河北、江苏、湖北、湖南、福建、台湾、广东、广西、四川、贵州、云南。朝鲜、日本、俄罗斯。欧洲。

习性：捕食黏虫、地老虎等鳞翅目昆虫。

16）畸颈步甲属 *Licinus* Latreille, 1802　贺兰山记录 1 种

（47）圆胸钝颚步甲 *Licinus setosus* (J. Sahlberg, 1880)

采集记录：1，宁夏贺兰山小口子，1530m，2008-Ⅵ-25，杨贵军采；1，宁夏贺兰山小口子，1546～1600m，2008-Ⅷ-4，杨贵军采；1，宁夏贺兰山小口子，1546～1604m，2008-Ⅷ-6，杨贵军采；1，宁夏贺兰山苏峪口，1952～2280m，2009-Ⅷ-14，杨贵军采；1，宁夏贺兰山响水沟，1746～2612m，2014-Ⅶ-25，杨贵军采；1，宁夏贺兰山拜寺口，1389～1627m，2014-Ⅶ-26，杨贵军采；12，宁夏贺兰山插旗口，1543～1659m，2014-Ⅷ-19，杨贵军采；3，宁夏贺兰山大水沟，1292～1659m，2014-Ⅷ-20，杨贵军采；8，内蒙古贺兰山哈拉乌，2160～2660m，2015-Ⅶ-22，杨贵军采；2，内蒙古贺兰山水磨沟，1960～2360m，2015-Ⅶ-27，杨贵军采；2，内蒙古贺兰山镇木关，2150～2530m，2015-Ⅶ-28，杨贵军采；1，内蒙古贺兰山马莲井，2168～2360m，2015-Ⅶ-24，李哲光采；1，内蒙古贺兰山哈拉乌，2246～2916m，2015-Ⅶ-24，杨贵军采。

分布：宁夏、内蒙古。蒙古国、俄罗斯。

习性：捕食鳞翅目昆虫的幼虫和蛹蛴。

2.1.2.6　Lebiinae Bonelli, 1810

17）皮步甲属 *Corsyra* Dejean, 1825　贺兰山记录 1 种

（48）皮步甲 *Corsyra fusula* (Fischer von Waldheim, 1820)

采集记录：1，宁夏贺兰山大口子，1294～1561m，2014-Ⅶ-13，杨贵军采；7，宁夏贺兰山插旗口，1543～1659m，2014-Ⅷ-19，杨贵军采；10，宁夏贺兰山大水沟，1292～1659m，2014-Ⅷ-20，杨贵军采；3，宁夏贺兰山归德沟，1160～1258m，2014-Ⅷ-20，杨贵军采；4，宁夏贺兰山道路沟，1278～1412m，2014-Ⅷ-21，杨贵军采；2，内蒙古贺兰山炭井沟，2660m，2008-Ⅶ-22，杨贵军采；70，内蒙古贺兰山水磨沟，1850～2280m，2015-Ⅶ-27，杨贵军采；1，内蒙古贺兰山镇木关，2150～2450m，2015-Ⅶ-28，杨贵军采；12，内蒙古贺兰山哈拉乌，2246～2916m，2015-Ⅶ-24，杨贵军采。

分布：宁夏、内蒙古。俄罗斯。

习性：捕食鳞翅目昆虫的幼虫和蛹蛴。

18）猛步甲属 *Cymindis* Latreille, 1806　贺兰山记录 6 种

（49）双斑猛步甲 *Cymindis binotata* Fischer von Waldheim, 1820

采集记录：1，宁夏贺兰山汝箕沟，2235～2364m，2008-Ⅶ-18，杨贵军采；4，

宁夏贺兰山插旗口，1612m，2014-Ⅶ-19，杨贵军采；3，宁夏贺兰山响水沟，1746～2612m，2014-Ⅶ-25，杨贵军采；12，宁夏贺兰山插旗口，1543～1659m，2014-Ⅷ-19，杨贵军采；2，宁夏贺兰山大水沟，1292～1659m，2014-Ⅷ-20，杨贵军采；13，宁夏贺兰山道路沟，1278～1412m，2014-Ⅷ-21，杨贵军采；41，宁夏贺兰山响水沟，1850～2550m，2015-Ⅷ-5，杨贵军采；23，内蒙古贺兰山水磨沟，1950～2500m，2015-Ⅶ-27，杨贵军采；71，内蒙古贺兰山马莲井，2168～2360m，2015-Ⅶ-27，杨贵军采；8，内蒙古贺兰山大殿沟，2125～2366m，2015-Ⅶ-28，杨贵军采；9，内蒙古贺兰山镇木关，2150～2650m，2015-Ⅶ-28，杨贵军采。

分布：宁夏、内蒙古、北京。韩国、日本、俄罗斯、哈萨克斯坦。

习性：捕食鳞翅目昆虫的幼虫和蛴螬。

（50）黑颈猛步甲 *Cymindis collaris* (Motschulsky, 1844)

采集记录：20，宁夏贺兰山响水沟，1950～2500m，2015-Ⅷ-5，杨贵军采；1，内蒙古贺兰山大殿沟，2125～2366m，2015-Ⅶ-28，杨贵军采。

分布：宁夏、内蒙古。日本、韩国、朝鲜、蒙古国、俄罗斯。

习性：捕食小型昆虫的幼虫。

（51）半猛步甲 *Cymindis daimio* Bates, 1873

采集记录：6，宁夏贺兰山小口子，1530m，2008-Ⅵ-24，杨贵军采；3，宁夏贺兰山小口子，1540～1600m，2008-Ⅶ-6，杨贵军采；5，宁夏贺兰山小口子，1546～1600m，2008-Ⅷ-4，杨贵军采；1，宁夏贺兰山插旗口，1612m，2014-Ⅶ-19，杨贵军采；4，宁夏贺兰山响水沟，1746～2612m，2014-Ⅶ-25，杨贵军采；9，宁夏贺兰山插旗口，1543～1659m，2014-Ⅷ-19，杨贵军采；3，宁夏贺兰山大水沟，1292～1659m，2014-Ⅷ-20，杨贵军采；3，内蒙古贺兰山水磨沟，1950～2450m，2015-Ⅶ-27，杨贵军采；6，内蒙古贺兰山镇木关，2150～2550m，2015-Ⅶ-28，杨贵军采；1，内蒙古贺兰山哈拉乌，2246m，2015-Ⅶ-22，杨贵军采。

分布：宁夏、河南、内蒙古。蒙古国、朝鲜、日本、俄罗斯。

习性：捕食鳞翅目昆虫的幼虫和蛴螬。

（52）福猛步甲 *Cymindis faldermanni* Gistel, 1838（贺兰山新记录）

采集记录：4，宁夏贺兰山汝箕沟，2235～2364m，2008-Ⅶ-18，杨贵军采；1，宁夏贺兰山响水沟，1746～2612m，2014-Ⅶ-25，杨贵军采；1，宁夏贺兰山插旗口，1543～1659m，2014-Ⅷ-19，杨贵军采；1，内蒙古贺兰山炭井沟，2660m，2008-Ⅶ-22，杨贵军采；2，内蒙古贺兰山哈拉乌，2150～2560m，2015-Ⅶ-22，杨贵军采；22，内蒙古贺兰山水磨沟，1950～2500m，2015-Ⅶ-27，杨贵军采；8，内蒙古贺兰山马莲井，2168～2360m，2015-Ⅶ-27，杨贵军采；2，内蒙古贺兰山镇木关，2150～2450m，2015-Ⅶ-28，杨贵军采。

分布：宁夏、内蒙古。哈萨克斯坦、蒙古国、俄罗斯。

习性：捕食小型昆虫的幼虫。

（53）细纹猛步甲 *Cymindis mannerheimi* Gebler, 1843（贺兰山新记录）

采集记录：6，宁夏贺兰山响水沟，2150～2360m，2015-VIII-5，杨贵军采。

分布：宁夏、内蒙古。印度。中亚。

习性：捕食小型昆虫的幼虫。

（54）多毛猛步甲 *Cymindis pilosissima* Reitter, 1894（宁夏新记录，贺兰山新记录）

采集记录：1，宁夏贺兰山汝箕沟，2235～2364m，2008-VII-18，杨贵军采；4，宁夏贺兰山响水沟，1746～2612m，2014-VII-25，杨贵军采；5，内蒙古贺兰山马莲井，2168～2360m，2015-VII-27，杨贵军采。

分布：宁夏、内蒙古。蒙古国。

习性：捕食小型昆虫的幼虫。

19）盆步甲属 *Lebia* Latreille, 1802　贺兰山记录 1 种

（55）十字盆步甲 *Lebia cruxminor* (Linnaeus, 1848)

采集记录：3，内蒙古贺兰山哈拉乌，2140～2640m，2015-VII-23，赵飞采。

分布：宁夏、内蒙古。俄罗斯、蒙古国、日本。欧洲。

习性：捕食小型昆虫的幼虫。

2.1.2.7　心步甲亚科 Nebriinae Laporte, 1834

20）心步甲属 *Nebria* Latreille, 1802　贺兰山记录 1 种（亚种）

（56）黄缘心步甲 *Nebria livida angulata* Bänninger, 1949

采集记录：1，宁夏贺兰山汝箕沟，2235～2364m，2008-VII-18，杨贵军采；1，宁夏贺兰山苏峪口，1952～2280m，2008-VII-29，杨贵军采；5，宁夏贺兰山插旗口，1543～1659m，2014-VIII-19，杨贵军采。

分布：宁夏、内蒙古、青海、辽宁、吉林、黑龙江、山西、北京、河北、浙江、江苏、河南。日本、朝鲜、俄罗斯。

习性：捕食叶蝉、飞虱、蚜虫、黏虫等多种昆虫。

2.1.2.8　婪步甲亚科 Harpalinae Bonelli, 1810

21）婪步甲属 *Harpalus* Latreille, 1802　贺兰山记录 26 种

（57）心婪步甲 *Harpalus amariformis* Motschulsky, 1844

采集记录：1，宁夏贺兰山大口子，1551m，2015-VII-5，杨贵军采。

分布：宁夏、内蒙古。蒙古国、朝鲜、俄罗斯。欧洲、中亚。

习性：主要取食植物的根及嫩叶，亦捕食小型昆虫的幼虫。

（58）广胸婪步甲 *Harpalus amplicollis* Ménétriés, 1848

采集记录：1，宁夏贺兰山苏峪口，1952～2280m，2008-VII-29，杨贵军采。

分布：宁夏、内蒙古、北京、河北。日本、韩国、俄罗斯。欧洲。

习性：主要取食植物的根及嫩叶，亦捕食鳞翅目昆虫的幼虫和蛹蛹。

（59）红角婪步甲 *Harpalus amplicornis* Ménétriés, 1848

采集记录：5，宁夏贺兰山大口子，1350～1551m，2014-VI-6，杨贵军采；1，宁夏贺兰山大口子，1294～1561m，2014-VII-13，杨贵军采；22，宁夏贺兰山插旗口，1612m，2014-VII-19，杨贵军采；14，宁夏贺兰山响水沟，1746～2612m，2014-VII-25，杨贵军采；46，宁夏贺兰山插旗口，1543～1659m，2014-VIII-19，杨贵军采；3，宁夏贺兰山大水沟，1292～1659m，2014-VIII-20，杨贵军采；3，宁夏贺兰山归德沟，1160～1258m，2014-VIII-20，杨贵军采；6，宁夏贺兰山道路沟，1278～1412m，2014-VIII-21，杨贵军采；3，内蒙古贺兰山水磨沟，2015-VII-27，杨贵军采；1，内蒙古贺兰山大殿沟，2125～2366m，2015-VII-28，杨贵军采。

分布：宁夏、内蒙古、新疆、陕西、山西、河北、黑龙江、吉林、辽宁。蒙古国、俄罗斯、朝鲜。欧洲。

习性：主要取食植物的根及嫩叶，亦捕食小型昆虫的幼虫。

（60）*Harpalus anxius* (Duftschmid, 1812)（贺兰山新记录）

采集记录：1，内蒙古贺兰山水磨沟，1950～2340m，2015-VII-27，杨贵军采。

分布：宁夏、内蒙古。蒙古国、俄罗斯。欧洲。

习性：主要取食植物的根及嫩叶，亦捕食小型昆虫的幼虫。

（61）短胸婪步甲 *Harpalus brevis* Motschulsky, 1844

采集记录：2，内蒙古贺兰山水磨沟，1950～2340m，2015-VII-27，杨贵军采。

分布：宁夏、内蒙古。哈萨克斯坦、吉尔吉斯斯坦、蒙古国、俄罗斯。

习性：主要取食植物的根及嫩叶，亦捕食小型昆虫的幼虫。

（62）棒婪步甲 *Harpalus bungii* Chaudoir, 1844

采集记录：1，宁夏贺兰山苏峪口，1952～2340m，2008-VI-17，杨贵军采；9，宁夏贺兰山汝箕沟，2235～2364m，2008-VII-18，杨贵军采；15，宁夏贺兰山响水沟，1746～2612m，2014-VII-25，杨贵军采；3，宁夏贺兰山插旗口，1543～1659m，2014-VIII-19，杨贵军采；1，宁夏贺兰山归德沟，1160～1258m，2014-VIII-20，杨贵军采；1，宁夏贺兰山响水沟，1750～2340m，2015-VIII-5，杨贵军采；3，内蒙古贺兰山水磨沟，1950～2440m，2015-VII-27，杨贵军采。

分布：宁夏、内蒙古、北京、吉林。日本、韩国、哈萨克斯坦、吉尔吉斯斯坦、蒙古国、俄罗斯。欧洲。

习性：主要取食植物的根及嫩叶，亦捕食鳞翅目昆虫的幼虫和蛹蛹。

（63）谷婪步甲 *Harpalus calceatus* (Duftschmid, 1812)

采集记录：2，宁夏贺兰山大水渠口，1700m，2008-VII-22，杨贵军采；18，宁夏贺兰山贺兰口，1550m，2008-VII-22，杨贵军采；1，宁夏贺兰山小口子，1534～1540m，2008-VII-22，杨贵军采；13，宁夏贺兰山苏峪口，2000～2146m，2008-VII-22，杨贵军采；18，宁夏贺兰山插旗口，1612m，2014-VII-19，杨贵军采；7，宁夏贺兰山响水沟，1746～2612m，2014-VII-25，杨贵军采；388，宁夏贺兰山插旗口，1543～1659m，2014-VIII-19，杨贵军采；9，宁夏贺兰山大水沟，1292～1659m，2014-VIII-20，杨贵军采；1，宁夏贺兰山道路沟，1278～1412m，2014-VIII-21，杨贵军采；1，宁夏贺兰山响水沟，1750～2540m，2015-VIII-5，杨贵军采；4，内蒙古贺兰山水磨沟，1950～2450m，2015-VII-27，杨贵军采；3，内蒙古贺兰山马莲井，2168～2360m，2015-VII-27，杨贵军采；7，内蒙古贺兰山哈拉乌，2246～2916m，2015-VII-24，杨贵军采。

分布：宁夏、内蒙古、新疆、辽宁、吉林、黑龙江、河北、河南、福建。日本、韩国、朝鲜、蒙古国、俄罗斯、印度。欧洲。

习性：为害谷类植物种子，亦捕食鳞翅目昆虫的幼虫和蛹蛹。

（64）铜绿婪步甲 *Harpalus chalcentus* Bates, 1873

采集记录：1，宁夏贺兰山苏峪口，1952～2340m，2008-VI-17，杨贵军采。

分布：宁夏、吉林、北京、河北、江苏、浙江、湖北、江西、湖南、福建、广东、广西、四川、贵州。朝鲜、日本。

习性：为害谷类植物种子，也是鳞翅目昆虫幼虫的天敌。

（65）直角婪步甲 *Harpalus corporosus* (Motschulsky, 1861)

采集记录：37，宁夏贺兰山大口子，1294～1561m，2014-VII-13，杨贵军采；16，宁夏贺兰山响水沟，1746～2612m，2014-VII-25，杨贵军采；11，宁夏贺兰山插旗口，1543～1659m，2014-VIII-19，杨贵军采；4，宁夏贺兰山归德沟，1160～1258m，2014-VIII-20，杨贵军采；1，内蒙古贺兰山大殿沟，2125～2366m，2015-VII-28，杨贵军采。

分布：宁夏、内蒙古。日本、韩国、俄罗斯。欧洲。

习性：捕食鳞翅目昆虫的幼虫和蛹蛹。

（66）强婪步甲 *Harpalus crates* Bates, 1873

采集记录：1，宁夏贺兰山汝箕沟，2235～2364m，2008-VII-18，杨贵军采；5，宁夏贺兰山大水沟，1300～1450m，2008-VII-22，杨贵军采；5，宁夏贺兰山西峰沟，1220～1350m，2008-VII-22，杨贵军采；2，宁夏贺兰山贺兰口，1550m，2008-VII-22，杨贵军采；2，宁夏贺兰山小口子，1534～1540m，2008-VII-22，杨贵军采；1，宁夏贺兰山大寺沟，1600m，2008-VII-22，杨贵军采；4，宁夏贺兰山苏峪口，2000～2146m，2008-VII-22，杨贵军采；1，宁夏贺兰山椿树沟，1700～

1800m，2008-Ⅶ-22，杨贵军采；2，宁夏贺兰山响水沟，1746～2612m，2014-Ⅶ-25，杨贵军采；1，宁夏贺兰山插旗口，1543～1659m，2014-Ⅷ-19，杨贵军采；2，宁夏贺兰山归德沟，1160～1258m，2014-Ⅷ-20，杨贵军采。

分布：宁夏、内蒙古、甘肃。韩国、日本、俄罗斯。

习性：为害谷子，捕食某些叩头甲和象甲幼虫。

（67）大卫婪步甲 *Harpalus davidianus davidianus* Tschitscherine, 1903

采集记录：1，宁夏贺兰山小口子，1530m，2008-Ⅵ-24，杨贵军采；3，宁夏贺兰山拜寺口，1750m，2008-Ⅶ-22，杨贵军采；20，宁夏贺兰山大水渠口，1700m，2008-Ⅶ-22，杨贵军采；7，宁夏贺兰山插旗口，1500m，2008-Ⅶ-22，杨贵军采；10，宁夏贺兰山大寺沟，1600m，2008-Ⅶ-22，杨贵军采；10，宁夏贺兰山贺兰口，1550m，2008-Ⅶ-22，杨贵军采；1，宁夏贺兰山苏峪口，2000～2146m，2008-Ⅶ-22，杨贵军采；5，宁夏贺兰山响水沟，1900m，2008-Ⅶ-22，杨贵军采；4，宁夏贺兰山镇木关，1650m，2008-Ⅶ-22，杨贵军采；1，宁夏贺兰山椿树沟，1700～1800m，2008-Ⅶ-22，杨贵军采；6，宁夏贺兰山西峰沟，1220～1350m，2008-Ⅶ-22，杨贵军采；1，宁夏贺兰山独树沟，1450～1780m，2008-Ⅶ-22，杨贵军采；1，宁夏贺兰山小口子，1534～1540m，2008-Ⅶ-22，杨贵军采；1，宁夏贺兰山王泉沟，1380～1500m，2008-Ⅶ-22，杨贵军采；18，宁夏贺兰山苏峪口，1952～2280m，2008-Ⅶ-29，杨贵军采；6，宁夏贺兰山苏峪口，1952～2280m，2009-Ⅷ-14，杨贵军采；2，宁夏贺兰山插旗口，1612m，2014-Ⅶ-19，杨贵军采；9，宁夏贺兰山插旗口，1543～1659m，2014-Ⅷ-19，杨贵军采；1，内蒙古贺兰山哈拉乌，1950～2680m，2015-Ⅶ-22，杨贵军采。

分布：宁夏、内蒙古。日本、韩国、俄罗斯、蒙古国。

习性：捕食鳞翅目昆虫的幼虫和蛹蛹。

（68）红缘婪步甲 *Harpalus froelichii* Sturm, 1818

采集记录：12，宁夏贺兰山小口子，1530m，2008-Ⅵ-24，杨贵军采；1，宁夏贺兰山小口子，1530m，2008-Ⅵ-25，杨贵军采；1，宁夏贺兰山苏峪口，1952～2280m，2008-Ⅶ-29，杨贵军采；1，宁夏贺兰山小口子，1546～1600m，2008-Ⅷ-4，杨贵军采；4，宁夏贺兰山苏峪口，1950～2380m，2009-Ⅵ-30，杨贵军采；138，宁夏贺兰山插旗口，1612m，2014-Ⅶ-19，杨贵军采；4，宁夏贺兰山响水沟，1746～2612m，2014-Ⅶ-25，杨贵军采；91，宁夏贺兰山插旗口，1543～1659m，2014-Ⅷ-19，杨贵军采；2，宁夏贺兰山大水沟，1292～1659m，2014-Ⅷ-20，杨贵军采；2，宁夏贺兰山道路沟，1278～1412m，2014-Ⅷ-21，杨贵军采；2，宁夏贺兰山响水沟，1750～2480m，2015-Ⅷ-5，杨贵军采；3，内蒙古贺兰山哈拉乌，2150～2680m，2008-Ⅶ-22，杨贵军采；1，内蒙古贺兰山大殿沟，1950～2680m，2008-Ⅶ-22，杨贵军采；3，内蒙古贺兰山哈拉乌，1950～2680m，2015-Ⅶ-22，杨贵军采；5，内蒙古贺兰山水磨沟，1950～2450m，2015-Ⅶ-27，杨贵军采；6，内蒙古贺兰山马莲井，2168～2360m，2015-Ⅶ-27，杨贵军采；6，内蒙古贺兰山哈拉乌，2246m，2015-Ⅶ-22，杨贵军采。

分布：宁夏、内蒙古。俄罗斯。欧洲。

习性：捕食鳞翅目昆虫的幼虫和蛴螬。

（69）毛婪步甲 *Harpalus griseus* (Panzer, 1796)

采集记录：3，宁夏贺兰山插旗口，1543～1659m，2014-Ⅷ-19，杨贵军采；16，内蒙古贺兰山水磨沟，1950～2380m，2015-Ⅶ-27，杨贵军采；2，内蒙古贺兰山马莲井，2168～2360m，2015-Ⅶ-27，杨贵军采；1，内蒙古贺兰山大殿沟，2125～2366m，2015-Ⅶ-28，杨贵军采。

分布：我国广布。欧洲西部至东亚、北非。

习性：主要为害禾本科植物的种子，也大量捕食白蚁。

（70）肖毛婪步甲 *Harpalus jureceki* (Jedlicka, 1928)

采集记录：6，宁夏贺兰山插旗口，1543～1659m，2014-Ⅷ-19，杨贵军采；1，内蒙古贺兰山镇木关，1950～2380m，2015-Ⅶ-28，杨贵军采。

分布：宁夏、内蒙古、甘肃、河北、安徽、江苏、湖北、浙江、江西、四川、贵州、云南、黑龙江、吉林、辽宁。俄罗斯、朝鲜、日本。

习性：主要取食禾本科植物根部和嫩叶。

（71）列穴婪步甲 *Harpalus lumbaris* Mannerheim, 1825

采集记录：1，宁夏贺兰山响水沟，1746～2612m，2014-Ⅶ-25，杨贵军采；9，宁夏贺兰山插旗口，1543～1659m，2014-Ⅷ-19，杨贵军采；1，宁夏贺兰山大水沟，1292～1659m，2014-Ⅷ-20，杨贵军采；20，宁夏贺兰山归德沟，1160～1258m，2014-Ⅷ-20，杨贵军采；3，内蒙古贺兰山水磨沟，1950～2480m，2015-Ⅶ-27，杨贵军采。

分布：宁夏、内蒙古、甘肃、青海、新疆、山西、河北、黑龙江、吉林、辽宁。蒙古国、俄罗斯。

习性：主要取食禾本科植物根部和嫩叶。

（72）巨胸婪步甲 *Harpalus macronotus* Tschitscherine, 1893

采集记录：6，宁夏贺兰山插旗口，1612m，2014-Ⅶ-19，杨贵军采；5，宁夏贺兰山响水沟，1746～2612m，2014-Ⅶ-25，杨贵军采；1，宁夏贺兰山拜寺口，1389～1627m，2014-Ⅶ-26，杨贵军采；62，宁夏贺兰山插旗口，1543～1659m，2014-Ⅷ-19，杨贵军采；7，宁夏贺兰山大水沟，1292～1659m，2014-Ⅷ-20，杨贵军采；2，宁夏贺兰山归德沟，1160～1258m，2014-Ⅷ-20，杨贵军采；1，宁夏贺兰山道路沟，1278～1412m，2014-Ⅷ-21，杨贵军采；1，内蒙古贺兰山水磨沟，1950～2480m，2015-Ⅶ-27，杨贵军采。

分布：宁夏、内蒙古。哈萨克斯坦、蒙古国、俄罗斯。

习性：捕食鳞翅目昆虫的幼虫和蛹蟪。

（73）*Harpalus major* (Motschulsky, 1850)（贺兰山新记录）

采集记录：1，宁夏贺兰山贺兰口，1550m，2008-Ⅶ-22，杨贵军采；1，宁夏贺兰山柳条沟，1350m，2008-Ⅶ-22，杨贵军采；1，内蒙古贺兰山哈拉乌，2150～2680m，2015-Ⅶ-22，杨贵军采。

分布：我国广布。朝鲜、日本、蒙古国、俄罗斯。

习性：取食植物根及嫩叶，亦捕食鳞翅目昆虫的幼虫和蛹蟪。

（74）纤婪步甲 *Harpalus modestus* Dejean, 1829

采集记录：1，宁夏贺兰山响水沟，2140m，2015-Ⅷ-5，杨贵军采；2，内蒙古贺兰山水磨沟，1930m，2015-Ⅶ-27，杨贵军采。

分布：宁夏、内蒙古。蒙古国、韩国、朝鲜、日本、俄罗斯。欧洲。

习性：取食植物根及嫩叶，亦捕小型昆虫的幼虫。

（75）喜婪步甲 *Harpalus optabilis* Dejean, 1829

采集记录：37，宁夏贺兰山响水沟，1746～2612m，2014-Ⅶ-25，杨贵军采；1，宁夏贺兰山响水沟，1950～2480m，2015-Ⅷ-5，杨贵军采；1，内蒙古贺兰山大殿沟，2125～2366m，2015-Ⅶ-28，杨贵军采。

分布：宁夏、内蒙古。哈萨克斯坦、吉尔吉斯斯坦、蒙古国、俄罗斯。

习性：取食植物根及嫩叶，亦捕食鳞翅目昆虫的幼虫和蛹蟪。

（76）黄鞘婪步甲 *Harpalus pallidipennis* A. Morawitz, 1862

采集记录：1，宁夏贺兰山贺兰口，1550m，2008-Ⅶ-22，杨贵军采；3，宁夏贺兰山响水沟，1746～2612m，2014-Ⅶ-25，杨贵军采；1，宁夏贺兰山拜寺口，1389～1627m，2014-Ⅶ-26，杨贵军采；32，宁夏贺兰山插旗口，1543～1659m，2014-Ⅷ-19，杨贵军采；3，宁夏贺兰山大水沟，1292～1659m，2014-Ⅷ-20，杨贵军采；6，宁夏贺兰山归德沟，1160～1258m，2014-Ⅷ-20，杨贵军采；12，宁夏贺兰山道路沟，1278～1412m，2014-Ⅷ-21，杨贵军采；55，内蒙古贺兰山水磨沟，1950～2350m，2015-Ⅶ-27，杨贵军采；2，内蒙古贺兰山哈拉乌，2246m，2015-Ⅶ-24，杨贵军采；1，内蒙古贺兰山水磨沟，1898～2130m，2015-Ⅶ-23，杨贵军采。

分布：宁夏、内蒙古、北京、河北。日本、韩国、俄罗斯。欧洲。

习性：取食植物根及嫩叶，亦捕食小型昆虫的幼虫。

（77）*Harpalus pumilus* Sturm, 1818（贺兰山新记录）

采集记录：1，内蒙古贺兰山水磨沟，1850～2280m，2015-Ⅶ-27，杨贵军采。

分布：内蒙古。俄罗斯。欧洲。

习性：取食植物根及嫩叶。

（78）径蝼步甲 *Harpalus salinus* Dejean, 1829

采集记录：1，宁夏贺兰山汝箕沟，2235～2364m，2008-Ⅶ-18，杨贵军采；2，宁夏贺兰山王泉沟，1380～1500m，2008-Ⅶ-22，杨贵军采；2，宁夏贺兰山椿树沟，1700～1800m，2008-Ⅶ-22，杨贵军采；4，宁夏贺兰山大口子，1294～1561m，2014-Ⅶ-13，杨贵军采；61，宁夏贺兰山插旗口，1612m，2014-Ⅶ-19，杨贵军采；34，宁夏贺兰山响水沟，1746～2612m，2014-Ⅶ-25，杨贵军采；1，宁夏贺兰山大水沟，1250～1380m，2014-Ⅷ-13，杨贵军采；359，宁夏贺兰山插旗口，1543～1659m，2014-Ⅷ-19，杨贵军采；296，宁夏贺兰山大水沟，1292～1659m，2014-Ⅷ-20，杨贵军采；35，宁夏贺兰山归德沟，1160～1258m，2014-Ⅷ-20，杨贵军采；188，宁夏贺兰山道路沟，1278～1412m，2014-Ⅷ-21，杨贵军采。

分布：宁夏、内蒙古。日本、韩国、俄罗斯。欧洲。

习性：取食植物根及嫩叶，亦捕食鳞翅目昆虫的幼虫和蛴螬。

（79）单齿蝼步甲 *Harpalus simplicidens* Schauberger, 1929

采集记录：2，宁夏贺兰山小口子，1350～1680m，2012-Ⅶ-28，杨贵军采。

分布：我国西北、东北、华北。朝鲜、日本、蒙古国、俄罗斯。

习性：取食植物根及嫩叶。

（80）中华蝼步甲 *Harpalus sinicus* Hope, 1845

采集记录：4，宁夏贺兰山大口子，1294～1561m，2014-Ⅶ-13，杨贵军采；5，宁夏贺兰山插旗口，1612m，2014-Ⅶ-19，杨贵军采。

分布：我国广布。朝鲜、日本、俄罗斯、越南。

习性：取食麦类、糜子等的种子，也取食红蜘蛛、蚜虫等昆虫。

（81）弯蝼步甲 *Harpalus sinuatus* Tschitscherine, 1893

采集记录：4，内蒙古贺兰山大殿沟，2125～2366m，2015-Ⅶ-28，杨贵军采。

分布：内蒙古。蒙古国、俄罗斯。

习性：主要取食禾本科植物根部和嫩叶。

（82）*Harpalus tarsalis* Mannenheim, 1825（贺兰山新记录）

采集记录：5，宁夏贺兰山苏峪口，2380m，2014-Ⅶ-23，杨贵军采；12，内蒙古贺兰山大殿沟，2125～2366m，2015-Ⅶ-28，杨贵军采。

分布：宁夏、内蒙古。日本、哈萨克斯坦、吉尔吉斯斯坦、蒙古国、朝鲜、俄罗斯、韩国、乌克兰。

习性：主要取食禾本科植物根部和嫩叶。

22）斑步甲属 *Anisodactylus* Dejean, 1829　贺兰山记录 2 种（亚种）

（83）*Anisodactylus poeciloides pseudoaeneus* Dejean, 1829（贺兰山新记录）

采集记录：5，宁夏贺兰山苏峪口，2380m，2014-Ⅶ-23，杨贵军采。

分布：宁夏、内蒙古；俄罗斯。欧洲、中亚。

习性：主要取食禾本科植物根部和嫩叶，也捕食小型昆虫。

（84）麦穗斑步甲 *Anisodactylus signatus* (Panzer, 1796)

采集记录：1，宁夏贺兰山归德沟，1160～1258m，2014-Ⅷ-20，杨贵军采。

分布：我国广布。蒙古国、朝鲜、日本、俄罗斯（中欧部分）、吉尔吉斯斯坦、哈萨克斯坦、巴基斯坦、塔吉克斯坦、土库曼斯坦、乌兹别克斯坦。欧洲。

习性：主要取食禾本科植物根部和嫩叶，也捕食小型昆虫。

23）异步甲属 *Idiomelas* Tschitscherine, 1900　贺兰山记录 1 种

（85）黑足异步甲 *Idiomelas nigripes* (Reitter, 1894)

采集记录：6，内蒙古贺兰山大殿沟，2125～2366m，2015-Ⅶ-28，赵飞采。

分布：内蒙古。哈萨克斯坦、吉尔吉斯斯坦、塔吉克斯坦、土库曼斯坦、乌兹别克斯坦、蒙古国、俄罗斯。

习性：捕食鳞翅目幼虫和其他小型昆虫。

24）*Daptus* Fischer von Waldheim, 1823　贺兰山记录 1 种

（86）条啮步甲 *Daptus vittatus* Fischer von Waldheim, 1823

分布：内蒙古。俄罗斯。欧洲，中亚。

习性：主要取食植物根部和嫩叶，也捕食小型昆虫。

25）*Dicheirotrichus* Jacquelin du Val, 1857　贺兰山记录 1 种

（87）横额角步甲 *Dicheirotrichus obsoletus* (Dejean, 1829)

分布：内蒙古。蒙古国。欧洲。

习性：主要取食植物根部和嫩叶，也捕食小型昆虫。

26）*Microderes* Faldermann, 1836　贺兰山记录 1 种

（88）短毛腹步甲 *Microderes brachypus* (Steven, 1809)

采集记录：3，内蒙古贺兰山哈拉乌，2150～2680m，2015-Ⅶ-23，赵飞采。

分布：内蒙古。蒙古国、俄罗斯。欧洲、中亚。

习性：主要取食植物根部和嫩叶，也捕食小型昆虫。

2.1.2.9　偏须步甲亚科 Panagaeinae Bonelli, 1810

27）偏须步甲属 *Panagaeus* Latreille, 1804　贺兰山记录 1 种

（89）偏须步甲 *Panagaeus bipustulatus* (Fabricius, 1775)（贺兰山新记录）

采集记录：2，宁夏贺兰山响水沟，1746～2612m，2014-Ⅶ-25，杨贵军采。

分布：宁夏、北京、河南。

习性：主要取食植物根部和嫩叶。

2.1.2.10 宽步甲亚科 Platyninae Bonelli, 1810

28）锯步甲属 *Pristosia* Motschulsky, 1865 贺兰山记录 1 种

（90）*Pristosia proxima* (A. Morawitz, 1862)

采集记录：58，宁夏贺兰山苏峪口，1952～2340m，2008-Ⅵ-17，杨贵军采；23，宁夏贺兰山小口子，1530m，2008-Ⅵ-24，杨贵军采；12，宁夏贺兰山苏峪口，1970～2340m，2008-Ⅵ-30，杨贵军采；18，宁夏贺兰山汝箕沟，2235～2364m，2008-Ⅶ-18，杨贵军采；76，宁夏贺兰山苏峪口，1952～2280m，2008-Ⅶ-29，杨贵军采；13，宁夏贺兰山小口子，1546～1600m，2008-Ⅷ-4，杨贵军采；18，宁夏贺兰山小口子，1546～1604m，2008-Ⅷ-6，杨贵军采；9，宁夏贺兰山苏峪口，1952～2280m，2009-Ⅷ-14，杨贵军采；2，宁夏贺兰山插旗口，1612m，2014-Ⅶ-19，杨贵军采；92，宁夏贺兰山响水沟，1746～2612m，2014-Ⅶ-25，杨贵军采；12，宁夏贺兰山插旗口，1543～1659m，2014-Ⅷ-19，杨贵军采；26，内蒙古贺兰山哈拉乌，1950～2680m，2015-Ⅶ-22，杨贵军采；37，内蒙古贺兰山水磨沟，1850～2380m，2015-Ⅶ-27，杨贵军采；5，内蒙古贺兰山马莲井，2168～2360m，2015-Ⅶ-27，杨贵军采；6，内蒙古贺兰山大殿沟，2125～2366m，2015-Ⅶ-28，杨贵军采；6，内蒙古贺兰山镇木关，1950～2350m，2015-Ⅶ-28，杨贵军采。

分布：宁夏、内蒙古。韩国、朝鲜、俄罗斯。

习性：捕食鳞翅目昆虫的幼虫和蛹蛹。

29）伪葬步甲属 *Pseudotaphoxenus* Schaufuss, 1865 贺兰山记录 3 种

（91）短翅伪葬步甲 *Pseudotaphoxenus brevipennis* Semonov, 1889

采集记录：2，宁夏贺兰山小口子，1530m，2008-Ⅵ-25，杨贵军采；1，宁夏贺兰山汝箕沟，2235～2364m，2008-Ⅶ-18，杨贵军采；1，宁夏贺兰山小口子，1546～1600m，2008-Ⅷ-4，杨贵军采；6，宁夏贺兰山大口子，1294～1561m，2014-Ⅶ-13，杨贵军采；2，宁夏贺兰山插旗口，1543～1659m，2014-Ⅷ-19，杨贵军采；4，宁夏贺兰山道路沟，1278～1412m，2014-Ⅷ-21，杨贵军采；1，宁夏贺兰山响水沟，1750～2480m，2015-Ⅷ-5，杨贵军采；8，内蒙古贺兰山水磨沟，1850～2480m，2015-Ⅶ-27，杨贵军采；5，内蒙古贺兰山马莲井，2168～2360m，2015-Ⅶ-27，杨贵军采；4，内蒙古贺兰山镇木关，2150～2380m，2015-Ⅶ-28，杨贵军采。

分布：宁夏、内蒙古、青海、西藏。

习性：捕食鳞翅目昆虫的幼虫和蛹蛹。

（92）蒙古伪葬步甲 *Pseudotaphoxenus mongolicus* (Jedlicka, 1953)

采集记录：86，宁夏贺兰山苏峪口，1952~2340m，2008-Ⅵ-17，杨贵军采；3，宁夏贺兰山小口子，1530m，2008-Ⅵ-25，杨贵军采；53，宁夏贺兰山苏峪口，1950~2350m，2008-Ⅵ-30，杨贵军采；9，宁夏贺兰山汝箕沟，2235~2364m，2008-Ⅶ-18，杨贵军采；89，宁夏贺兰山苏峪口，1952~2280m，2008-Ⅶ-29，杨贵军采；12，宁夏贺兰山小口子，1546~1600m，2008-Ⅷ-4，杨贵军采；4，宁夏贺兰山小口子，1546~1604m，2008-Ⅷ-6，杨贵军采；40，宁夏贺兰山苏峪口，1952~2280m，2009-Ⅷ-14，杨贵军采；2，宁夏贺兰山大口子，1294~1561m，2014-Ⅶ-13，杨贵军采；5，宁夏贺兰山插旗口，1612m，2014-Ⅶ-19，杨贵军采；145，宁夏贺兰山响水沟，1746~2612m，2014-Ⅶ-25，杨贵军采；72，宁夏贺兰山插旗口，1543~1659m，2014-Ⅷ-19，杨贵军采；3，宁夏贺兰山大水沟，1292~1659m，2014-Ⅷ-20，杨贵军采；1，宁夏贺兰山归德沟，1160~1258m，2014-Ⅷ-20，杨贵军采；35，宁夏贺兰山响水沟，1760~2460m，2015-Ⅷ-5，杨贵军采；101，内蒙古贺兰山哈拉乌，2160~2760m，2015-Ⅶ-22，杨贵军采；97，内蒙古贺兰山水磨沟，1960~2360m，2015-Ⅶ-27，杨贵军采；59，内蒙古贺兰山马莲井，2168~2360m，2015-Ⅶ-27，杨贵军采；52，内蒙古贺兰山大殿沟，2125~2366m，2015-Ⅶ-28，杨贵军采；24，内蒙古贺兰山镇木关，2160~2450m，2015-Ⅶ-28，杨贵军采。

分布：宁夏、内蒙古、山西。蒙古国、俄罗斯。

习性：捕食鳞翅目昆虫的幼虫和蛹蛹。

（93）皱翅伪葬步甲 *Pseudotaphoxenus rugipennis* (Faldermann, 1835)

采集记录：1，内蒙古贺兰山水磨沟，1950~2380m，2015-Ⅶ-27，杨贵军采；1，内蒙古贺兰山马莲井，2168~2360m，2015-Ⅶ-27，杨贵军采。

分布：内蒙古、山西、河北。蒙古国、俄罗斯。

习性：捕食小型昆虫的幼虫。

30）长步甲属 *Dolichus* Bonelli, 1810 贺兰山记录 1 种

（94）赤胸长步甲 *Dolichus halensis* (Schaller, 1783)

采集记录：1，宁夏贺兰山苏峪口，1952~2280m，2008-Ⅶ-29，杨贵军采；1，宁夏贺兰山苏峪口，1952~2280m，2009-Ⅷ-14，杨贵军采；1，宁夏贺兰山响水沟，1746~2612m，2014-Ⅶ-25，杨贵军采；2，宁夏贺兰山插旗口，1543~1659m，2014-Ⅷ-19，杨贵军采；15，内蒙古贺兰山水磨沟，2015-Ⅶ-27，杨贵军采；1，内蒙古贺兰山水磨沟，1898~2130m，2015-Ⅶ-23，杨贵军采。

分布：我国广布。蒙古国、日本、朝鲜、俄罗斯。欧洲。

习性：捕食蚜虫、蝼蛄、蛹蛹、黏虫、地老虎等鳞翅目昆虫的幼虫。

31）细胫步甲属 *Agonum* Bonelli, 1810　贺兰山记录 3 种（亚种）

（95）小细胫步甲 *Agonum carbonarium carbonarium* Dejean, 1828

采集记录：5，宁夏贺兰山汝箕沟，2235～2364m，2008-VII-18，杨贵军采；6，宁夏贺兰山苏峪口，1952～2280m，2008-VII-29，杨贵军采；2，宁夏贺兰山苏峪口，1952～2280m，2009-VIII-14，杨贵军采；4，宁夏贺兰山插旗口，1612m，2014-VII-19，杨贵军采；87，宁夏贺兰山响水沟，1746～2612m，2014-VII-25，杨贵军采；124，宁夏贺兰山插旗口，1543～1659m，2014-VIII-19，杨贵军采；2，宁夏贺兰山大水沟，1292～1659m，2014-VIII-20，杨贵军采；2，宁夏贺兰山响水沟，1750～2450m，2015-VIII-5，杨贵军采；50，内蒙古贺兰山哈拉乌，1950～2680m，2015-VII-22，杨贵军采；1，内蒙古贺兰山大殿沟，2125～2366m，2015-VII-28，杨贵军采。

分布：宁夏、内蒙古。俄罗斯。欧洲。

习性：捕食小型昆虫的幼虫。

（96）纤细胫步甲 *Agonum gracilipes* (Duftschmid, 1812)

采集记录：2，内蒙古贺兰山哈拉乌，1950～2680m，2015-VII-22，杨贵军采。

分布：内蒙古、青海、新疆、北京、河北。蒙古国、朝鲜、俄罗斯。欧洲。

习性：捕食小型昆虫。

（97）*Agonum mandli* Jedlicka, 1933（贺兰山新记录）

采集记录：3，宁夏贺兰山响水沟，1750～2380m，2014-VII-20，杨贵军采；3，内蒙古贺兰山哈拉乌，2150～2680m，2015-VII-22，杨贵军采；2，内蒙古贺兰山水磨沟，1950～2350m，2015-VII-27，杨贵军采。

分布：宁夏、内蒙古。日本、蒙古国、俄罗斯。

习性：捕食小型昆虫的幼虫。

2.1.2.11　蝼步甲亚科 Scaritinae Bonelli, 1810

32）蝼步甲属 *Scarites* Fischer von Waldheim, 1820　贺兰山记录 1 种

（98）单齿蝼步甲 *Scarites terricola* Bonelli, 1813

采集记录：1，宁夏贺兰山小口子，1530m，2008-VI-24，杨贵军采。

分布：宁夏、内蒙古、甘肃、新疆、黑龙江、辽宁、河北、江苏、台湾、河南。北非、欧洲。

习性：成虫地表下打隧道，使幼苗根部外露或失水而导致幼苗枯死，亦捕食鳞翅目昆虫的幼虫。

2.1.2.12 行步甲亚科 Trechinae Bonelli, 1810

33）尖须步甲属 *Pogonus* Dejean, 1821 贺兰山记录 2 种

贺兰山尖须步甲属分种检索表

头和前胸背板蓝色具金属光泽，触角、鞘翅和足棕红色……虹翅碱步甲 *Pogonus iridipennis*
头和前胸背板黑褐色，光泽弱，触角、鞘翅和足暗棕色……日本尖须步甲 *Pogonus japonicus*

（99）虹翅碱步甲 *Pogonus iridipennis* Nicolai, 1822
分布：内蒙古。蒙古国、俄罗斯。欧洲。
习性：捕食小型昆虫的幼虫。
（100）日本尖须步甲 *Pogonus japonicus* Putzeys, 1875
分布：内蒙古。日本。
习性：捕食小型昆虫的幼虫。

34）锥须步甲属 *Bembidion* Latreille, 1802 贺兰山记录 1 种

（101）杂色锥须步甲 *Bembidion varium* (Olivier, 1795)
分布：内蒙古、上海、台湾。俄罗斯。欧洲、中亚。
习性：捕食小型昆虫的幼虫。

2.2 多食亚目 Polyphaga

2.2.1 牙甲科 Hydrophilidae Latreille, 1802

2.2.1.1 牙甲亚科 Hydrophilinae Latreille, 1802

35）牙甲属 *Hydrophilus* Geoffroy, 1762 贺兰山记录 1 种

（102）长须牙甲 *Hydrophilus acuminatus* Motschulsky, 1853
采集记录：1，宁夏贺兰山插旗口，1612m，2014-VII-19，杨贵军采。
分布：我国大部分地区。朝鲜、日本、俄罗斯。
习性：取食植物幼苗，亦捕食水生昆虫的幼虫和蛹。

36）刺腹牙甲属 *Hydrochara* Berthold, 1827 贺兰山记录 1 种

（103）小巨牙甲 *Hydrochara affinis* (Sharp, 1873)
采集记录：1，宁夏贺兰山大口子，1520m，2014-VII-13，杨贵军采。
分布：宁夏、北京。日本、朝鲜、俄罗斯。
习性：取食植物幼苗，亦捕食水生昆虫的幼虫和蛹。

2.2.2　阎甲科 Histeridae Gyllenhal, 1808

2.2.2.1　阎甲亚科 Histerinae Gyllenhal, 1808

37）斑阎甲属 *Atholus* Thomson, 1859　贺兰山记录 1 种

（104）窝胸清亮阎虫 *Atholus depistor* (Marseul, 1873)
分布：宁夏、内蒙古、辽宁、福建。俄罗斯。
习性：以动物尸体、粪便为食。

38）阎甲属 *Hister* Linnaeus, 1758　贺兰山记录 1 种

（105）谢氏腐阎甲 *Hister sedakovi* Marseul, 1862（贺兰山新记录）
采集记录：1，宁夏贺兰山响水沟，2360m，2014-Ⅶ-21，杨贵军采；1，内蒙古贺兰山马莲井，2168～2360m，2015-Ⅶ-27，杨贵军采。
分布：宁夏、内蒙古、山西、陕西。
习性：以动物尸体、粪便为食。

39）岐阎甲属 *Margarinotus* Marseul, 1854　贺兰山记录 1 种

（106）美斑岐阎甲 *Margarinotus gratiosus* (Mannerheim, 1852)（宁夏新记录，贺兰山新记录）
采集记录：2，宁夏贺兰山响水沟，1746～2612m，2014-Ⅶ-25，杨贵军采。
分布：宁夏。
习性：以动物尸体、粪便为食。

40）分阎甲属 *Merohister* Reitter, 1909　贺兰山记录 1 种

（107）吉氏分阎虫 *Merohister jekeli* (Marseul, 1857)
采集记录：1，内蒙古贺兰山马莲井，2168～2360m，2015-Ⅶ-27，杨贵军采；1，内蒙古贺兰山镇木关，2150～2380m，2015-Ⅶ-28，杨贵军采。
分布：宁夏、内蒙古、辽宁、福建。亚洲、欧洲。
习性：以动物尸体、粪便为食。

2.2.2.2　腐阎甲亚科 Saprininae Blanchard, 1845

41）腐阎甲属 *Saprinus* Erichson, 1834　贺兰山记录 3 种

贺兰山腐阎甲属分种检索表

1　前胸脊内线不弯到脊的坡面，鞘翅刻点几乎散布整个翅面，仅内角处无刻点 ·····················
 ··· 细纹腐阎虫 *Saprinus tenuistrius*

前胸脊的两条内线向前急剧远离，弯到脊的坡面 ·· 2

2 鞘翅第 3 线十分短，为相邻背线长的 1/5～1/3 ·········· 平腐阎甲 *Saprinus planiusculus*

　鞘翅第 3 线不明显缩短 ·· 半纹腐阎甲 *Saprinus semistriatus*

（108）平腐阎甲 *Saprinus planiusculus* Motschulsky, 1849（贺兰山新记录）

采集记录：1，宁夏贺兰山苏峪口，1952～2280m，2008-Ⅶ-29，杨贵军采；5，宁夏贺兰山小口子，1546～1600m，2008-Ⅷ-4，杨贵军采；1，宁夏贺兰山小口子，1546～1604m，2008-Ⅷ-6，杨贵军采；16，宁夏贺兰山大口子，1294～1561m，2014-Ⅶ-13，杨贵军采；1，宁夏贺兰山响水沟，1746～2612m，2014-Ⅶ-25，杨贵军采；1，宁夏贺兰山插旗口，1543～1659m，2014-Ⅷ-19，杨贵军采。

分布：宁夏、内蒙古、甘肃、新疆、河北、辽宁、吉林、黑龙江、山东。俄罗斯、土耳其、叙利亚、伊朗、蒙古国、日本、朝鲜、越南。西欧、西非。

习性：以动物尸体、粪便为食。

（109）半纹腐阎甲 *Saprinus semistriatus* (Scriba, 1790)

采集记录：1，宁夏贺兰山大口子，1294～1561m，2014-Ⅶ-13，杨贵军采。

分布：宁夏、新疆、黑龙江、吉林、辽宁。蒙古国、俄罗斯、埃及、伊朗。中亚、欧洲。

习性：以动物尸体、粪便为食。

（110）细纹腐阎虫 *Saprinus tenuistrius* Marseul, 1855

采集记录：1，宁夏贺兰山小口子，1390～1560m，2008-Ⅶ-6，杨贵军采；6，宁夏贺兰山苏峪口，1952～2280m，2008-Ⅶ-29，杨贵军采；4，宁夏贺兰山小口子，1546～1600m，2008-Ⅷ-4，杨贵军采；1，宁夏贺兰山响水沟，1746～2612m，2014-Ⅶ-25，杨贵军采；4，宁夏贺兰山插旗口，1543～1659m，2014-Ⅷ-19，杨贵军采；7，内蒙古贺兰山马莲井，2168～2360m，2015-Ⅶ-27，杨贵军采；1，内蒙古贺兰山大殿沟，2125～2366m，2015-Ⅶ-28，杨贵军采；6，内蒙古贺兰山镇木关，2100～2360m，2015-Ⅶ-28，杨贵军采。

分布：宁夏、内蒙古、甘肃、新疆、福建。伊拉克、伊朗、阿富汗。欧洲、北非。

习性：以动物尸体、粪便为食。

2.2.3　葬甲科 Silphidae Latreille, 1806

2.2.3.1　葬甲亚科 Silphinae Latreille, 1806

42）尸葬甲属 *Necrodes* Leach, 1815　贺兰山记录 1 种

（111）滨尸葬甲 *Necrodes littoralis* (Linnaeus, 1758)

采集记录：5，宁夏贺兰山响水沟，1750～2480m，2015-Ⅷ-5，杨贵军采；2，

内蒙古贺兰山哈拉乌，2630m，2015-Ⅶ-22，王杰采。

分布：宁夏、内蒙古、新疆、辽宁。俄罗斯、蒙古国、韩国、朝鲜、日本、印度、尼泊尔。欧洲、中亚。

习性：以动物尸体、粪便为食。

43）亡葬甲属 *Thanatophilus* Leach, 1815　贺兰山记录 3 种

贺兰山亡葬甲属分种检索表

1　鞘翅肩角具 1 个明显齿突，肩角方锐·····················曲亡葬甲 *Thanatophilus sinuatus*
　鞘翅肩角无明显齿突··2
2　前胸背板周缘被毛偏棕红色··················侧脊亡葬甲 *Thanatophilus latericarinatus*
　前胸背板被毛灰褐色···异亡葬甲 *Thanatophilus dispar*

（112）异亡葬甲 *Thanatophilus dispar* (Herbst, 1793)（贺兰山新记录）

采集记录：1，宁夏贺兰山大口子，1294～1561m，2014-Ⅶ-13，杨贵军采；1，宁夏贺兰山响水沟，1746～2612m，2014-Ⅶ-25，杨贵军采；1，宁夏贺兰山响水沟，1750～2380m，2015-Ⅷ-5，杨贵军采；2，内蒙古贺兰山哈拉乌，2150～2680m，2015-Ⅶ-22，杨贵军采。

分布：宁夏、内蒙古、青海、新疆。乌克兰、俄罗斯、吉尔吉斯斯坦、哈萨克斯坦、乌兹别克斯坦、蒙古国。欧洲。

习性：以动物尸体、粪便为食。

（113）侧脊亡葬甲 *Thanatophilus latericarinatus* (Motschulsky, 1860)（贺兰山新记录）

采集记录：2，宁夏贺兰山苏峪口，1900～2340m，2008-Ⅵ-30，杨贵军采；76，宁夏贺兰山苏峪口，1952～2280m，2008-Ⅶ-29，杨贵军采；4，宁夏贺兰山大口子，1294～1561m，2014-Ⅶ-13，杨贵军采；7，宁夏贺兰山插旗口，1612m，2014-Ⅶ-19，杨贵军采；28，宁夏贺兰山响水沟，1746～2612m，2014-Ⅶ-25，杨贵军采；26，宁夏贺兰山插旗口，1543～1659m，2014-Ⅷ-19，杨贵军采。

分布：宁夏、青海、黑龙江、广西。俄罗斯、蒙古国。

习性：以动物尸体、粪便为食。

（114）曲亡葬甲 *Thanatophilus sinuatus* (Fabricius, 1775)

采集记录：2，宁夏贺兰山苏峪口，1900～2340m，2008-Ⅵ-30，杨贵军采；4，宁夏贺兰山大口子，1294～1561m，2014-Ⅶ-13，杨贵军采；2，内蒙古贺兰山哈拉乌，1950～2640m，2015-Ⅶ-22，杨贵军采。

分布：宁夏、内蒙古、黑龙江、青海、广西。俄罗斯、蒙古国、韩国、日本。欧洲。

习性：以动物尸体、粪便为食。

2.2.3.2 覆葬甲亚科 Nicrophorinae Kirby, 1837

44）覆葬甲属 *Nicrophorus* Fabricius, 1775　贺兰山记录 4 种

贺兰山覆葬甲属分种检索表

1　鞘翅完全黑色 ··黑覆葬甲 *Nicrophorus concolor*
　　鞘翅有斑纹 ·· 2
2　后胸腹板于中足基节后有很多短毛，其中具无毛的秃域 ····亮覆葬甲 *Nicrophorus argutor*
　　后胸腹板于中足基节后有长毛 ··· 3
3　触角末端 3 节橘色 ·· 仵作覆葬甲 *Nicrophorus investigator*
　　触角末端 3 节呈暗棕色 ······························· 中国覆葬甲 *Nicrophorus sinensis*

（115）亮覆葬甲 *Nicrophorus argutor* (Jakovlev, 1890)

采集记录：1，宁夏贺兰山响水沟，1746～2612m，2014-Ⅶ-25，杨贵军采；2，内蒙古贺兰山哈拉乌，1950～2650m，2015-Ⅶ-22，杨贵军采。

分布：宁夏、内蒙古、北京、新疆、甘肃、西藏。俄罗斯（西伯利亚东部）、蒙古国、哈萨克斯坦。

习性：以动物尸体、粪便为食。

（116）黑覆葬甲 *Nicrophorus concolor* (Kraatz, 1877)

采集记录：3，宁夏贺兰山响水沟，1746～2612m，2014-Ⅶ-25，杨贵军采；4，内蒙古贺兰山哈拉乌，1950～2640m，2015-Ⅶ-22，李哲光采。

分布：我国广布。俄罗斯、日本、韩国、不丹、尼泊尔、印度、缅甸。

习性：以动物尸体、粪便为食。

（117）仵作覆葬甲 *Nicrophorus investigator* (Zetterstedt, 1824)（贺兰山新记录）

采集记录：3，宁夏贺兰山苏峪口，1952～2280m，2008-Ⅶ-29，杨贵军采；5，宁夏贺兰山响水沟，1746～2612m，2014-Ⅶ-25，杨贵军采。

分布：宁夏、甘肃、新疆、陕西、北京、河北、黑龙江、辽宁、山东、四川。俄罗斯、蒙古国、日本、韩国、印度、加拿大、美国。中亚、欧洲。

习性：以动物尸体、粪便为食。

（118）中国覆葬甲 *Nicrophorus sinensis* Ji & Yun, 2013（贺兰山新记录）

采集记录：42，宁夏贺兰山苏峪口，1952～2280m，2008-Ⅶ-29，杨贵军采；41，宁夏贺兰山小口子，1546～1600m，2008-Ⅷ-4，杨贵军采；1，宁夏贺兰山响水沟，1746～2612m，2014-Ⅶ-25，杨贵军采；2，宁夏贺兰山插旗口，1543～1659m，2014-Ⅷ-19，杨贵军采。

分布：宁夏、北京、河北、四川。

习性：以动物尸体、粪便为食。

2.2.4　隐翅虫科 Staphylinidae Latreille, 1802

2.2.4.1　斧须隐翅虫亚科 Oxyporinae Fleming, 1821

45）斧须隐翅虫属 *Oxyporus* Fabricius, 1775　贺兰山记录 1 种

（119）大颚斧须隐翅虫 *Oxyporus maxillosus* Fabricius, 1792

分布：宁夏、内蒙古、甘肃。韩国、俄罗斯。欧洲。

习性：栖息于林间菌类及周围落叶、土壤中。

2.2.4.2　隐翅虫亚科 Staphylininae Latreille, 1802

46）菲隐翅虫属 *Philonthus* Stephens, 1829　贺兰山记录 2 种

（120）*Philonthus* sp. 1

采集记录：25，宁夏贺兰山响水沟，1950～2440m，2014-Ⅶ-25，杨贵军等采；4，宁夏贺兰山苏峪口，2280m，2008-Ⅶ-29，杨海丰等采；25，宁夏贺兰山响水沟，2355m，2014-Ⅶ-25，杨贵军等采；6，宁夏贺兰山响水沟，2355m，2014-Ⅶ-25，杨贵军等采；5，内蒙古贺兰山马莲井，2317m，2015-Ⅶ-27，王杰等采。

分布：宁夏、内蒙古。

习性：栖息于林间菌类及周围落叶、土壤中。

（121）*Philonthus* sp. 2

采集记录：36，内蒙古贺兰山哈拉乌，2830m，2015-Ⅶ-22，王杰等采。

分布：内蒙古。

习性：栖息于林间落叶、土壤中。

47）颊脊隐翅虫属 *Quedius* Stephens, 1829　贺兰山记录 2 种

（122）*Quedius* sp. 1

采集记录：12，内蒙古贺兰山水磨沟，1989m，2015-Ⅶ-27，杨贵军等采；6，内蒙古贺兰山哈拉乌，2282m，2015-Ⅶ-27，杨贵军等采。

分布：内蒙古。

习性：栖息于林间菌类及周围落叶、土壤中。

（123）*Quedius* sp. 2

采集记录：14，内蒙古贺兰山哈拉乌，2883m，2015-Ⅶ-22，王杰等采；13，内蒙古贺兰山哈拉乌，2961m，2015-Ⅶ-22，王杰等采。

分布：内蒙古。

习性：栖息于林间菌类及周围落叶、土壤中。

48）塔隐翅虫属 *Tasgius* Stephens, 1829　贺兰山记录 1 种

（124）西里塔隐翅虫 *Tasgius praetorius* Bernhauer, 1915（贺兰山新记录）
　　采集记录：12，宁夏贺兰山归德沟，1230～1420m，2014-Ⅷ-20，杨贵军等采；5，宁夏贺兰山苏峪口，1952～2280m，2008-Ⅵ-17，杨贵军等采；10，内蒙古贺兰山水磨沟，1950～2380m，2015-Ⅶ-27，杨贵军等采；23，内蒙古贺兰山马莲井，1950～2380m，2015-Ⅶ-27，王杰等采；4，内蒙古贺兰山哈拉乌，1950～2680m，2015-Ⅶ-22，王杰等采。
　　分布：宁夏、内蒙古、青海、北京、河北、山西、湖北。蒙古国、朝鲜、韩国。
　　习性：栖息于林间菌类及周围落叶、土壤中。

49）迅隐翅虫属 *Ocypus* Leach, 1819　贺兰山记录 1 种

（125）格式迅隐翅虫 *Ocypus graeseri* Eppelsheim, 1887（贺兰山新记录）
　　采集记录：4，宁夏贺兰山苏峪口，1950～2380m，2008-Ⅵ-17，刘永等采；5，宁夏贺兰山苏峪口，1950～2380m，2008-Ⅶ-29，贺奇等采；15，宁夏贺兰山苏峪口，1950～2380m，2008-Ⅵ-17，杨贵军等采；3，宁夏贺兰山苏峪口，1950～2380m，2009-Ⅵ-30，张琦采；12，内蒙古贺兰山水磨沟，1950～2650m，2015-Ⅶ-27，杨贵军等采。
　　分布：宁夏、内蒙古、青海、北京、河北、黑龙江、山西、陕西。俄罗斯、蒙古国。
　　习性：栖息于林间菌类及周围落叶、土壤中。

2.2.4.3　异形隐翅虫亚科 Oxytelinnae Fleming, 1821

50）喜高隐翅虫属 *Ochthephilus* Mulsant & Rey, 1856　贺兰山记录 1 种

（126）凹缘丘居隐翅虫 *Ochthephilus emarginatus* (Fauvel, 1871)
　　分布：宁夏、内蒙古。欧洲。
　　习性：栖息于林间落叶、土壤中。

51）布瑞隐翅虫属 *Bryoporus* Kraatz, 1857　贺兰山记录 1 种

（127）细布瑞隐翅虫 *Bryoporus gracilis* (Sharp, 1888)（贺兰山新记录）
　　采集记录：1，宁夏贺兰山大口子，1460m，2014-Ⅶ-17，杨贵军采。
　　分布：宁夏、内蒙古。日本。
　　习性：栖息于林间落叶、土壤中。

52）卜隐翅虫属 *Bledius* Leach, 1819　贺兰山记录 2 种

（128）布里隐翅虫 *Bledius rhinoceros* Cameron, 1930
　　分布：宁夏、内蒙古。阿富汗、印度、缅甸。

习性：栖息于林间落叶、土壤中。

（129）三角卜隐翅虫 *Bledius tricornis* (Herbst, 1784)

分布：宁夏、内蒙古。俄罗斯、蒙古国、日本、越南。欧洲、北非、中亚。

习性：栖息于林间落叶、土壤中。

53）花隐翅虫属 *Deleaster* Erichson, 1837 贺兰山记录 1 种

（130）棒角花隐翅虫 *Deleaster bactrianus* Semenow, 1900（宁夏新记录，贺兰山新记录）

采集记录：5，宁夏贺兰山汝箕沟，2365m，2008-Ⅶ-18，杨贵军等。

分布：宁夏。

习性：栖息于林间落叶、土壤中。

54）圆胸隐翅虫属 *Tachinus* Gravenhorst, 1802 贺兰山记录 3 种

（131）*Tachinus elegans* Eppelsheim, 1893（贺兰山新记录）

采集记录：14，宁夏贺兰山汝箕沟，2365m，2008-Ⅶ-18，杨贵军等。

分布：宁夏。芬兰、瑞典、挪威、俄罗斯、蒙古国。

习性：栖息于林间落叶、土壤中。

（132）*Tachinus* sp. 1

采集记录：12，宁夏贺兰山大口子，1460m，2014-Ⅶ-13，杨贵军等；5，内蒙古贺兰山马莲井，2317m，2015-Ⅶ-27，王杰等；8，内蒙古贺兰山水磨沟，1945m，2015-Ⅶ-27，杨贵军等。

分布：宁夏、内蒙古。

习性：栖息于林间落叶、土壤中。

（133）*Tachinus* sp. 2

采集记录：14，宁夏贺兰山苏峪口，1910～2245m，2009-Ⅷ-14，贺奇采。

分布：宁夏。

习性：栖息于林间落叶、土壤中。

55）异形隐翅虫属 *Oxytelus* Gravenhorst, 1802 贺兰山记录 1 种

（134）焦黑异形隐翅虫 *Oxytelus piceus* (Linnaeus, 1767)

分布：宁夏、内蒙古。俄罗斯、蒙古国、韩国、日本、南非、马达加斯加、毛里求斯。中亚、非洲、欧洲。

习性：栖息于林间菌类及周围落叶、土壤中。

2.2.5 粪金龟科 Geotrupidae Latreille, 1802

2.2.5.1 隆金龟亚科 Bolboceratinae Mulsant, 1842

56）笨粪金龟属 *Lethrus* Scopoli, 1777 贺兰山记录 1 种

（135）波笨粪金龟 *Lethrus potanini* Jakovlev, 1890

采集记录：1，宁夏贺兰山小口子，1546～1600m，2008-VIII-4，杨贵军采；1，宁夏贺兰山大口子，2014-VI-6，杨贵军采；2，宁夏贺兰山大口子，1294～1561m，2014-VII-13，杨贵军采；2，宁夏贺兰山道路沟，1278～1412m，2014-VIII-21，杨贵军采。

分布：宁夏、山西、甘肃、内蒙古。蒙古国。

习性：成虫、幼虫均粪食性。

57）锤角粪金龟属 *Bolbotrypes* Olsoufieff, 1907 贺兰山记录 1 种

（136）戴锤角粪金龟 *Bolbotrypes davidis* (Fairmaire, 1891)

采集记录：2，宁夏贺兰山小口子，1546～1600m，2008-VIII-4，杨贵军采；1，宁夏贺兰山大口子，1530m，2014-VI-6，杨贵军采。

分布：宁夏、内蒙古、河北、山西、辽宁、吉林、黑龙江、江苏、山东、台湾。越南、老挝、柬埔寨、俄罗斯。

习性：成虫、幼虫均粪食性。

2.2.6 皮金龟科 Trogidae MacLeay, 1819

2.2.6.1 皮金龟亚科 Troginae MacLeay, 1819

58）皮金龟属 *Trox* Fabricius, 1775 贺兰山记录 1 种

（137）祖氏皮金龟 *Trox zoufali* Balthasar, 1931

采集记录：1，宁夏贺兰山小口子，1530m，2008-VI-24，杨贵军采；3，宁夏贺兰山苏峪口，1952～2280m，2008-VII-29，杨贵军采；4，宁夏贺兰山小口子，1546～1600m，2008-VIII-4，杨贵军采；4，宁夏贺兰山小口子，1546～1604m，2008-VIII-6，杨贵军采；1，宁夏贺兰山苏峪口，1950～2340m，2009-VI-30，杨贵军采；1，宁夏贺兰山响水沟，1746～2612m，2014-VII-25，杨贵军采；1，宁夏贺兰山苏峪口，1952～2280m，2008-VII-29，杨贵军采；1，宁夏贺兰山插旗口，1543～1659m，2014-VIII-19，杨贵军采；1，内蒙古贺兰山马莲井，2168～2360m，2015-VII-27，杨贵军采；3，内蒙古贺兰山镇木关，1900～2380m，2015-VII-28，杨贵军采。

分布：宁夏、内蒙古、山西。朝鲜、俄罗斯。

习性：成虫、幼虫均粪食性。

2.2.7　锹甲科 Lucanidae Latreille, 1804

59）刀锹甲属 *Dorcus* MacLeay, 1819　贺兰山记录 2 种

（138）戴维刀锹甲 *Dorcus davidis* (Fairmaire, 1887)

采集记录：1，宁夏贺兰山小口子，1530m，2008-Ⅵ-24，杨贵军采；3，宁夏贺兰山小口子，1546～1600m，2008-Ⅷ-4，杨贵军采；1，宁夏贺兰山响水沟，1746～2612m，2014-Ⅶ-25，杨贵军采；2，宁夏贺兰山插旗口，1543～1659m，2014-Ⅷ-19，杨贵军采；1，宁夏贺兰山大水沟，1292～1659m，2014-Ⅷ-20，杨贵军采。

分布：宁夏、青海、北京、河北、陕西。蒙古国。

习性：幼虫腐食性，成虫取食植物伤口处溢液。

（139）短颚刀锹甲 *Dorcus vicinus* Saunders, 1854

分布：内蒙古、福建、浙江、湖南。欧洲。

习性：幼虫腐食性，成虫取食植物伤口处溢液。

2.2.8　红金龟科 Ochodaeidae Mulsant & Rey, 1871

2.2.8.1　红金龟亚科 Ochodaeinae Mulsant & Rey, 1871

60）圆红金龟属 *Codocera* Eschscholtz, 1821　贺兰山记录 1 种

（140）锈红金龟 *Codocera ferruginea* (Eschscholtz, 1818)（贺兰山新记录）

采集记录：1，宁夏贺兰山小口子，1530m，2008-Ⅵ-24，杨贵军采；3，宁夏贺兰山插旗口，1543～1659m，2014-Ⅷ-19，杨贵军采。

分布：宁夏、内蒙古、山西、黑龙江、吉林、辽宁、河南、河北。俄罗斯。

习性：幼虫腐食性。

2.2.9　金龟科 Scarabaeidae Latreille, 1802

2.2.9.1　蜉金龟亚科 Aphodiinae Eschscholtz, 1822

61）蜉金龟属 *Aphodius* Eschscholtz, 1821　贺兰山记录 3 种

贺兰山蜉金龟属分种检索表

1　小盾片位置略低于鞘翅翅面；全体黑色，鞘翅肩后及端部 1/3 具红褐色斑 ……………………

······血斑蜉金龟 *Aphodius haemorrhoidalis*
小盾片位置明显低于鞘翅翅面 ···················· 2
2 全体红褐色，光泽强。额唇基缝后折近钝角 ··········红亮蜉金龟 *Aphodius impunctatus*
全体黑褐色或鞘翅黄褐色，中段有斜椭圆黑色斑，额唇基梯形 ·····直蜉金龟 *Aphodius rectus*

（141）血斑蜉金龟 *Aphodius haemorrhoidalis* (Linnaeus, 1758)

采集记录：3，宁夏贺兰山小口子，1530m，2008-VI-24，杨贵军采；2，宁夏贺兰山大水沟，1250～1480m，2008-VII-15，杨贵军采；3，宁夏贺兰山响水沟，1746～2612m，2014-VII-25，杨贵军采；2，宁夏贺兰山插旗口，1543～1659m，2014-VIII-19，杨贵军采。

分布：宁夏、河北、山西、江苏、四川、西藏。日本、俄罗斯。中亚、欧洲、北美洲。

习性：成虫、幼虫均粪食性。

（142）红亮蜉金龟 *Aphodius impunctatus* Waterhouse, 1875

采集记录：4，宁夏贺兰山小口子，1546～1600m，2008-VIII-4，杨贵军采；1，宁夏贺兰山插旗口，1543～1659m，2014-VIII-19，杨贵军采；1，内蒙古贺兰山马莲井，2168～2360m，2015-VII-27，杨贵军采。

分布：我国北部。俄罗斯、日本。

习性：成虫、幼虫均粪食性。

（143）直蜉金龟 *Aphodius rectus* (Motschulsky, 1866)

采集记录：3，宁夏贺兰山苏峪口，1952～2280m，2008-VII-29，杨贵军采；4，宁夏贺兰山小口子，1546～1600m，2008-VIII-4，杨贵军采；4，宁夏贺兰山小口子，1546～1604m，2008-VIII-6，杨贵军采；1，宁夏贺兰山苏峪口，1950～2330m，2009-VI-30，杨贵军采；1，宁夏贺兰山响水沟，1746～2612m，2014-VII-25，杨贵军采。

分布：宁夏、内蒙古、青海、北京、河北、山西、辽宁、江苏、山东、河南、四川、台湾。朝鲜、日本、蒙古国、俄罗斯。东亚、中亚。

习性：成虫、幼虫均粪食性，幼虫偶尔为害禾草根部。

62）普蜉金龟属 *Psammodius* Fallén, 1807 贺兰山记录 1 种

（144）滩沙蜉金龟 *Psammodius convexus* Waterhouse, 1875（贺兰山新记录）

采集记录：1，宁夏贺兰山插旗口，1543～1659m，2014-VIII-19，杨贵军采。

分布：宁夏、内蒙古、辽宁、台湾。日本、俄罗斯。

习性：成虫、幼虫均粪食性。

2.2.9.2　犀金龟亚科 Allomyrina Arrow, 1911

63）禾犀金龟属 *Pentodon* Arrow, 1911　贺兰山记录 2 种（亚种）

（145）宽额禾犀金龟 *Pentodon quadridens bidentulus* (Fairmaire, 1887)
采集记录：1，内蒙古贺兰山水磨沟，1980m，2008-Ⅶ-23，杨贵军采。
分布：内蒙古、甘肃、新疆。哈萨克斯坦、土库曼斯坦、乌兹别克斯坦。
习性：为害多种植物的种子、芽、根、茎等。

（146）阔胸禾犀金龟 *Pentodon quadridens mongolicus* Motschulsky, 1849
采集记录：1，宁夏贺兰山小口子，1762m，2007-Ⅶ-12，张刚采；1，宁夏贺
兰山贺兰口，1450m，2008-Ⅶ-1，张琦采；1，宁夏贺兰山苏峪口，2140m，2008-Ⅵ-17，
张琦采；1，宁夏贺兰山拜寺口 1650m，2008-Ⅴ-29，贺奇采；1，内蒙古贺兰山
水磨沟，1980m，2008-Ⅶ-23，辛明采。

分布：宁夏、内蒙古、甘肃、青海、陕西、北京、河北、山西、辽宁、吉林、
黑龙江、江苏、浙江、山东、河南。蒙古国。
习性：为害多种植物的种子、芽、根、茎等。

2.2.9.3　鳃金龟亚科 Melolonthinae Leach, 1819

64）齿爪鳃金龟属 *Holotrichia* Hope, 1837　贺兰山记录 4 种

贺兰山齿爪鳃金龟属分种检索表

1　鞘翅纵肋Ⅰ后方收尖 ·· 棕色鳃金龟 *Holotrichia titanis*
　鞘翅纵肋Ⅰ后方多少扩宽 ·· 2
2　体表略被灰色白粉层或虹彩闪色层 ·· 3
　体表油亮，无闪色层 ·· 华北大黑鳃金龟 *Holotrichia oblita*
3　后足跗节第 1 节明显长于第 2 节 ································ 暗黑鳃金龟 *Holotrichia parallela*
　后足跗节第 1 节明显短于第 2 节 ······················ 小黑齿爪鳃金龟 *Holotrichia picea*

（147）华北大黑鳃金龟 *Holotrichia oblita* (Faldermann, 1835)
采集记录：3，宁夏贺兰山汝箕沟，1250～2140m，2008-Ⅶ-3，杨贵军采；3，
宁夏贺兰山苏峪口，1950～2340m，2008-Ⅶ-15，杨贵军采；1，宁夏贺兰山小口
子，1546～1604m，2008-Ⅷ-6，杨贵军采。

分布：宁夏、内蒙古、青海、北京、天津、河北、山西、辽宁、江苏、浙江、
安徽、江西、山东、河南、陕西、甘肃。俄罗斯。
习性：成虫取食苹果、榆等树的嫩叶，幼虫为害牧草及苗木的地下部分。

（148）暗黑鳃金龟 *Holotrichia parallela* (Motschulsky, 1854)（贺兰山新记录）
采集记录：8，宁夏贺兰山小口子，1530m，2008-Ⅵ-24，杨贵军采。

分布：我国广布。俄罗斯、朝鲜、日本。

习性：幼虫为害牧草及苗木的地下部分。

（149）小黑齿爪鳃金龟 *Holotrichia picea* Waterhouse, 1875（贺兰山新记录）

采集记录：1，宁夏贺兰山汝箕沟，2235～2364m，2008-Ⅶ-18，杨贵军采；3，宁夏贺兰山苏峪口，1952～2280m，2008-Ⅶ-29，杨贵军采；1，宁夏贺兰山小口子，1546～1600m，2008-Ⅷ-4，杨贵军采。

分布：宁夏、内蒙古、山西、吉林、辽宁、河北。蒙古国、俄罗斯、朝鲜、日本。

习性：幼虫为害牧草及苗木的地下部分。

（150）棕色鳃金龟 *Holotrichia titanis* (Reitter, 1902)（贺兰山新记录）

采集记录：5，宁夏贺兰山响水沟，1746～2612m，2014-Ⅶ-25，杨贵军采；1，宁夏贺兰山插旗口，1543～1659m，2014-Ⅷ-19，杨贵军采；1，宁夏贺兰山小口子，1520m，2016-Ⅵ-6，杨贵军采；2，内蒙古贺兰山水磨沟，1950～2380m，2015-Ⅶ-27，杨贵军采；1，内蒙古贺兰山马莲井，2168～2360m，2015-Ⅶ-27，杨贵军采。

分布：宁夏、陕西、甘肃、山西、河北、辽宁、吉林、江苏、浙江、山东、河南、湖北、广西。朝鲜、俄罗斯。

习性：幼虫为害牧草及苗木的地下部分。

65）迷鳃金龟属 *Miridiba* Reitter, 1902　贺兰山记录 1 种

（151）毛黄脊鳃金龟 *Miridiba trichophora* (Fairmaire, 1891)

采集记录：26，宁夏贺兰山小口子，1530m，2008-Ⅵ-24，杨贵军采；2，宁夏贺兰山小口子，1340～1530m，2008-Ⅶ-6，杨贵军采；11，宁夏贺兰山汝箕沟，2235～2364m，2008-Ⅶ-18，杨贵军采；24，宁夏贺兰山小口子，1546～1600m，2008-Ⅷ-4，杨贵军采；2，宁夏贺兰山小口子，1546～1604m，2008-Ⅷ-6，杨贵军采；1，宁夏贺兰山苏峪口，1952～2280m，2009-Ⅷ-14，杨贵军采；44，宁夏贺兰山响水沟，1746～2612m，2014-Ⅶ-25，杨贵军采；1，宁夏贺兰山拜寺口，1389～1627m，2014-Ⅶ-26，杨贵军采；2，宁夏贺兰山苏峪口，1952～2280m，2008-Ⅶ-29，杨贵军采；14，宁夏贺兰山插旗口，1543～1659m，2014-Ⅷ-19，杨贵军采。

分布：宁夏、山西、河北、辽宁、江苏、浙江、安徽、福建、江西、山东、河南、湖北、广西、四川。

习性：幼虫为害牧草及苗木的地下部分。

66）婆鳃金龟属 *Brahmina* Blanchard, 1851　贺兰山记录 2 种

贺兰山婆鳃金龟属分种检索表

体较小（9～12mm），前胸背板密布大小不一的具毛刻点，毛长而竖立……………………

....福婆鳃金龟 *Brahmina faldermanni*

体较大（13～17mm），前胸背板无致密小具针状毛刻点····介婆鳃金龟 *Brahmina intermedia*

（152）福婆鳃金龟 *Brahmina faldermanni* Kraatz, 1892

采集记录：12，内蒙古贺兰山哈拉乌，1920～2460m，2015-Ⅶ-22，杨贵军采；41，内蒙古贺兰山水磨沟，1980～2250m，2015-Ⅶ-27，杨贵军采；80，内蒙古贺兰山马莲井，2168～2360m，2015-Ⅶ-27，杨贵军采；1，内蒙古贺兰山大殿沟，2125～2366m，2015-Ⅶ-28，杨贵军采；26，内蒙古贺兰山大殿沟，2125～2366m，2015-Ⅶ-28，杨贵军采；1，内蒙古贺兰山镇木关，2125～2340m，2015-Ⅶ-28，杨贵军采。

分布：宁夏、内蒙古、陕西、山西、河北、辽宁、山东、河南。

习性：成虫取食苹果、山杏、刺槐等树的叶片，幼虫为害禾草、灌木的地下部分。

（153）介婆鳃金龟 *Brahmina intermedia* (Mannerheim, 1849)

采集记录：4，内蒙古贺兰山哈拉乌，1920～2460m，2015-Ⅶ-22，杨贵军采；20，内蒙古贺兰山马莲井，2168～2360m，2015-Ⅶ-27，杨贵军采；1，内蒙古贺兰山大殿沟，2125～2366m，2015-Ⅶ-28，杨贵军采；3，内蒙古贺兰山镇木关，2050～2380m，2015-Ⅶ-28，杨贵军采。

分布：宁夏、内蒙古、山西、黑龙江。朝鲜、俄罗斯（远东地区）。

习性：成虫取食苹果、山杏、刺槐等树的叶片，幼虫为害禾草、灌木的地下部分。

67）雪鳃金龟属 *Chioneosoma* Kraatz, 1891　贺兰山记录 1 种

（154）莱雪鳃金龟 *Chioneosoma reitteri* (Brenske, 1887)

分布：宁夏、内蒙古、陕西、甘肃、新疆。克什米尔地区、蒙古国。中亚。

习性：成虫取食植物的叶片，幼虫为害禾草、灌木的地下部分。

68）希鳃金龟属 *Hilyotrogus* Fairmaire, 1886　贺兰山记录 1 种

（155）二色希鳃金龟 *Hilyotrogus bicoloreus* (Heyden, 1887)（贺兰山新记录）

采集记录：2，宁夏贺兰山苏峪口，2250m，2016-Ⅷ-14，杨贵军采。

分布：宁夏、河北、山西、辽宁、吉林、黑龙江、湖北、四川、贵州。朝鲜、俄罗斯。

习性：幼虫为害禾草、灌木的地下部分。

69）单爪鳃金龟属 *Hoplia* Illiger, 1803　贺兰山记录 3 种

贺兰山单爪鳃金龟属分种检索表

1　触角 9 节，体较小，体表密被颜色各异鳞片·····························斑单爪鳃金龟 *Hoplia aureola*

触角 10 节，体较大 ·· 2

2 前足、中足 2 爪的小爪约为大爪的 1/4；鞘翅被无光泽浅黄绿色鳞片··············

······································· 戴单爪鳃金龟 *Hoplia davidis*

前足、中足 2 爪的小爪约为大爪的 3/4；鞘翅密被黄褐色鳞片··············

··· 围绿单爪鳃金龟 *Hoplia cincticollis*

（156）斑单爪鳃金龟 *Hoplia aureola* (Pallas, 1781)（贺兰山新记录）

采集记录：6，宁夏贺兰山大口子，1650m，2016-Ⅶ-10，杨贵军采；5，宁夏贺兰山大口子，1400～1650m，2016-Ⅶ-7，杨贵军采。

分布：宁夏、甘肃、青海、新疆、河北、山西、辽宁、吉林、黑龙江、江苏。日本、朝鲜、俄罗斯。欧洲。

习性：成虫取食杨树、榆树、杏树、梨树、桦木嫩梢的嫩叶和花。

（157）围绿单爪鳃金龟 *Hoplia cincticollis* (Faldermann, 1833)

采集记录：2，宁夏贺兰山小口子，1550m，2007-Ⅶ-10，赵紫华采；3，宁夏贺兰山大水沟，1500m，2008-Ⅵ-12，张刚采；1，宁夏贺兰山马莲口，1500m，2008-Ⅵ-11，王新谱采；1，宁夏贺兰山大寺沟，1760m，2007-Ⅶ-30，杨贵军采。

分布：宁夏、内蒙古、甘肃、河北、山西、辽宁、吉林、黑龙江、山东、河南。日本、俄罗斯。欧洲。

习性：成虫取食杨树、榆树、桑树、杏树、梨树、桦木嫩梢的嫩叶及野生白花苜蓿苗。

（158）戴单爪鳃金龟 *Hoplia davidis* Fairmaire, 1887

采集记录：1，宁夏贺兰山大口子，1762m，2007-Ⅶ-12，王继飞采；4，宁夏贺兰山贺兰口，1500m，2008-Ⅵ-11，辛明采；7，宁夏贺兰山小口子，1550m，2007-Ⅶ-10，赵紫华采；2，宁夏贺兰山大水沟，1500m，2008-Ⅵ-12，张刚采；3，宁夏贺兰山马莲口，1500m，2008-Ⅵ-11，王新谱采；13，宁夏贺兰山小口子，1400～1620m，2016-Ⅵ-7，杨益春采；3，内蒙古贺兰山水磨沟，1950m，2008-Ⅵ-23，杨贵军采；2，内蒙古贺兰山水磨沟，1898～2130m，2015-Ⅶ-23，杨贵军采。

分布：宁夏、内蒙古、西藏、青海、陕西、山西、河北、辽宁、山东、河南、四川。

习性：成虫取食杨树、榆树、杏树、梨树、桦木嫩梢的嫩叶和花。

70）玛绢金龟属 *Maladera* Mulsant & Rey, 1871 贺兰山记录 2 种

贺兰山玛绢金龟属分种检索表

触角 9 节，体黑色或棕黑色 ································· 东方玛绢金龟 *Maladera orientalis*

触角 10 节，体红褐色或棕色 ································· 阔胫玛绢金龟 *Maladera verticalis*

（159）东方玛绢金龟 *Maladera orientalis* (Motschulsky, 1857)

采集记录：2，宁夏贺兰山小口子，1530m，2008-VI-24，杨贵军采。

分布：宁夏、内蒙古、甘肃、山西、河南、河北、山东、江苏、安徽、黑龙江、吉林、辽宁。蒙古国、俄罗斯、朝鲜、日本。

习性：成虫喜食榆树、杨树及柳树的树叶，幼虫以腐殖质和嫩根为食。有趋光性。

（160）阔胫玛绢金龟 *Maladera verticalis* (Fairmaire, 1888)

采集记录：1，宁夏贺兰山小口子，1530m，2008-VI-24，杨贵军采；25，宁夏贺兰山插旗口，1543～1659m，2014-VIII-19，杨贵军采；18，宁夏贺兰山归德沟，1160～1258m，2014-VIII-20，杨贵军采；1，宁夏贺兰山小口子，1420～1690m，2016-VI-6，杨贵军采。

分布：宁夏、山西、陕西、河北、辽宁、吉林、黑龙江、山东。朝鲜。

习性：成虫取食榆、柳、杨、梨、苹果等树的叶片，幼虫危害不大。有趋光性。

71）绢金龟属 *Serica* MacLeay, 1819 贺兰山记录 1 种

（161）小阔胫玛绢金龟 *Serica ovatula* Fairmaire, 1891

采集记录：1，宁夏贺兰山小口子，1530m，2008-VI-24，杨贵军采；20，宁夏贺兰山插旗口，1450～1680m，2014-VIII-15，杨贵军采。

分布：宁夏、内蒙古、河北、山西、辽宁、吉林、黑龙江、江苏、安徽、山东、河南、广东、海南。韩国、俄罗斯。

习性：成虫取食榆、柳、杨、梨、苹果等树的叶片，幼虫危害不大。有趋光性。

72）云鳃金龟属 *Polyphylla* Harris, 1841 贺兰山记录 1 种

（162）大云鳃金龟 *Polyphylla laticollis* Lewis, 1895

采集记录：1，宁夏贺兰山响水沟，1746～2612m，2014-VII-25，杨贵军采；3，宁夏贺兰山苏峪口，1950～2340m，2007-VI-25，杨贵军采；1，宁夏贺兰山响水沟，2400m，2015-VI-22，王杰采；1，内蒙古贺兰山马莲井，2168～2360m，2015-VII-24，李哲光采；1，内蒙古贺兰山哈拉乌，2446m，2015-VII-22，杨贵军采。

分布：我国广布。日本、朝鲜、蒙古国。

习性：成虫取食松树、榆树、杨树、云杉、柳树的叶片，幼虫为害灌木、杂草的地下部分。

73）皱鳃金龟属 *Trematodes* Faldermann, 1835 贺兰山记录 2 种

贺兰山皱鳃金龟属分种检索表

后翅短，后缘钝角形或弧形扩出，伸达或略超过腹部第 2 背板 ····································· ·· 黑皱鳃金龟 *Trematodes tenebrioides*

后翅较长，前后缘近平行，伸达腹部第 4 背板 ·················· 大皱鳃金龟 *Trematodes grandis*

（163）大皱鳃金龟 *Trematodes grandis* Semenov, 1902

采集记录：2，宁夏贺兰山小口子，1530m，2008-Ⅵ-24，杨贵军采；8，宁夏贺兰山小口子，1546～1600m，2008-Ⅷ-4，杨贵军采；1，宁夏贺兰山响水沟，1746～2612m，2014-Ⅶ-25，杨贵军采；2，宁夏贺兰山插旗口，1543～1659m，2014-Ⅷ-19，杨贵军采。

分布：宁夏、内蒙古、陕西、甘肃。俄罗斯。

习性：为害沙生植物。

（164）黑皱鳃金龟 *Trematodes tenebrioides* (Pallas, 1781)

采集记录：2，宁夏贺兰山小口子，1350～1680m，2008-Ⅵ-14，杨贵军采；3，宁夏贺兰山小口子，1546～1600m，2008-Ⅷ-4，杨贵军采；1，宁夏贺兰山响水沟，1950～2480m，2014-Ⅶ-15，杨贵军采；2，宁夏贺兰山插旗口，1350～1580m，2012-Ⅷ-19，杨贵军采。

分布：宁夏、内蒙古、辽宁、吉林、黑龙江、河北、山西、山东、河南、陕西、江苏、浙江、安徽、江西、台湾。日本、蒙古国。

习性：幼虫为害灌木、杂草的地下部分。

2.2.9.4 丽金龟亚科 Rutelinae MacLeay, 1819

74）弧丽金龟属 *Popillia* Dejean, 1821 贺兰山记录 1 种

（165）中华弧丽金龟 *Popillia quadriguttata* (Fabricius, 1787)

采集记录：1，宁夏贺兰山大口子，1292～1487m，2014-Ⅶ-6，杨贵军采；1，宁夏贺兰山苏峪口，1952～2280m，2008-Ⅶ-29，杨贵军采；1，宁夏贺兰山榆树沟，1350m，2014-Ⅶ-12，赵飞采；2，宁夏贺兰山拜寺口，1420m，2015-Ⅶ-2，杨贵军采。

分布：我国广布。朝鲜、越南。

习性：成虫为害葡萄、苹果、梨、杏、桃、榆、杨、紫穗槐、牧草等。

75）斑丽金龟属 *Cyriopertha* Reitter, 1903 贺兰山记录 1 种

（166）弓斑丽金龟 *Cyriopertha arcuata* (Gebler, 1832)

采集记录：22，宁夏贺兰山小口子，1546～1600m，2008-Ⅷ-4，杨贵军采；1，

宁夏贺兰山大水沟，1430m，2014-Ⅷ-13，杨贵军采。

分布：宁夏、内蒙古、山西、辽宁、吉林、黑龙江、河北、河南。俄罗斯。

习性：成虫为害禾本科植物的嫩穗，幼虫为害根部。

76）喙丽金龟属 *Adoretus* Laporte, 1840　贺兰山记录 1 种

（167）斑喙丽金龟 *Adoretus tenuimaculatus* Waterhouse, 1875

采集记录：2，宁夏贺兰山榆树沟，1520m，2014-Ⅷ-4，杨林慧采。

分布：宁夏、甘肃、河北、山西、陕西、辽宁、江苏、浙江、江西、安徽、山东、河南、湖北、湖南、广东、广西、贵州、四川、云南、福建、台湾。朝鲜、日本、美国。

习性：成虫取食苹果、梨、葡萄、刺槐等树的叶片，幼虫取食树苗的地下部分。

77）异丽金龟属 *Anomala* Samouelle, 1819　贺兰山记录 2 种

（168）黄褐异丽金龟 *Anomala exoleta* Faldermann, 1835

采集记录：4，宁夏贺兰山小口子，1530m，2008-Ⅵ-24，杨贵军采；4，宁夏贺兰山汝箕沟，2235～2364m，2008-Ⅶ-18，杨贵军采；3，宁夏贺兰山小口子，1546～1604m，2008-Ⅷ-6，杨贵军采。

分布：宁夏、内蒙古、甘肃、青海、陕西、山西、黑龙江、吉林、辽宁、河北、山东、河南。欧洲、北亚、北非。

习性：成虫取食蔷薇科植物的花和叶。

（169）弱脊异丽金龟 *Anomala sulcipennis* (Faldermann, 1835)（贺兰山新记录）

采集记录：3，宁夏贺兰山贺兰口，1450m，2008-Ⅶ-1，杨贵军采；1，宁夏贺兰山大水沟，1400m，2008-Ⅶ-15，杨贵军采。

分布：宁夏、甘肃、辽宁、河北、山西、江苏、浙江、福建、江西、河南、湖北、湖南、广东、广西、四川、贵州、陕西。俄罗斯。

习性：成虫为害苹果、梨等树的叶片。

78）彩丽金龟属 *Mimela* Kirby, 1823　贺兰山记录 1 种

（170）粗绿彩丽金龟 *Mimela holosericea* (Fabricius, 1787)（贺兰山新记录）

采集记录：2，宁夏贺兰山响水沟，1820m，2014-Ⅷ-7，杨贵军采。

分布：内蒙古、黑龙江、吉林、辽宁、河北、青海等。

习性：成虫取食葡萄、苹果树的叶。

2.2.9.5　蜣螂亚科 Coprinae Eschscholtz, 1821

79）裸蜣螂属 *Gymnopleurus* Illiger, 1803　贺兰山记录 1 种

（171）墨侧裸蜣螂 *Gymnopleurus mopsus* (Pallas, 1781)

采集记录：1，宁夏贺兰山大水沟，1292～1659m，2014-Ⅷ-20，杨贵军采；1，宁夏贺兰山道路沟，1278～1412m，2014-Ⅷ-21，杨贵军采。

分布：宁夏、内蒙古、甘肃、新疆、河北、辽宁、吉林、黑龙江、江苏、浙江、山东。欧洲、北非。

习性：成虫、幼虫均粪食性。

80）凯蜣螂属 *Caccobius* Thomson, 1859　贺兰山记录 3 种

（172）短亮凯蜣螂 *Caccobius brevis* Waterhouse, 1875

分布：内蒙古、北京、河北、山西、天津、黑龙江、吉林、辽宁。俄罗斯、朝鲜、韩国、日本。

习性：成虫、幼虫均粪食性。

（173）克氏毛凯蜣螂 *Caccobius christophi* Harold, 1879

分布：内蒙古、辽宁、河北、山西、四川、云南。朝鲜、韩国、俄罗斯。

习性：成虫、幼虫均粪食性。

（174）独角凯蜣螂 *Caccobius unicornis* (Fabricius, 1798)

采集记录：6，宁夏贺兰山苏峪口，2330m，2008-Ⅶ-29，杨贵军采。

分布：宁夏、北京、天津、山西、云南、福建、湖北、台湾。朝鲜、日本。南亚。

习性：成虫、幼虫均粪食性。

81）粪蜣螂属 *Copris* Geoffroy, 1762　贺兰山记录 1 种

（175）车粪蜣螂 *Copris ochus* (Motschulsky, 1860)

采集记录：3，宁夏贺兰山插旗口，1430m，2018-Ⅶ-29，杨贵军采。

分布：宁夏、内蒙古、北京、山西、辽宁、吉林、黑龙江、江苏、河南、广东。蒙古国、日本、朝鲜。中亚、东亚。

习性：成虫、幼虫均粪食性。

82）嗡蜣螂属 *Onthophagus* Latreille, 1802　贺兰山记录 8 种

贺兰山嗡蜣螂属分种检索表

1　体黑黄两色，鞘翅黄褐色···2
　体一色···3

2 体较大（8~15mm），鞘翅黄褐色，密布散乱黑褐色小斑；唇基前缘高翘，头顶向后上条板状延展，雄虫为指突状，雌虫头面有2道平行横脊·········小驼嗡蜣螂 *Onthophagus gibbulus*
  体较小（7.5~11mm），鞘翅边缘有短黑色条斑，翅面有黑斑；头顶向后上条板状延展，雄虫唇基前缘微凹而上翘，雌虫头面前部梯形，有2道平行高锐横脊············
  ·····································黑缘嗡蜣螂 *Onthophagus marginalis*
3 雄性前足胫节内缘不凹缺，唇基前缘中凹不明显·····························4
  雄性前足胫节内缘端部明显弧凹，唇基前缘中凹钝形凹缺·····················
  ·····································中华嗡蜣螂 *Onthophagus sinicus*
4 雄虫头面无成对角突···5
  雄虫头面有成对角突···7
5 雄虫头部有1直立端部分叉角突·······················立叉嗡蜣螂 *Onthophagus olsoufieffi*
  雄虫头顶向后板状延伸··6
6 唇基前缘弧形突出······························翅驼嗡蜣螂 *Onthophagus atripennis*
  唇基前缘弧形突出平截···························同艾嗡蜣螂 *Onthophagus uniformis*
7 头前缘圆弧形，雄虫头顶向后上板状延伸，板突中央略前弯·················
  ·····································双顶嗡蜣螂 *Onthophagus bivertex*
  头前缘中部平截，头顶有矮锐横脊，脊端延伸为1对内弯角突·················
  ·····································镰角嗡蜣螂 *Onthophagus productus*

（176）翅驼嗡蜣螂 *Onthophagus atripennis* Waterhouse, 1875
分布：内蒙古、陕西、福建、四川。日本、朝鲜、韩国、俄罗斯。
习性：成虫、幼虫均粪食性。

（177）双顶嗡蜣螂 *Onthophagus bivertex* Heyden, 1887
采集记录：1，宁夏贺兰山小口子，1440~1680m，2008-VII-6，杨贵军采；34，宁夏贺兰山小口子，1546~1600m，2008-VIII-4，杨贵军采；3，宁夏贺兰山小口子，1546~1604m，2008-VIII-6，杨贵军采；1，宁夏贺兰山大口子，1294~1561m，2014-VII-13，杨贵军采；1，宁夏贺兰山响水沟，1746~2612m，2014-VII-25，杨贵军采；1，宁夏贺兰山插旗口，1543~1659m，2014-VIII-19，杨贵军采；3，宁夏贺兰山大水沟，1292~1659m，2014-VIII-20，杨贵军采。
分布：宁夏、山西、河北、福建、四川。朝鲜、日本、俄罗斯。
习性：成虫、幼虫均粪食性。

（178）小驼嗡蜣螂 *Onthophagus gibbulus* (Pallas, 1781)
采集记录：44，宁夏贺兰山苏峪口，1952~2280m，2008-VII-29，杨贵军采；4，宁夏贺兰山小口子，1546~1600m，2008-VIII-4，杨贵军采；3，宁夏贺兰山小口子，1546~1604m，2008-VIII-6，杨贵军采；3，宁夏贺兰山响水沟，1746~2612m，2014-VII-25，杨贵军采；1，宁夏贺兰山苏峪口，1952~2280m，2008-VII-29，杨贵军采；3，宁夏贺兰山大水沟，1292~1659m，2014-VIII-20，杨贵军采；2，内蒙古贺兰山大殿沟，2125~2366m，2015-VII-28，杨贵军采；2，内蒙古贺兰山镇木关，1850～2350m，2015-Ⅶ-28，杨贵军采。

分布：宁夏、内蒙古、新疆、山西、北京、辽宁、吉林、黑龙江。蒙古国、叙利亚、俄罗斯。中亚。

习性：成虫、幼虫均粪食性。

（179）黑缘嗡蜣螂 *Onthophagus marginalis* (Gebler, 1817)

采集记录：1，宁夏贺兰山大口子，1294～1561m，2014-Ⅶ-13，杨贵军采。

分布：宁夏、内蒙古、山西、河北、西藏、黑龙江、吉林、辽宁。俄罗斯、阿富汗、印度。

习性：成虫、幼虫均粪食性。

（180）立叉嗡蜣螂 *Onthophagus olsoufieffi* Boucomont, 1924

采集记录：6，宁夏贺兰山苏峪口，1952～2280m，2008-Ⅶ-29，杨贵军采。

分布：宁夏、山西、东北、河北。俄罗斯、朝鲜、日本。

习性：成虫、幼虫均粪食性。

（181）镰角嗡蜣螂 *Onthophagus productus* Arrow, 1907（贺兰山新记录）

采集记录：6，宁夏贺兰山响水沟，1746～2612m，2014-Ⅶ-25，杨贵军采；1，宁夏贺兰山插旗口，1543～1659m，2014-Ⅷ-19，杨贵军采。

分布：宁夏、北京、山西、重庆、四川、云南。印度。

习性：成虫、幼虫均粪食性。

（182）中华嗡蜣螂 *Onthophagus sinicus* Hope, 1842

采集记录：2，宁夏贺兰山小口子，1294～1660m，2008-Ⅶ-6，杨贵军采；283，宁夏贺兰山小口子，1546～1600m，2008-Ⅷ-4，杨贵军采；3，宁夏贺兰山小口子，1546～1604m，2008-Ⅷ-6，杨贵军采；1，宁夏贺兰山大口子，2014-Ⅵ-6，杨贵军采；337，宁夏贺兰山大口子，1294～1561m，2014-Ⅶ-13，杨贵军采；5，宁夏贺兰山大口子，1460m，2014-Ⅶ-17，杨贵军采；159，宁夏贺兰山响水沟，1746～2612m，2014-Ⅶ-25，杨贵军采；463，宁夏贺兰山插旗口，1543～1659m，2014-Ⅷ-19，杨贵军采；694，宁夏贺兰山大水沟，1292～1659m，2014-Ⅷ-20，杨贵军采；5，宁夏贺兰山归德沟，1160～1258m，2014-Ⅷ-20，杨贵军采；4，内蒙古贺兰山水磨沟，1990～2460m，2015-Ⅶ-27，杨贵军采；1，内蒙古贺兰山马莲井，2168～2360m，2015-Ⅶ-27，杨贵军采。

分布：宁夏、内蒙古、河北、山西。

习性：成虫、幼虫均粪食性。

（183）同艾嗡蜣螂 *Onthophagus uniformis* Heyden, 1886

采集记录：3，宁夏贺兰山小口子，1294～1560m，2008-Ⅶ-6，杨贵军采；3，宁夏贺兰山小口子，1546～1604m，2008-Ⅷ-6，杨贵军采；5，宁夏贺兰山大口子，1250～1560m，2014-Ⅵ-6，杨贵军采；12，宁夏贺兰山大口子，1294～1561m，2014-

Ⅶ-13，杨贵军采；4，宁夏贺兰山响水沟，1746～2612m，2014-Ⅶ-25，杨贵军采；12，宁夏贺兰山插旗口，1543～1659m，2014-Ⅷ-19，杨贵军采；5，宁夏贺兰山大水沟，1292～1659m，2014-Ⅷ-20，杨贵军采；1，宁夏贺兰山归德沟，1160～1258m，2014-Ⅷ-20，杨贵军采；5，内蒙古贺兰山水磨沟，1950～2360m，2015-Ⅶ-27，杨贵军采；3，内蒙古贺兰山马莲井，2168～2360m，2015-Ⅶ-27，杨贵军采。

分布：宁夏、内蒙古、甘肃、山西、北京、黑龙江、辽宁。俄罗斯、朝鲜、韩国。

习性：成虫、幼虫均粪食性。

83）蜣螂属 *Scarabaeus* Linnaeus, 1758 贺兰山记录 1 种

（184）台风蜣螂 *Scarabaeus typhon* (Fischer von Waldheim, 1823)

采集记录：1，宁夏贺兰山小口子，2008-Ⅶ-6，杨贵军采；1，宁夏贺兰山插旗口，1450m，2014-Ⅷ-19，杨贵军采；1，宁夏贺兰山大水沟，1290m，2014-Ⅷ-20，杨贵军采；1，宁夏贺兰山归德沟，1158m，2014-Ⅷ-20，杨贵军采；5，内蒙古贺兰山水磨沟，1850m，2015-Ⅶ-27，杨贵军采。

分布：宁夏、内蒙古、甘肃、新疆、河北、山西、山东、河南、陕西、辽宁、吉林、黑龙江、江苏、浙江、安徽、江西。朝鲜。南亚。

习性：成虫、幼虫均粪食性。

2.2.9.6 花金龟亚科 Cetoniinae Leach, 1815

84）花金龟属 *Cetonia* Fabricius, 1775 贺兰山记录 2 种

贺兰山花金龟属分种检索表

体暗古铜色，体被具毛刻点，前胸背板无白斑 ·················· 华美花金龟 *Cetonia magnifica*
体暗铜绿色，具强光泽，体背面不具毛，前胸背板常有 2 对小白绒斑··················
··· 暗绿花金龟 *Cetonia viridiopaca*

（185）华美花金龟 *Cetonia magnifica* Ballion, 1870

采集记录：3，宁夏贺兰山苏峪口，1952～2280m，2008-Ⅶ-29，杨贵军采；13，宁夏贺兰山小口子，1546～1604m，2008-Ⅷ-6，杨贵军采。

分布：宁夏、内蒙古、山西、陕西、河北、辽宁、吉林、黑龙江、山东、河南。俄罗斯。

习性：成虫取食苹果、梨、松、槐等植物的花蜜、树汁、嫩芽，幼虫为害多种林木。

（186）暗绿花金龟 *Cetonia viridiopaca* (Motschulsky, 1858)

采集记录：15，宁夏贺兰山苏峪口，1952～2340m，2008-Ⅵ-17，杨贵军采；

2，宁夏贺兰山苏峪口，1950m，2008-Ⅵ-19，杨贵军采；6，宁夏贺兰山小口子，1530m，2008-Ⅵ-25，杨贵军采；24，宁夏贺兰山苏峪口，1952～2280m，2008-Ⅶ-29，杨贵军采；2，宁夏贺兰山小口子，1546～1600m，2008-Ⅷ-4，杨贵军采；7，宁夏贺兰山苏峪口，1750～2100m，2009-Ⅵ-30，杨贵军采；3，宁夏贺兰山大口子，1350～1650m，2014-Ⅵ-6，杨贵军采；27，宁夏贺兰山大口子，1294～1561m，2014-Ⅶ-13，杨贵军采；19，宁夏贺兰山响水沟，1746～2612m，2014-Ⅶ-25，杨贵军采；1，宁夏贺兰山插旗口，1543～1659m，2014-Ⅷ-19，杨贵军采；1，宁夏贺兰山大水沟，1292～1659m，2014-Ⅷ-20，杨贵军采；1，宁夏贺兰山苏峪口，2313m，2015-Ⅶ-4，杨贵军采；3，宁夏贺兰山苏峪口，2038m，2015-Ⅶ-2，杨贵军采；1，宁夏贺兰山苏峪口，2057m，2015-Ⅷ-4，杨贵军采；1，内蒙古贺兰山水磨沟，1950～2380m，2015-Ⅶ-27，杨贵军采。

分布：宁夏、内蒙古、山西、河北、黑龙江。朝鲜、俄罗斯。

习性：成虫取食花蜜、树汁、嫩芽、嫩叶等，幼虫为害各类植物的地下根茎。

85）青花金龟属 *Gametis* Burmeister, 1842　贺兰山记录 1 种

（187）小青花金龟 *Gametis jucunda* (Faldetmann, 1835)

采集记录：2，宁夏贺兰山插旗口，1543～1659m，2014-Ⅷ-19，杨贵军采。

分布：我国广布。朝鲜、日本、尼泊尔、印度、俄罗斯。北美洲。

习性：成虫取食榆、杨、刺槐、山杏、桃及灌木等植物的花、果实及嫩芽，幼虫为害地下根、茎。

86）星花金龟属 *Protaetia* Burmeister, 1842　贺兰山记录 2 种

贺兰山星花金龟属分种检索表

体型较小，后足胫节外缘仅具 1 中隆突·····················多纹星花金龟 *Protaetia famelica*
体型较大，后足胫节外缘仅具 2 中隆突·····················白星花金龟 *Protaetia brevitarsis*

（188）白星花金龟 *Protaetia brevitarsis* (Lewis, 1879)

采集记录：4，宁夏贺兰山小口子，1530m，2008-Ⅵ-24，杨贵军采；5，宁夏贺兰山汝箕沟，2235～2364m，2008-Ⅶ-18，杨贵军采；41，宁夏贺兰山苏峪口，1952～2280m，2008-Ⅶ-29，杨贵军采；7，宁夏贺兰山小口子，1546～1600m，2008-Ⅷ-4，杨贵军采；10，宁夏贺兰山小口子，1546～1604m，2008-Ⅷ-6，杨贵军采；13，宁夏贺兰山苏峪口，1968～2340m，2009-Ⅵ-30，杨贵军采；29，宁夏贺兰山大口子，1268～1560m，2014-Ⅵ-6，杨贵军采；1，宁夏贺兰山大口子，1292～1487m，2014-Ⅶ-6，杨贵军采；210，宁夏贺兰山大口子，1294～1561m，2014-Ⅶ-13，杨贵军采；2，宁夏贺兰山响水沟，1746～1965m，2014-Ⅶ-13，杨贵军采；187，宁夏贺兰山响水沟，1746～2612m，2014-Ⅶ-25，杨贵军采；2，宁夏贺兰山拜寺

口，1389～1627m，2014-Ⅶ-26，杨贵军采；5，宁夏贺兰山大水沟，1268～1560m，2014-Ⅷ-13，杨贵军采；195，宁夏贺兰山插旗口，1543～1659m，2014-Ⅷ-19，杨贵军采；561，宁夏贺兰山大水沟，1292～1659m，2014-Ⅷ-20，杨贵军采；41，宁夏贺兰山归德沟，1160～1258m，2014-Ⅷ-20，杨贵军采；63，宁夏贺兰山道路沟，1278～1412m，2014-Ⅷ-21，杨贵军采；12，宁夏贺兰山小口子，1400～1620m，2016-Ⅵ-7，杨益春采；15，内蒙古贺兰山水磨沟，1968～2360m，2015-Ⅶ-27，杨贵军采。

分布：我国广布。朝鲜、日本、蒙古国、俄罗斯。

习性：成虫取食柳、榆、柏、苹果、梨、山杏等植物的花、流汁、果及叶片。

（189）多纹星花金龟 *Protaetia famelica* (Janson, 1879)

采集记录：1，宁夏贺兰山苏峪口，1952～2340m，2008-Ⅵ-17，杨贵军采；30，宁夏贺兰山小口子，1530m，2008-Ⅵ-24，杨贵军采；1，宁夏贺兰山汝箕沟，2235～2364m，2008-Ⅶ-18，杨贵军采；33，宁夏贺兰山苏峪口，1952～2280m，2008-Ⅶ-29，杨贵军采；103，宁夏贺兰山小口子，1546～1600m，2008-Ⅷ-4，杨贵军采；2，宁夏贺兰山小口子，1546～1604m，2008-Ⅷ-6，杨贵军采。

分布：宁夏、内蒙古、山西、陕西、河北、辽宁、吉林、黑龙江、江苏、浙江、山东、云南。朝鲜、俄罗斯。

习性：成虫取食柳、榆、柏、苹果、梨、山杏等植物的花、流汁、果及叶片。

2.2.10 吉丁科 Buprestidae Leach, 1815

2.2.10.1 金吉丁亚科 Chrysochroinae Laporte, 1835

87）纹吉丁属 *Poecilonota* Eschscholtz, 1829 贺兰山记录 1 种

（190）杨锦纹吉丁 *Poecilonota variolosa* (Paykull, 1799)
采集记录：1，宁夏贺兰山响水沟，2502m，2015-Ⅷ-5，杨贵军采。
分布：宁夏、内蒙古、黑龙江、吉林、辽宁、湖北。俄罗斯。
习性：幼虫蛀食杨树树干。

88）金缘吉丁甲属 *Lamprodila* Motschulsky, 1860 贺兰山记录 3 种（亚种）

（191）榆绿吉丁 *Lamprodila decipiens* (Gebler, 1847)（贺兰山新记录）
采集记录：1，宁夏贺兰山黄头沟，1379m，2015-Ⅶ-3，杨贵军采。
分布：宁夏。欧洲、北亚、北非。
习性：幼虫蛀食灰榆树干。

（192）红缘绿吉丁 *Lamprodila nobilissima bellula* (Lewis, 1893)

采集记录：1，宁夏贺兰山大水沟，1450m，2015-V-25，2013生教1采。

分布：宁夏。欧洲、北亚、北非。

习性：幼虫蛀食灰榆树干。

（193）梨金缘吉丁甲 *Lamprodila limbata* Gebler, 1832

采集记录：1，宁夏贺兰山拜寺口，1389～1627m，2014-VII-26，杨贵军采；1，宁夏贺兰山大水沟，1368～1660m，2014-VIII-13，杨贵军采；1，宁夏贺兰山大口子，1540m，2015-VII-6，杨贵军采；1，宁夏贺兰山响水沟，2502m，2015-VIII-5，杨贵军采；1，宁夏贺兰山大口子，1330～1590m，2016-V-11，杨益春采。

分布：宁夏、内蒙古、甘肃、新疆、青海、河北、吉林、黑龙江、江苏、浙江、江西、山东、河南、湖北。蒙古国、俄罗斯（远东地区）。

习性：为害梨、苹果、杏、桃、杨等。

89）缘绿吉丁属 *Ovalisia* Kerremans, 1900 贺兰山记录2种

（194）紫缘绿吉丁 *Ovalisia chinganensis* (Obenberger, 1940)

采集记录：2，内蒙古贺兰山哈拉乌，2168～2760m，2015-VII-22，杨贵军采。

分布：内蒙古、吉林、黑龙江。俄罗斯东部。

习性：幼虫蛀食云杉树干。

（195）橙缘绿吉丁 *Ovalisia pretiosa* (Mannerheim, 1852)（宁夏新记录，贺兰山新记录）

采集记录：1，宁夏贺兰山苏峪口，2313m，2015-VII-4，杨贵军采。

分布：宁夏。

习性：幼虫蛀食油松树干。

2.2.10.2 窄吉丁亚科 Agrilinae Laporte, 1835

90）棕窄吉丁属 *Agrilus* Curtis, 1825 贺兰山记录4种

（196）棕窄吉丁 *Agrilus integerrimus* (Ratzeburg, 1837)

采集记录：29，宁夏贺兰山小口子，1400～1620m，2016-VI-7，杨益春采；13，宁夏贺兰山大口子，1330～1590m，2016-V-11，杨益春采；4，宁夏贺兰山大口子，1330～1590m，2016-V-11，杨益春采；12，宁夏贺兰山大口子，1330～1590m，2016-V-11，杨益春采；1，宁夏贺兰山苏峪口，1430m，2016-VI-18，王杰等采；1，宁夏贺兰山苏峪口三清观，1750m，2018-V-26，杨益春采。

分布：宁夏。韩国、俄罗斯。欧洲。

习性：幼虫蛀食杨树、榆树树干。

（197）小黄绿窄吉丁 *Agrilus subrobustus* Saunders, 1873

采集记录：1，宁夏贺兰山大水沟，1450m，2015-V-25，2013 生教 1 采。

分布：宁夏。全球广布。

习性：幼虫蛀食杨树、榆树树干。

（198）赭色窄吉丁 *Agrilus sundai* Kurosawa, 1974（宁夏新记录，贺兰山新记录）

采集记录：1，宁夏贺兰山大口子，1330～1690m，2016-V-27，杨益春采。

分布：宁夏。

习性：幼虫蛀食杨树、榆树树干。

（199）绿窄吉丁甲 *Agrilus viridis* (Linneaus, 1758)

采集记录：12，宁夏贺兰山大口子，1330～1690m，2016-V-27，杨益春采；3，宁夏贺兰山拜寺口，1420m，2016-V-27，杨益春采；4，宁夏贺兰山小口子，1400～1620m，2016-VI-7，杨益春采。

分布：我国西北、东北、西南。俄罗斯。西欧、北非。

习性：幼虫蛀食柳树、杨树、榆树树干。

2.2.10.3 吉丁亚科 Buprestinae Leach, 1815

91）扁吉丁虫属 *Anthaxia* Eschscholtz, 1829 贺兰山记录 2 种

贺兰山扁吉丁虫属分种检索表

体暗绿色，前胸背板中部有 2 条黑褐色纵条纹 ·················· 胸双带吉丁 *Anthaxia hungarica*

体黑褐色，前胸背板中部横向有 4 个宽凹 ·············· 松四凹点吉丁 *Anthaxia quadripunctata*

（200）胸双带吉丁 *Anthaxia hungarica* (Scopoli, 1772)

采集记录：5，宁夏贺兰山大口子，1330～1690m，2016-V-27，杨益春采；8，宁夏贺兰山拜寺口，1420m，2016-V-27，杨益春采；44，宁夏贺兰山小口子，1400～1620m，2016-VI-7，杨益春采；50，宁夏贺兰山大口子，1330～1590m，2016-V-11，杨益春采；7，宁夏贺兰山大口子，1330～1590m，2016-V-11，杨益春采。

分布：宁夏。欧洲、北亚、北美洲。

习性：幼虫蛀食榆树树干。

（201）松四凹点吉丁 *Anthaxia quadripunctata* (Linnaeus, 1758)

采集记录：5，宁夏贺兰山大口子，1330～1690m，2016-V-27，杨益春采；1，宁夏贺兰山小口子，1420～1690m，2016-VI-6，杨益春采；1，宁夏贺兰山小口子，1400～1620m，2016-VI-7，杨益春采；2，宁夏贺兰山大口子，1330～1590m，2016-V-11，杨益春采；5，宁夏贺兰山大口子，1530m，2016-V-11，杨贵军采。

分布：宁夏。欧洲、北亚、北美洲。

习性：幼虫蛀食榆树、松树树干。

92）吉丁属 *Buprestis* Linnaeus, 1758 贺兰山记录 1 种

（202）*Buprestis salamoni* Thomson, 1878（贺兰山新记录）

采集记录：1，内蒙古贺兰山大殿沟，2125～2366m，2015-Ⅶ-25，杨贵军采。

分布：内蒙古。俄罗斯、伊朗。欧洲。

习性：幼虫蛀食榆树、松树树干。

93）接眼吉丁属 *Chrysobothris* Eschscholtz, 1829 贺兰山记录 3 种

（203）铜陵吉丁甲 *Chrysobothris chrysostigma* (Linnaeus, 1758)（宁夏新记录，贺兰山新记录）

采集记录：1，宁夏贺兰山小口子，1420～1690m，2016-Ⅵ-6，杨贵军采。

分布：宁夏。欧洲。

习性：幼虫蛀食榆树、杨树树干。

（204）光滑小星吉丁甲 *Chrysobothris laevicollis* Kurosawa, 1948（宁夏新记录，贺兰山新记录）

采集记录：1，宁夏贺兰山响水沟，1746～2612m，2014-Ⅶ-25，杨贵军采。

分布：宁夏、东北。

习性：幼虫蛀食榆树、杨树树干。

（205）六星吉丁虫 *Chrysobothris succedanea* Saunders, 1873

采集记录：1，宁夏贺兰山贺兰口，1450m，2018-Ⅵ-27，杨贵军采；1，宁夏贺兰山拜寺口，1520m，2018-Ⅴ-19，杨贵军采。

分布：宁夏、甘肃、青海、河北、辽宁、江苏、山东、河南。日本、俄罗斯。

习性：幼虫蛀食苹果树、梨树、杏树、桃树、杨树等的树干。

94）斑吉丁甲属 *Melanophila* Eschscholtz, 1829 贺兰山记录 1 种

（206）杨十斑吉丁 *Melanophila decastigma* Fabricius, 1787

采集记录：1，宁夏贺兰山拜寺口，1450m，2018-Ⅴ-27，杨贵军采。

分布：宁夏、内蒙古、甘肃、山西、陕西、新疆。

习性：幼虫蛀食杨树、沙枣树干。

2.2.11 丸甲科 Byrrhidae Latreille, 1804

2.2.11.1 丸甲亚科 Byrrhinae Latreille, 1804

95）丸甲属 *Byrrhus* Linnaeus, 1767 贺兰山记录 2 种

（207）*Byrrhus fasciatus* (Forster, 1771)（贺兰山新记录）

采集记录：6，内蒙古贺兰山水磨沟，2168～2560m，2015-Ⅶ-27，杨贵军采。

分布：宁夏、内蒙古。欧洲。

习性：栖息于潮湿的腐木上、石头下和草根下。

（208）*Byrrhus pilula* (Linnaeus, 1758)（贺兰山新记录）

采集记录：4，内蒙古贺兰山大殿沟，2125～2366m，2015-Ⅶ-28，杨贵军采；3，内蒙古贺兰山镇木关，2168～2360m，2015-Ⅶ-28，杨贵军采。

分布：宁夏、内蒙古。欧洲。

习性：栖息于潮湿的腐木上、石头下和草根下。

2.2.12　叩甲科　Elateridae Leach, 1815

2.2.12.1　槽缝叩甲亚科 Agrypninae Candèze, 1857

96）槽缝叩甲属 *Agrypnus* Eschscholtz, 1829　贺兰山记录2种

贺兰山槽缝叩甲属分种检索表

前胸背板有中纵沟，体朱红色或红褐色·············泥红槽缝叩甲 *Agrypnus argillaceus*
前胸背板无中纵沟，体褐黑色或黑褐色·············暗色槽缝叩甲 *Agrypnus musculus*

（209）泥红槽缝叩甲 *Agrypnus argillaceus* (Solsky, 1871)

采集记录：1，宁夏贺兰山小口子，1530m，2008-Ⅵ-25，杨贵军采；9，宁夏贺兰山大口子，1294～1561m，2014-Ⅶ-13，杨贵军采；1，宁夏贺兰山小口子，1420～1690m，2016-Ⅵ-6，杨益春采。

分布：宁夏、河南、海南、云南、西藏、台湾。柬埔寨、日本、朝鲜、缅甸、越南、俄罗斯（西伯利亚）。

习性：幼虫取食松树、核桃树根部。

（210）暗色槽缝叩甲 *Agrypnus musculus* (Candèze, 1873)

采集记录：2，宁夏贺兰山大口子，1390～1560m，2014-Ⅶ-13，杨贵军采；1，宁夏贺兰山小口子，1450m，2016-Ⅵ-6，杨益春采。

分布：宁夏、江苏、浙江、湖北、福建、广东、海南、台湾。日本、韩国。

习性：幼虫取食禾本科植物根部。

2.2.12.2　齿胸叩甲亚科 Dendrometrinae Gistel, 1848

97）金叩甲属 *Selatosomus* Stephens, 1830　贺兰山记录1种

（211）宽背金叩甲 *Selatosomus latus* (Fabricius, 1801)

采集记录：2，宁夏贺兰山拜寺口，1450m，2017-Ⅷ-3，杨益春采。

分布：宁夏、内蒙古、甘肃、新疆、青海、辽宁、吉林、黑龙江。哈萨克斯坦、俄罗斯（欧洲部分）。

习性：幼虫取食榆树根部。

2.2.12.3 叩甲亚科 Elaterinae Leach, 1815

98）锥尾叩甲属 *Agriotes* Eschscholtz, 1829　贺兰山记录 1 种

（212）细胸锥尾叩甲 *Agriotes fusicollis* Miwa, 1928

采集记录：1，宁夏贺兰山苏峪口，1952～2280m，2008-VII-29，杨贵军采；85，宁夏贺兰山大口子，1294～1561m，2014-VII-13，杨贵军采。

分布：我国各地。俄罗斯。

习性：取食杨树及多种树木、牧草根部。

99）锥胸叩甲属 *Ampedus* Dejean, 1833　贺兰山记录 2 种

贺兰山锥胸叩甲属分种检索表

前胸和鞘翅均为亮黑色⋯⋯⋯⋯⋯⋯⋯⋯⋯⋯⋯ 黑色锥胸叩甲 *Ampedus nigrinus*

前胸黑色，鞘翅红色，沿中缝有 1 长椭圆形黑斑 ⋯⋯ 黑斑锥胸叩甲 *Ampedus sanguinolentus*

（213）黑色锥胸叩甲 *Ampedus nigrinus* (Herbst, 1784)

采集记录：1，宁夏贺兰山苏峪口，2201m，2015-VII-15，杨贵军采；2，宁夏贺兰山小口子，1420～1690m，2016-VI-6，杨益春采；1，宁夏贺兰山苏峪口，2201m，2015-VII-11，杨贵军采。

分布：宁夏、辽宁、吉林。蒙古国。

习性：取食杨树及多种树木、牧草根部。

（214）黑斑锥胸叩甲 *Ampedus sanguinolentus* (Schrank, 1776)（宁夏新记录，贺兰山新记录）

采集记录：1，宁夏贺兰山大口子，1330～1590m，2016-V-11，杨益春采；1，宁夏贺兰山大水沟，1400m，2018-V-29，杨贵军采；2，内蒙古贺兰山大殿沟，2125～2366m，2015-VII-28，杨贵军采。

分布：宁夏、内蒙古。欧洲。

习性：取食杨树及多种树木、牧草根部。

100）梳爪叩甲属 *Melanotus* Eschscholtz, 1829　贺兰山记录 1 种

（215）栗腹梳爪叩甲 *Melanotus nuceus* Candeze, 1881

采集记录：2，宁夏贺兰山大口子，1450m，2016-V-11，杨贵军采。

分布：宁夏、广东、四川。朝鲜、越南。

习性：取食杨树及多种树木、牧草根部。

101）心盾叩甲属 *Cardiophorus* Eschscholtz, 1829　贺兰山记录 1 种

（216）平凡心盾叩甲 *Cardiophorus vulgaris* Motschulsky, 1860
采集记录：3，宁夏贺兰山大口子，1450～1550m，2016-V-11，杨贵军采；2，宁夏贺兰山拜寺口，1450m，2017-Ⅷ-3，杨益春采；1，宁夏贺兰山小口子，1420～1690m，2016-Ⅵ-6，杨益春采。
分布：宁夏、华东。日本。
习性：取食杨树及多种树木、牧草根部。

102）田叩甲属 *Harminius* Fairmaire, 1851　贺兰山记录 1 种

（217）兴安叩甲 *Harminius dauricus* (Mannerheim, 1852)（宁夏新记录，贺兰山新记录）
采集记录：1，宁夏贺兰山大口子，1430m，2016-V-11，杨贵军采。
分布：宁夏、东北。
习性：取食杨树及多种树木、牧草根部。

2.2.13　花萤科 Cantharidae Imhoff, 1856

2.2.13.1　花萤亚科 Cantharinae Imhoff, 1856

103）花萤属 *Cantharis* Linnaeus, 1758　贺兰山记录 3 种

（218）柯氏花萤 *Cantharis knizeki* Švihla, 2004
采集记录：1，宁夏贺兰山苏峪口，1952～2340m，2008-Ⅵ-17，杨贵军采；3，宁夏贺兰山小口子，1268～1560m，2016-Ⅵ-7，杨贵军采。
分布：宁夏。日本。欧洲。
习性：白昼活动，常见于花上，主要捕食蚜虫、介壳虫、叶甲幼虫等。
（219）红毛花萤 *Cantharis rufa* (Kiesenwetter, 1874)
采集记录：3，宁夏贺兰山响水沟，2100m，2007-Ⅵ-18，杨贵军采；2，宁夏贺兰山响水沟，1900m，2015-Ⅵ-22，杨贵军采。
分布：宁夏。日本。欧洲。
习性：白昼活动，常见于花上，主要捕食蚜虫、介壳虫、叶甲幼虫。
（220）*Cantharis tristis* Fabricius, 1797（贺兰山新记录）
采集记录：1，内蒙古贺兰山马莲井，2168～2360m，2015-Ⅶ-24，李哲光采；1，内蒙古贺兰山哈拉乌，2246m，2015-Ⅶ-22，杨贵军采。
分布：内蒙古。欧洲。

习性：白昼活动，常见于花上。

104）异花萤属 *Lycocerus* Gorham, 1889 贺兰山记录 1 种

（221）疑异花萤 *Lycocerus plebejus* (Kiesenwetter, 1874)（宁夏新记录，贺兰山新记录）

采集记录：1，宁夏贺兰山响水沟，1900m，2015-VI-22，杨贵军采；3，宁夏贺兰山小口子，1268～1560m，2016-VI-7，杨贵军采。

分布：宁夏。欧洲。

习性：白昼活动，常见于花上。

2.2.14 皮蠹科 Dermestidae Latreille, 1804

2.2.14.1 长皮蠹亚科 Megatominae Leach, 1815

105）圆皮蠹属 *Anthrenus* Geoffroy, 1762 贺兰山记录 1 种（亚种）

（222）白带圆皮蠹 *Anthrenus pimpinellae pimpinellae* Fabricius, 1775

采集记录：1，宁夏贺兰山小口子，1360～1560m，2016-VI-7，杨贵军采。

分布：宁夏、内蒙古、新疆、河北、黑龙江、浙江、山东、河南、四川、陕西、青海。欧洲。

习性：成虫喜食紫穗槐、沙枣等植物的花粉、花蜜，幼虫取食动物皮毛、腐败物质等。

106）斑皮蠹属 *Trogoderma* Dejean, 1821 贺兰山记录 1 种（亚种）

（223）异斑皮蠹 *Trogoderma goderma variabile* Ballion, 1878（贺兰山新记录）

采集记录：1，宁夏贺兰山大口子，1268～1560m，2016-VI-5，杨贵军采。

分布：宁夏。欧洲。

习性：取食动物皮毛、腐败物质等。

2.2.14.2 毛皮蠹亚科 Attageninae Laporte, 1840

107）毛皮蠹属 *Attagenus* Latreille, 1802 贺兰山记录 1 种

（224）褐毛皮蠹 *Attagenus augustatus* Ballion, 1871

采集记录：1，宁夏贺兰山拜寺口，1450m，2015-VII-2，杨贵军采。

分布：我国西北。

习性：取食动物皮毛、腐败物质等。

2.2.14.3 皮蠹亚科 Dermestinae Latreille, 1804

108）皮蠹属 *Dermestes* Linnaeus, 1758 贺兰山记录 3 种（亚种）

贺兰山皮蠹属分种检索表

1 鞘翅前半部有 1 玫瑰色毛带，前胸背板几乎全部着生玫瑰色毛 ······························
 ··玫瑰皮蠹 *Dermestes dimidiatus rosea*
 鞘翅无上述特征 ···2
2 前胸背板两侧着生大量淡色毛，或中区有淡色毛斑 ··········拟白腹皮蠹 *Dermestes frischii*
 前胸背板两侧不着生大量淡色毛，中区亦无淡色毛斑····赤毛皮蠹 *Dermestes tessellatocollis*

（225）玫瑰皮蠹 *Dermestes dimidiatus rosea* Kusnezova, 1908

采集记录：1，宁夏贺兰山苏峪口，1952～2280m，2008-Ⅵ-30，杨贵军采；1，宁夏贺兰山苏峪口，1952～2280m，2008-Ⅶ-29，杨贵军采；9，宁夏贺兰山大口子，1294～1561m，2014-Ⅶ-13，杨贵军采；2，宁夏贺兰山插旗口，1612m，2014-Ⅶ-19，杨贵军采；11，宁夏贺兰山插旗口，1543～1659m，2014-Ⅷ-19，杨贵军采。

分布：宁夏、黑龙江、西藏、甘肃、新疆、青海。蒙古国、俄罗斯。欧洲。

习性：主要取食兽骨及皮毛。

（226）拟白腹皮蠹 *Dermestes frischii* Kugelann, 1792

采集记录：3，宁夏贺兰山拜寺口，1450m，2015-Ⅶ-2，杨贵军采。

分布：宁夏、内蒙古、河北、山西、辽宁、黑龙江、吉林、山东、上海、浙江、湖南、福建、四川、陕西、青海、新疆。世界各地。

习性：主要取食兽骨及皮毛。

（227）赤毛皮蠹 *Dermestes tessellatocollis* Motschulsky, 1860

采集记录：2，宁夏贺兰山黄旗口，1450m，2008-Ⅶ-2，杨贵军采。

分布：我国大多数地区。朝鲜、日本、俄罗斯、印度。

习性：主要取食兽骨及皮毛。

2.2.15 长蠹科 Bostrichidae Latreille, 1802

2.2.15.1 粉蠹亚科 Lyctinae Billberg, 1820

109）粉蠹属 *Lyctus* Fabricius, 1792 贺兰山记录 1 种

（228）中华粉蠹 *Lyctus sinensis* Lesne, 1911（贺兰山新记录）

采集记录：3，宁夏贺兰山拜寺口，1452～1580m，2015-Ⅶ-2，杨贵军采；1，宁夏贺兰山小口子，1252～1580m，2016-Ⅵ-7，杨贵军采。

分布：宁夏、内蒙古、青海、河北、山西、辽宁、江苏、浙江、安徽、福建、

江西、河南、湖北、湖南、广西、四川、贵州、云南、台湾。日本、朝鲜。

习性：取食臭椿树皮。

2.2.16 郭公虫科 Cleridae Latreille, 1802

2.2.16.1 猛郭公亚科 Tillinae Fischer von Waldheim, 1813

110）毛郭公虫属 *Trichodes* Herbst, 1792 贺兰山记录 1 种

（229）中华食蜂郭公虫 *Trichodes sinae* Chevrolat, 1874

采集记录：1，宁夏贺兰山大口子，1452~1580m，2014-Ⅵ-6，杨贵军采；2，宁夏贺兰山大口子，1292~1487m，2014-Ⅶ-6，杨贵军采；5，宁夏贺兰山大口子，1294~1561m，2014-Ⅶ-13，杨贵军采；3，宁夏贺兰山榆树沟，1450~1580m，2014-Ⅶ-18，杨贵军采；1，宁夏贺兰山大水沟，1450~1680m，2014-Ⅷ-13，杨贵军采；3，宁夏贺兰山大口子，1420~1750m，2015-Ⅵ-5，杨贵军采；1，宁夏贺兰山拜寺口，1420m，2016-Ⅴ-27，杨益春采；1，宁夏贺兰山大口子，1330~1590m，2016-Ⅴ-11，杨益春采；1，宁夏贺兰山小口子，1430m，2016-Ⅵ-18，王杰等采。

分布：宁夏、内蒙古、陕西、甘肃、青海、河北、山西、辽宁、吉林、黑龙江、山东、湖南、四川。朝鲜。

习性：幼虫取食叶蜂、泥蜂等的幼虫，成虫取食豆科、伞形科等植物的花。

2.2.16.2 郭公甲亚科 Clerinae Latreille, 1802

111）奥郭公属 *Opilo* Latreille, 1802 贺兰山记录 1 种

（230）连斑奥郭公 *Opilo communimacula* (Fairmaire, 1888)（贺兰山新记录）

采集记录：1，宁夏贺兰山响水沟，2340m，2014-Ⅶ-25，杨贵军采。

分布：宁夏、内蒙古、北京。

习性：成虫取食蔷薇科、豆科、伞形科等植物的花。

112）劫郭公甲属 *Thanasimus* Latreille, 1806 贺兰山记录 3 种

贺兰山劫郭公甲属分种种检索表

1	前胸背板全部黑色	莱维斯郭公虫 *Thanasimus lewisi*
	前胸背板后红色	2
2	鞘翅尾端白色带平行	红胸郭公虫 *Thanasimus substriatus*
	鞘翅尾端白色带中间前突	蚁形郭公虫 *Thanasimus formicarius*

（231）蚁形郭公虫 *Thanasimus formicarius* (Linnaeus, 1758)

采集记录：2，宁夏贺兰山苏峪口，2252m，2015-VII-17，杨贵军采。

分布：宁夏、内蒙古、甘肃。俄罗斯（远东地区）。欧洲。

习性：捕食小型昆虫。

（232）莱维斯郭公虫 *Thanasimus lewisi* Jacobson, 1911

采集记录：1，宁夏贺兰山小口子，1530m，2008-VI-24，杨贵军采；1，宁夏贺兰山苏峪口，2252m，2015-VII-17，杨贵军采。

分布：宁夏、辽宁。日本。

习性：成虫取食蔷薇科、豆科、伞形科等植物的花，亦捕食小蠹幼虫。

（233）红胸郭公虫 *Thanasimus substriatus* (Gebler, 1841)（宁夏新记录，贺兰山新记录）

采集记录：2，宁夏贺兰山苏峪口，2191m，2015-VII-17，杨贵军采；15，宁夏贺兰山苏峪口，2353m，2015-VII-17，杨贵军采；1，宁夏贺兰山苏峪口，2118m，2015-VII-17，杨贵军采；1，宁夏贺兰山苏峪口，2068m，2015-VII-15，杨贵军采；12，宁夏贺兰山苏峪口，2270m，2015-VII-17，杨贵军采；5，宁夏贺兰山苏峪口，2333m，2015-VII-15，杨贵军采；35，宁夏贺兰山苏峪口，2333m，2015-VIII-4，杨贵军采；17，宁夏贺兰山苏峪口，2186m，2015-VIII-4，王杰采。

分布：宁夏。欧洲。

习性：捕食小蠹。

2.2.16.3 隐跗郭公亚科 Korynetinae Laporte, 1836

113）*Korynetes* Herbst, 1792 贺兰山记录 1 种

（234）*Korynetes ruficornis* Sturm, 1837（宁夏新记录，贺兰山新记录）

采集记录：1，宁夏贺兰山拜寺口，1420m，2015-VII-2，杨贵军采。

分布：宁夏。欧洲。

习性：捕食小蠹。

114）*Neoclerus* Lewis, 1892 贺兰山记录 1 种

（235）绣纹郭公虫 *Neoclerus ornatus* Lewis, 1892（宁夏新记录，贺兰山新记录）

采集记录：5，宁夏贺兰山小口子，1430m，2016-VI-18，王杰等采。

分布：宁夏。日本。

习性：捕食小蠹。

2.2.17 瓢虫科 Coccinellidae Latreille, 1807

2.2.17.1 瓢虫亚科 Coccinellinae Latreille, 1807

115）盔唇瓢虫属 *Chilocorus* Leach, 1815　贺兰山记录 3 种

贺兰山盔唇瓢虫属分种检索表

1　鞘翅背面黑色具光泽，每鞘翅中央之前具 1 黄褐色至红色斑···红点唇瓢虫 *Chilocorus kuwanae*
　鞘翅背面枣红色或黑褐色···2
2　鞘翅周缘黑色，背面枣红色·····················黑缘红瓢虫 *Chilocorus rubidus*
　鞘翅背面暗褐色，每鞘翅中央之前具 1 横向波纹状斑········李斑唇瓢虫 *Chilocorus geminus*

（236）李斑唇瓢虫 *Chilocorus geminus* Zaslavsky, 1962

采集记录：1，内蒙古贺兰山镇木关，2068～2184m，2015-Ⅶ-22，杨贵军采。

分布：内蒙古、甘肃、新疆。

习性：捕食多种蚧虫。

（237）红点唇瓢虫 *Chilocorus kuwanae* Silvestri, 1909

采集记录：1，宁夏贺兰山黄头沟，1379m，2015-Ⅶ-3，杨贵军采；2，宁夏贺兰山小口子，1420～1690m，2016-Ⅵ-6，杨益春采；13，内蒙古贺兰山水磨沟，1898～2130m，2015-Ⅶ-23，杨贵军采。

分布：宁夏、内蒙古、黑龙江、吉林、辽宁、山西、河北、四川、福建。朝鲜、日本、意大利。

习性：捕食小型昆虫。

（238）黑缘红瓢虫 *Chilocorus rubidus* Hope, 1831

采集记录：6，内蒙古贺兰山镇木关，2068～2184m，2015-Ⅶ-22，杨贵军采。

分布：我国广布。日本、朝鲜、印度、尼泊尔、印度尼西亚、俄罗斯、澳大利亚。

习性：捕食朝鲜毛球蚧、褐球蚧、白蜡虫、黍缢管蚜等。

116）光缘瓢虫属 *Exochomus* Redtenbacher, 1843　贺兰山记录 2 种

（239）蒙古光瓢虫 *Exochomus mongol* Barovsky, 1922

采集记录：3，内蒙古贺兰山镇木关，2068～2184m，2015-Ⅶ-22，杨贵军采。

分布：宁夏、内蒙古、北京、河北、辽宁、江苏、山东、河南、陕西、甘肃。朝鲜、蒙古国。

习性：捕食松干蚧、柿绒蚧、康粉蚧等介壳虫。

（240）四斑光瓢虫 *Exochomus quadripustulatus* (Linnaeus, 1758)

采集记录：2，内蒙古贺兰山镇木关，2068～2184m，2015-Ⅶ-22，杨贵军采。

分布：宁夏、内蒙古。亚洲、欧洲。

习性：捕食桃粉蚜、槐蚜等。

117）大丽瓢虫属 *Adalia* Mulsant, 1846　贺兰山记录 1 种

（241）二星瓢虫 *Adalia bipunctata* (Linnaeus, 1758)

采集记录：4，宁夏贺兰山响水沟，1746～2612m，2014-Ⅶ-25，杨贵军采；2，宁夏贺兰山大水沟，1240m，2014-Ⅷ-13，杨贵军采；3，宁夏贺兰山插旗口，1543～1659m，2014-Ⅷ-19，杨贵军采；1，宁夏贺兰山拜寺口，1420m，2015-Ⅶ-2，杨贵军采；2，宁夏贺兰山响水沟，2305m，2015-Ⅷ-3，杨贵军采；1，宁夏贺兰山椿树沟，1580m，2015-Ⅶ-5，杨贵军采；4，宁夏贺兰山小口子，1420～1690m，2016-Ⅵ-6，杨益春采。

分布：我国广布。亚洲、北非、中非、北美洲。

习性：捕食桃粉蚜、棉蚜、槐蚜、麦二叉蚜、吹绵蚧、粉虱、瘿螨等。

118）瓢虫属 *Coccinella* Linnaeus, 1758　贺兰山记录 3 种

贺兰山瓢虫属分种检索表

1 鞘翅有黑色点状斑纹··2
　鞘翅有黑色带状斑纹，前缘横带状斑或在鞘翅缝有三角形斑，两侧为点状斑，中后部有两排 4 个横带状斑··横斑瓢虫 *Coccinella transversoguttata*
2 鞘翅有 7 个黑色斑纹······································七星瓢虫 *Coccinella septempunctata*
　鞘翅有 11 个黑色斑纹·······························十一星瓢虫 *Coccinella undecimpunctata*

（242）七星瓢虫 *Coccinella septempunctata* Linnaeus, 1758

采集记录：1，宁夏贺兰山苏峪口，1746～2500m，2009-Ⅵ-30，杨贵军采；9，宁夏贺兰山榆树沟，1446～1612m，2014-Ⅶ-18，杨贵军采；6，宁夏贺兰山响水沟，1746～2612m，2014-Ⅶ-25，杨贵军采；1，宁夏贺兰山拜寺口，1389～1627m，2014-Ⅶ-26，杨贵军采；1，宁夏贺兰山插旗口，1543～1659m，2014-Ⅷ-19，杨贵军采；1，宁夏贺兰山大口子，1420～1750m，2015-Ⅵ-5，杨贵军采；1，宁夏贺兰山大水沟，1450m，2015-Ⅴ-25，2013 生教 1 采；2，宁夏贺兰山苏峪口，1430m，2016-Ⅵ-18，王杰等采。

分布：我国广布。欧洲、北亚、北非。

习性：捕食棉蚜、豆蚜、槐蚜、菜缢管蚜、桃蚜等各种蚜虫及桑木虱、螨类等。

（243）横斑瓢虫 *Coccinella transversoguttata* Faldermann, 1835

采集记录：2，内蒙古贺兰山镇木关，2068～2184m，2015-Ⅶ-22，杨贵军采。

分布：内蒙古、宁夏、四川、西藏、甘肃、青海、新疆。俄罗斯。中亚、欧洲、北美洲。

习性：捕食蚜虫。

（244）十一星瓢虫 *Coccinella undecimpunctata* Linnaeus, 1758

采集记录：2，内蒙古贺兰山镇木关，2068～2184m，2015-Ⅶ-22，杨贵军采。

分布：宁夏、内蒙古、河北、山西、安徽、山东、陕西、新疆。亚洲、欧洲、北非。

习性：捕食麦蚜、棉蚜等蚜虫。

119）长隆瓢虫属 *Coccinula* Dobrzhanskiy, 1925　贺兰山记录 2 种

（245）双七瓢虫 *Coccinula quatuordecimpustulata* (Linnaeus, 1758)

采集记录：1，宁夏贺兰山插旗口，1543～1659m，2014-Ⅷ-19，杨贵军采。

分布：宁夏、内蒙古、山西、陕西、甘肃、新疆、北京、河北、辽宁、吉林、黑龙江、浙江、江西、山东、河南、四川、青海。日本。欧洲。

习性：捕食麦蚜、菜蚜等蚜虫。

（246）中国双七瓢虫 *Coccinula sinensis* (Weise, 1889)

采集记录：1，内蒙古贺兰山镇木关，2068～2184m，2015-Ⅶ-22，杨贵军采。

分布：内蒙古、陕西、甘肃、新疆、山西、河北、北京、辽宁、吉林、黑龙江、江西、河南。

习性：捕食麦蚜、菜蚜等蚜虫。

120）盘耳瓢虫属 *Coelophora* Mulsant, 1850　贺兰山记录 1 种

（247）黄斑盘瓢虫 *Coelophora saucia* Mulsant, 1850

采集记录：1，宁夏贺兰山响水沟，1746～2612m，2014-Ⅶ-25，杨贵军采。

分布：宁夏、浙江、福建、山东、河南、湖南、广东、广西、四川、贵州。印度、菲律宾。

习性：捕食蚜虫、飞虱。

121）和瓢虫属 *Harmonia* Mulsant, 1846　贺兰山记录 1 种

（248）异色瓢虫 *Harmonia axyridis* (Pallas, 1773)

采集记录：12，宁夏贺兰山小口子，1530m，2008-Ⅵ-25，杨贵军采；1，宁夏贺兰山大口子，1292～1487m，2014-Ⅶ-6，杨贵军采；2，宁夏贺兰山榆树沟，1200～1450m，2014-Ⅶ-18，杨贵军采；1，宁夏贺兰山响水沟，1746～2612m，

2014-Ⅶ-25，杨贵军采；2，宁夏贺兰山拜寺口，1389～1627m，2014-Ⅶ-26，杨贵军采；3，宁夏贺兰山大水沟，1200～1550m，2014-Ⅷ-13，杨贵军采；13，宁夏贺兰山插旗口，1543～1659m，2014-Ⅷ-19，杨贵军采；1，宁夏贺兰山大水沟，1292～1659m，2014-Ⅷ-20，杨贵军采；1，宁夏贺兰山拜寺口，1420m，2015-Ⅶ-2，杨贵军采；3，宁夏贺兰山响水沟，2305m，2015-Ⅷ-3，杨贵军采；1，宁夏贺兰山椿树沟，1580m，2015-Ⅶ-5，杨贵军采；1，宁夏贺兰山拜寺口，1420m，2015-Ⅸ-8，杨贵军采；1，内蒙古贺兰山水磨沟，1970～2100m，2015-Ⅶ-27，杨贵军采；1，内蒙古贺兰山大殿沟，2125～2366m，2015-Ⅶ-28，杨贵军采。

分布：我国广布。朝鲜、蒙古国、日本、俄罗斯。

习性：捕食菜缢管蚜、豆蚜、棉蚜、高粱蚜、木虱、粉蚧、松干蚧、螨类等。

122）长足瓢虫属 *Hippodamia* Chevrolat, 1836　贺兰山记录 3 种

（249）北方异瓢虫 *Hippodamia arctica* (Schneider, 1792)
采集记录：1，宁夏贺兰山大水沟，1292～1659m，2014-Ⅷ-13，杨贵军采。
分布：宁夏、内蒙古、新疆。蒙古国、哈萨克斯坦。
习性：捕食多种蚜虫。

（250）十三星瓢虫 *Hippodamia tredecimpunctata* (Linnaeus, 1758)
采集记录：2，宁夏贺兰山大口子，1294～1561m，2014-Ⅶ-13，杨贵军采；1，宁夏贺兰山榆树沟，2014-Ⅶ-18，杨贵军采；2，宁夏贺兰山响水沟，1746～2612m，2014-Ⅶ-25，杨贵军采；1，宁夏贺兰山大水沟，1350m，2014-Ⅷ-13，杨贵军采。
分布：宁夏、甘肃、新疆、北京、河北、吉林、江苏、浙江、山东、河南。俄罗斯。欧洲、北美洲。
习性：捕食槐蚜、棉蚜、麦长管蚜、豆长管蚜等蚜虫。

（251）多异瓢虫 *Hippodamia variegata* (Goeze, 1777)
采集记录：1，宁夏贺兰山大口子，1294～1561m，2014-Ⅶ-13，杨贵军采；21，宁夏贺兰山榆树沟，1200～1450m，2014-Ⅶ-18，杨贵军采；46，宁夏贺兰山响水沟，1746～2612m，2014-Ⅶ-25，杨贵军采；1，宁夏贺兰山大水沟，1420m，2014-Ⅷ-13，杨贵军采；1，宁夏贺兰山大水沟，1292～1659m，2014-Ⅷ-20，杨贵军采；5，宁夏贺兰山归德沟，1160～1258m，2014-Ⅷ-20，杨贵军采；1，宁夏贺兰山苏峪口，2059m，2015-Ⅶ-17，杨贵军采；1，宁夏贺兰山响水沟，2502m，2015-Ⅷ-5，杨贵军采；1，宁夏贺兰山大水沟，1450m，2015-Ⅴ-25，2013 生教 1 采；6，宁夏贺兰山拜寺口，1420m，2016-Ⅴ-27，杨贵军采；8，宁夏贺兰山小口子，1420～1690m，2016-Ⅵ-6，杨益春采。
分布：我国广布。日本、印度、阿富汗。北亚、欧洲、非洲。
习性：捕食棉蚜、槐蚜、麦蚜、豆蚜等蚜虫。

123）中齿瓢虫属 *Myzia* Mulsant, 1846 贺兰山记录 1 种

（252）黑中齿瓢虫 *Myzia gebleri* (Croth, 1847)

采集记录：1，宁夏贺兰山小口子，1530m，2008-VI-25，杨贵军采；2，宁夏贺兰山响水沟，2305m，2015-VIII-3，杨贵军采；2，宁夏贺兰山响水沟，1900m，2015-VI-22，杨贵军采；1，内蒙古贺兰山大殿沟，2125～2366m，2015-VII-28，杨贵军采。

分布：宁夏、内蒙古、甘肃。日本、俄罗斯（西伯利亚）。

习性：捕食多种蚜虫。

124）小巧瓢虫属 *Oenopia* Mulsant, 1850 贺兰山记录 3 种

贺兰山小巧瓢虫属分种检索表

1 鞘翅红色，鞘翅每侧有 8 个黑色或红褐色斑，呈 2-2-1-2-1 排列 ························
··· 菱斑巧瓢虫 *Oenopia conglobata*
鞘翅黑色 ·· 2
2 鞘翅周缘黑色，每侧有 6 个斑，呈 3-3 内外两纵列 ········ 十二斑巧瓢虫 *Oenopia bissexnotata*
鞘翅周缘黄色，每侧有单列 3 个斑 ····················· 梯斑巧瓢虫 *Oenopia scalaris*

（253）十二斑巧瓢虫 *Oenopia bissexnotata* (Mulsant, 1850)

采集记录：1，宁夏贺兰山榆树沟，1436～1612m，2014-VII-18，杨贵军采；1，宁夏贺兰山响水沟，1746～2612m，2014-VII-25，杨贵军采；3，宁夏贺兰山拜寺口，1420m，2016-V-27，杨贵军采；1，内蒙古贺兰山马莲井，2168～2360m，2015-VII-27，杨贵军采。

分布：宁夏、内蒙古、陕西、甘肃、青海、河北、辽宁、吉林、黑龙江、山东、湖北、四川、贵州、云南、新疆。俄罗斯。

习性：捕食蚜虫、粉蚧、叶螨、木虱等。

（254）菱斑巧瓢虫 *Oenopia conglobata* (Linnaeus, 1758)

采集记录：2，宁夏贺兰山大口子，1420～1690m，2016-VI-7，杨益春采；2，宁夏贺兰山小口子，1420～1690m，2016-VI-6，杨贵军采。

分布：宁夏、内蒙古、山西、陕西、北京、河北、福建、山东、河南、西藏、新疆。蒙古国。

习性：捕食麦蚜、棉蚜、玉米蚜、苹果棉蚜、瘤蚜等蚜虫。

（255）梯斑巧瓢虫 *Oenopia scalaris* (Timberlake, 1943)

采集记录：2，宁夏贺兰山小口子，1420～1690m，2016-VI-6，杨益春采。

分布：宁夏、北京、河北、福建、河南、广东、台湾。日本、朝鲜、越南。

习性：捕食麦蚜、棉蚜等蚜虫。

125）龟纹瓢虫属 *Propylea* Mulsant, 1846　贺兰山记录 1 种

（256）龟纹瓢虫 *Propylea japonica* (Thunberg, 1781)

采集记录：1，宁夏贺兰山插旗口，1543～1659m，2014-Ⅷ-19，杨贵军采；1，宁夏贺兰山小口子，1420～1690m，2016-Ⅵ-6，杨益春采。

分布：我国广布。日本、朝鲜、印度、俄罗斯、意大利。

习性：捕食蚜虫、松干蚧、粉蚧、叶螨、木虱等。

126）显盾瓢虫属 *Hyperaspis* Chevrolat, 1836　贺兰山记录 2 种

贺兰山显盾瓢虫属分种检索表

每鞘翅 3 个横斑呈 1-1-1 排列，中间斑贴近鞘翅外缘……六斑显盾瓢虫 *Hyperaspis gyotokui*
每鞘翅 2 个红斑呈 1-1 排列，分布在鞘翅中间………………四斑显盾瓢虫 *Hyperaspis leechi*

（257）六斑显盾瓢虫 *Hyperaspis gyotokui* Kamiya, 1936

采集记录：3，宁夏贺兰山插旗口，1543～1659m，2014-Ⅷ-19，杨贵军采。

分布：宁夏、河北、陕西。日本。

习性：捕食蚜虫等。

（258）四斑显盾瓢虫 *Hyperaspis leechi* Miyatake, 1961

采集记录：2，宁夏贺兰山插旗口，1543～1659m，2014-Ⅷ-19，杨贵军采。

分布：宁夏、河北、山西、辽宁、吉林、黑龙江、浙江、江苏、湖北、四川。日本、韩国。

习性：捕食蚜虫等。

127）小毛瓢虫属 *Scymnus* Kugelann, 1794　贺兰山记录 1 种

（259）连斑小毛瓢虫 *Scymnus inderihensis* Mulsant, 1850（宁夏新记录，贺兰山新记录）

采集记录：2，宁夏贺兰山插旗口，1543～1659m，2014-Ⅷ-19，杨贵军采。

分布：宁夏、内蒙古、新疆、北京、河北、陕西、山东。蒙古国。中亚。

习性：为害植物叶片，亦捕食蚜虫等。

128）弯叶毛瓢虫属 *Nephus* Mulsant, 1846　贺兰山记录 1 种

（260）四斑弯叶毛瓢虫 *Nephus quadriumaculatus* (Herbst, 1783)（宁夏新记录，贺兰山新记录）

采集记录：1，宁夏贺兰山椿树沟，1580m，2015-Ⅶ-5，杨贵军采。

分布：宁夏、新疆、河北、山东。亚洲、欧洲。

习性：捕食蚜虫等。

129）食螨瓢虫属 *Stethorus* Weise, 1885 贺兰山记录 1 种

（261）深点食螨瓢虫 *Stethorus punctillum* (Weise, 1891)

采集记录：2，宁夏贺兰山插旗口，1543～1659m，2014-Ⅷ-19，杨贵军采。

分布：宁夏、甘肃、河北、辽宁、黑龙江、江苏、浙江、福建、江西、山东、河南、湖北、广西、四川、陕西。伊朗、以色列、日本、俄罗斯。欧洲、北亚、非洲。

习性：捕食蚜虫、螨等。

2.2.17.2 食植瓢虫亚科 Epilachninae Mulsant, 1846

130）裂臀瓢虫属 *Henosepilachna* Li & Cook, 1961 贺兰山记录 1 种

（262）二十八星瓢虫 *Henosepilachna vigintioctopunctata* (Fabricius, 1775)

采集记录：4，宁夏贺兰山拜寺口，1420m，2016-Ⅴ-27，杨贵军采；3，宁夏贺兰山贺兰口，1500m，2008-Ⅴ-2，杨贵军采。

分布：我国广布。韩国南部、日本、印度、尼泊尔、缅甸、泰国、越南、印度尼西亚、新几内亚岛、澳大利亚。

习性：取食茄科、豆科植物。

2.2.18　花蚤科 Mordellidae Latreille, 1802

2.2.18.1　花蚤亚科 Mordellinae Latreille, 1802

131）姬花蚤属 *Mordellistena* Costa, 1854 贺兰山记录 1 种

（263）大麻花蚤 *Mordellistena cannabisi* Matsumura, 1919

采集记录：1，宁夏贺兰山小口子，1530m，2008-Ⅵ-24，杨贵军采；1，宁夏贺兰山榆树沟，1450m，2014-Ⅶ-18，杨贵军采；6，宁夏贺兰山小口子，1420～1690m，2016-Ⅵ-6，杨益春采。

分布：宁夏、甘肃、安徽。日本、韩国。

习性：取食大麻、苍耳、金露梅等。

2.2.19　拟步甲科 Tenebrionidae Latreille, 1802

2.2.19.1　漠甲亚科 Pimeliinae Latreille, 1802

132）砚甲属 *Cyphogenia* Solier, 1837 贺兰山记录 1 种

（264）中华砚甲 *Cyphogenia chinensis* (Falderamnn, 1835)

采集记录：2，宁夏贺兰山榆树沟，1450m，2014-Ⅶ-18，杨贵军采；1，宁夏

贺兰山三关口，1670m，2010-Ⅶ-8，杨贵军采。

  分布：宁夏、内蒙古、陕西、甘肃、北京、辽宁、新疆。蒙古国、哈萨克斯坦。

  习性：栖息于石块下或植物根缘沙土内，取食多种植物的根。

133）龙甲属 *Leptodes* Dejean, 1834 贺兰山记录 1 种

（265）谢氏龙甲 *Leptodes szekessyi* Kaszab, 1962

  采集记录：1，宁夏贺兰山苏峪口，1850m，2008-Ⅵ-25，杨贵军采。

  分布：宁夏、内蒙古、山西、陕西。俄罗斯。北欧。

  习性：栖息于石块下或植物根缘沙土内，取食多种植物的根。

134）漠王属 *Platyope* Fischer von Waldheim, 1820 贺兰山记录 2 种

贺兰山漠王属分种检索表

翅面光滑无毛，外侧分布 3 条纵隆线·······················维氏漠王 *Platyope victori*

翅面的翅坡或翅面更大范围内生有毛带·······················蒙古漠王 *Platyope mongolica*

（266）蒙古漠王 *Platyope mongolica* Faldermann, 1835

  采集记录：3，内蒙古贺兰山马莲井，1850m，2015-Ⅴ-3，赵飞采。

  分布：宁夏、内蒙古、甘肃。

  习性：栖息于石块下或植物根缘沙土内，取食多种植物的根。

（267）维氏漠王 *Platyope victori* Schuster *et* Reymond, 1937

  采集记录：1，内蒙古贺兰山水磨沟，1850m，2015-Ⅴ-4，赵飞采。

  分布：宁夏、内蒙古、甘肃。

  习性：栖息于石块下或植物根缘沙土内，取食多种植物的根。

135）宽漠王属 *Mantichorula* Reitter, 1889 贺兰山记录 1 种

（268）宽漠王 *Mantichorula grandis* Semenow, 1893

  采集记录：3，宁夏贺兰山三关口，1670m，2010-Ⅶ-8，杨贵军采。

  分布：宁夏、内蒙古、甘肃。

  习性：栖息于石块下或植物根缘沙土内，取食多种植物的根。

136）宽漠甲属 *Sternoplax* Frivaldszky, 1889 贺兰山记录 1 种（亚种）

（269）多毛宽漠甲 *Sternoplax setosa setosa* (Bates, 1879)

  采集记录：2，宁夏贺兰山三关口，1670m，2010-Ⅶ-8，杨贵军采；1，内蒙古贺兰山水磨沟，1850m，2015-Ⅴ-4，杨贵军采。

  分布：宁夏、内蒙古、甘肃、新疆。塔吉克斯坦、乌兹别克斯坦。

  习性：幼虫在石块下、洞穴内及白刺等植物根缘沙土内发育。

137）角漠甲属 *Trigonocnera* Reitter, 1893 贺兰山记录 1 种（亚种）

（270）突角漠甲 *Trigonocnera pseudopimela pseudopimela* (Reitter, 1889)

采集记录：2，宁夏贺兰山三关口，1720m，2010-Ⅶ-8，杨贵军采。

分布：宁夏、内蒙古、甘肃。

习性：栖息于石块下或植物根缘沙土内，取食多种植物的根。

138）脊漠甲属 *Pterocoma* Dejean, 1834 贺兰山记录 2 种

贺兰山脊漠甲属分种检索表

鞘翅肩部边缘扩展程度很低；肩部区域与边脊明显连接········ 莱氏脊漠甲 *Pterocoma reitteri*

鞘翅肩部边缘强烈扩展；上述结构不连接·················· 泥脊漠甲 *Pterocoma vittata*

（271）莱氏脊漠甲 *Pterocoma reitteri* Frivaldszky, 1889

采集记录：2，内蒙古贺兰山南寺，1850m，2007-Ⅴ-4，杨贵军采。

分布：宁夏、内蒙古、甘肃。蒙古国。

习性：幼虫在石块下、洞穴内及白刺等植物根缘沙土内发育。

（272）泥脊漠甲 *Pterocoma vittata* Frivaldszky, 1889

采集记录：2，内蒙古贺兰山北寺，1750m，2008-Ⅴ-6，杨贵军采。

分布：宁夏、内蒙古、甘肃、青海。

习性：栖息于石块下或植物根缘沙土内，取食多种植物的根。

139）圆鳖甲属 *Scytosoma* Reitter, 1895 贺兰山记录 3 种

贺兰山圆鳖甲属分种检索表

1 鞘翅基部弯曲不强烈，较直··· 2

  鞘翅基部弯曲强烈，明显双弯状················· 小圆鳖甲 *Scytosoma pygmaeum*

2 唇基两侧较直；前胸背板后角圆形··········· 裂缘圆鳖甲 *Scytosoma dissilimarginis*

  唇基两侧弧形弯曲；前胸背板后角呈明显角状·········· 棕腹圆鳖甲 *Scytosoma rufiabdomina*

（273）裂缘圆鳖甲 *Scytosoma dissilimarginis* Ren & Ba, 2010

采集记录：1，宁夏贺兰山插旗口，1543～1659m，2014-Ⅷ-19，杨贵军采；2，宁夏贺兰山大水沟，1292～1659m，2014-Ⅷ-20，杨贵军采。

分布：宁夏、内蒙古。

习性：喜多砾石环境，栖息于石块下或植物根部沙土内。

（274）小圆鳖甲 *Scytosoma pygmaeum* (Gebler, 1832)

采集记录：3，宁夏贺兰山小口子，1530m，2008-Ⅵ-24，杨贵军采；17，宁夏贺兰山小口子，1530m，2008-Ⅵ-25，杨贵军采；22，宁夏贺兰山汝箕沟，2235～2364m，2008-Ⅶ-18，杨贵军采；5，宁夏贺兰山小口子，1546～1600m，2008-Ⅷ-4，

杨贵军采；34，宁夏贺兰山大口子，1350～1660m，2014-Ⅵ-6，杨贵军采；304，宁夏贺兰山大口子，1294～1561m，2014-Ⅶ-13，杨贵军采；2，宁夏贺兰山响水沟，1746～1965m，2014-Ⅶ-13，杨贵军采；2，宁夏贺兰山大口子，1460m，2014-Ⅶ-17，杨贵军采；21，宁夏贺兰山榆树沟，1200～1450m，2014-Ⅶ-18，杨贵军采；91，宁夏贺兰山插旗口，1612m，2014-Ⅶ-19，杨贵军采；357，宁夏贺兰山响水沟，1746～2612m，2014-Ⅶ-25，杨贵军采；23，宁夏贺兰山拜寺口，1389～1627m，2014-Ⅶ-26，杨贵军采；295，宁夏贺兰山插旗口，1543～1659m，2014-Ⅷ-19，杨贵军采；95，宁夏贺兰山大水沟，1292～1659m，2014-Ⅷ-20，杨贵军采；54，宁夏贺兰山归德沟，1160～1258m，2014-Ⅷ-20，杨贵军采；63，宁夏贺兰山道路沟，1278～1412m，2014-Ⅷ-21，杨贵军采；288，宁夏贺兰山响水沟，2125～2460m，2015-Ⅷ-5，杨贵军采；6，宁夏贺兰山黄头沟，1379m，2015-Ⅶ-3，杨贵军采，1，宁夏贺兰山青羊沟，1626m，2015-Ⅶ-15，杨贵军采；4，宁夏贺兰山大口子，1420～1750m，2015-Ⅵ-5，杨贵军采；8，宁夏贺兰山大水沟，1450m，2015-Ⅴ-25，2013生教1采；301，内蒙古贺兰山水磨沟，1890～2250m，2015-Ⅶ-27，杨贵军采；149，内蒙古贺兰山马莲井，2168～2360m，2015-Ⅶ-27，杨贵军采；23，内蒙古贺兰山大殿沟，2125～2366m，2015-Ⅶ-28，杨贵军采；13，内蒙古贺兰山镇木关，2150～2350m，2015-Ⅶ-28，杨贵军采；12，内蒙古贺兰山马莲井，2168～2360m，2015-Ⅶ-24，李哲光采；1，内蒙古贺兰山哈拉乌，2246m，2015-Ⅶ-22，杨贵军采；4，内蒙古贺兰山水磨沟，1898～2130m，2015-Ⅶ-23，杨贵军采。

分布：宁夏、内蒙古。蒙古国、俄罗斯（远东地区）。

习性：喜多砾石环境，栖息于石块下或植物根缘沙土内，取食多种植物的根。

（275）棕腹圆鳖甲 *Scytosoma rufiabdomina* Ren *et* Zheng, 1993

采集记录：2，宁夏贺兰山小口子，1530m，2008-Ⅵ-25，杨贵军采。

分布：宁夏、内蒙古。

习性：栖息于石块下或植物根缘沙土内，取食多种植物的根。

140）小鳖甲属 *Microdera* Eschscholtz, 1831 贺兰山记录3种（亚种）

贺兰山小鳖甲属分种检索表

1 前胸背板基部稍圆弧形，具粗厚的饰边 ··· 2
　前胸背板基部较直，具狭长的细饰边 ·················· 球胸小鳖甲 *Microdera globata*
2 前胸背板粗刻点稠密，前缘饰边中断或完整，侧区较陡地落下；鞘翅具稠密的粗刻点
　·· 克小鳖甲 *Microdera kraatzi kraatzi*
　前胸背板刻点细，前缘饰边中断，侧区不陡降；鞘翅刻点与前胸背板近似 ··············
　·· 阿小鳖甲 *Microdera kraatzi alashanica*

（276）球胸小鳖甲 *Microdera globata* (Faldermann, 1835)

采集记录：3，宁夏贺兰山插旗口，1543～1659m，2014-Ⅷ-19，杨贵军采；5，宁夏贺兰山大水沟，1292～1659m，2014-Ⅷ-20，杨贵军采。

分布：宁夏、内蒙古、山西、甘肃、青海。蒙古国。

习性：栖息于石块下或植物根缘沙土内，取食多种植物的根。

（277）阿小鳖甲 *Microdera kraatzi alashanica* Skopin, 1964

采集记录：1，宁夏贺兰山小口子，1530m，2008-Ⅵ-24，杨贵军采；5，宁夏贺兰山大口子，1230～1560m，2014-Ⅵ-6，杨贵军采；65，宁夏贺兰山大口子，1294～1561m，2014-Ⅶ-13，杨贵军采；8，宁夏贺兰山榆树沟，2014-Ⅶ-18，杨贵军采；8，宁夏贺兰山大水沟，1150～1560m，2014-Ⅷ-13，杨贵军采；492，宁夏贺兰山大水沟，1292～1659m，2014-Ⅷ-20，杨贵军采；181，宁夏贺兰山归德沟，1160～1258m，2014-Ⅷ-20，杨贵军采；63，宁夏贺兰山道路沟，1278～1412m，2014-Ⅷ-21，杨贵军采；8，宁夏贺兰山大水沟，1450m，2015-Ⅴ-25，2013生教1采。

分布：宁夏、内蒙古、甘肃。

习性：栖息于石块下或植物根缘沙土内，取食多种植物的根。

（278）克小鳖甲 *Microdera kraatzi kraatzi* (Reitter, 1889)

采集记录：1，宁夏贺兰山插旗口，1543～1659m，2014-Ⅷ-19，杨贵军采；78，宁夏贺兰山大水沟，1292～1659m，2014-Ⅷ-20，杨贵军采。

分布：宁夏、内蒙古、甘肃。蒙古国。

习性：栖息于石块下或植物根缘沙土内，取食多种植物的根。

141）东鳖甲属 *Anatolica* Reitter, 1893　贺兰山记录 12 种（亚种）

贺兰山东鳖甲属分种检索表

1 鞘翅基部饰边与小盾片相连接 ··· 2
　鞘翅基部饰边不达到小盾片或完全缺失 ······························ 5
2 前胸背板具简单的细小刻点；前胸侧板具粗刻点；雄性后足胫节直，不弯曲
　·· 磨光东鳖甲 *Anatolica polita polita*
　前胸背板具稠密的略长刻点；雄性后足胫节稍弧形弯曲 ··················· 3
3 鞘翅具 3 条扁平纵脊；头、前胸背板密布长卵形粗刻点；前足胫节向内弧形弯曲
　·· 弯胫东鳖甲 *Anatolica pandaroides*
　鞘翅不具扁平纵脊 ·· 4
4 头部具稀刻点；前胸背板具直径与其间距相等的长椭圆形粗刻点 ··········
　·· 平坦东鳖甲 *Anatolica planata*
　头部密布刻点；前胸背板密布长椭圆形刻点，近呈纵向合并 ······ 瘦东鳖甲 *Anatolica strigosa*
5 鞘翅沿翅缝纵向略凹陷，翅面具稀疏小颗粒或磨损小刻点；后足胫节大端距明显长于第 1
　跗节 ·· 波氏东鳖甲 *Anatolica potanini*

鞘翅不沿翅缝纵向略凹陷，若扁凹，则翅背具刻点或翅基部不具饰边；后足胫节大端距不长于第 1 跗节 ·· 6

6 腹部末腹节两侧在中部有缺刻；鞘翅翅尾稍开裂，末端向下具齿状突 ···································

·· 尖尾东鳖甲 *Anatolica mucronata*

腹部末腹节两侧在中部无缺刻；鞘翅翅尾末端向下无齿状突 ·· 7

7 鞘翅基部具中断的饰边 ··· 8

鞘翅基部不具饰边 ··· 11

8 前颊向前弧形收窄，后颊向前收窄或近于平行 ··· 9

前颊向前外扩，后颊前宽后窄 ·· 10

9 体较宽；唇基两侧稍弧形；前胸背板盘区稍隆起，后角钝角形；鞘翅具稠密的卵形刻点；

前胸侧板具稠密皱纹 ··· 宽突东鳖甲 *Anatolica sternalis*

体较长；唇基两侧直形；前胸背板盘区较平，后角圆直角形；鞘翅较光滑，小刻点稀疏；

前胸侧板具颗粒状短皱纹 ··· 纳氏东鳖甲 *Anatolica nureti*

10 鞘翅两侧具长的纵压痕；前胸侧板只具乱皱纹 ·················· 宽腹东鳖甲 *Anatolica gravidula*

鞘翅两侧不具纵压痕；前胸侧板具皱纹和刻点 ························· 小东鳖甲 *Anatolica minima*

11 前颊两侧于眼前平行；胫节直形、不弯曲 ························· 小丽东鳖甲 *Anatolica amoenula*

前颊两侧于眼前向外扩展；前足胫节中间内侧稍弧形内凹 ······ 平原东鳖甲 *Anatolica ebenina*

（279）小丽东鳖甲 *Anatolica amoenula* Reitter, 1889

采集记录：1，宁夏贺兰山大口子，1294～1561m，2014-VII-13，杨贵军采；15，宁夏贺兰山归德沟，1160～1258m，2014-VIII-20，杨贵军采。

分布：宁夏、内蒙古、甘肃。蒙古国。

习性：栖息于石块下或植物根缘沙土内，取食多种植物的根。

（280）平原东鳖甲 *Anatolica ebenina* Fairmair, 1886

采集记录：148，宁夏贺兰山归德沟，1160～1258m，2014-VIII-20，杨贵军采；1，宁夏贺兰山道路沟，1278～1412m，2014-VIII-21，杨贵军采。

分布：宁夏、北京。

习性：见于石块下或植物根缘沙土内，幼虫取食多种植物的根。

（281）宽腹东鳖甲 *Anatolica gravidula* Frivaldszky, 1889

采集记录：3，宁夏贺兰山归德沟，1160～1258m，2014-VIII-20，杨贵军采。

分布：宁夏、内蒙古、甘肃、新疆。

习性：栖息于石块下或植物根缘沙土内，取食多种植物的根。

（282）小东鳖甲 *Anatolica minima* Bogdnov-Katjkov, 1915

采集记录：9，宁夏贺兰山大口子，1294～1561m，2014-VII-13，杨贵军采；1，宁夏贺兰山榆树沟，2014-VII-18，杨贵军采；1，宁夏贺兰山大口子，1420～1750m，2015-VI-5，杨贵军采。

分布：宁夏、内蒙古、甘肃。

习性：见于石块下或植物根缘沙土内，取食多种植物的根。

（283）尖尾东鳖甲 *Anatolica mucronata* Reitter, 1889

采集记录：2，宁夏贺兰山三关口，1850m，2008-Ⅴ-8，杨贵军采。

分布：宁夏、内蒙古、陕西、甘肃。蒙古国。

习性：栖息于石块下或植物根缘沙土内，取食多种植物的根。

（284）纳氏东鳖甲 *Anatolica nureti* Schuster *et* Reymond, 1937

采集记录：3，宁夏贺兰山归德沟，1160～1258m，2014-Ⅷ-20，杨贵军采；2，内蒙古贺兰山大殿沟，2000m，2015-Ⅶ-25，杨贵军采。

分布：宁夏、内蒙古、陕西、甘肃。蒙古国。

习性：栖息于石块下或植物根缘沙土内，取食多种植物的根。

（285）弯胫东鳖甲 *Anatolica pandaroides* Reitter, 1889

采集记录：2，宁夏贺兰山小口子，1530m，2008-Ⅵ-24，杨贵军采；3，宁夏贺兰山小口子，1530m，2008-Ⅵ-25，杨贵军采；5，宁夏贺兰山汝箕沟，2235～2364m，2008-Ⅶ-18，杨贵军采；3，宁夏贺兰山小口子，1546～1600m，2008-Ⅷ-4，杨贵军采；33，宁夏贺兰山大口子，1350～1650m，2014-Ⅵ-6，杨贵军采；34，宁夏贺兰山大口子，1294～1561m，2014-Ⅶ-13，杨贵军采；9，宁夏贺兰山榆树沟，1250～1450m，2014-Ⅶ-18，杨贵军采；2，宁夏贺兰山插旗口，1612m，2014-Ⅶ-19，杨贵军采；3，宁夏贺兰山响水沟，1746～2612m，2014-Ⅶ-25，杨贵军采；55，宁夏贺兰山插旗口，1543～1659m，2014-Ⅷ-19，杨贵军采；33，宁夏贺兰山大水沟，1292～1659m，2014-Ⅷ-20，杨贵军采；1，宁夏贺兰山归德沟，1160～1258m，2014-Ⅷ-20，杨贵军采；11，宁夏贺兰山道路沟，1278～1412m，2014-Ⅷ-21，杨贵军采；8，宁夏贺兰山大口子，1420～1750m，2015-Ⅵ-5，杨贵军采；2，宁夏贺兰山大水沟，1450m，2015-Ⅴ-25，2013 生教 1 采；19，内蒙古贺兰山水磨沟，1920～2350m，2015-Ⅶ-27，杨贵军采；3，内蒙古贺兰山马莲井，2168～2360m，2015-Ⅶ-27，杨贵军采；4，内蒙古贺兰山大殿沟，2125～2366m，2015-Ⅶ-28，杨贵军采；1，内蒙古贺兰山镇木关，2068～2184m，2015-Ⅶ-22，杨贵军采；1，内蒙古贺兰山大殿沟，2125～2366m，2015-Ⅶ-25，杨贵军采。

分布：宁夏、内蒙古、甘肃。

习性：栖息于石块下或植物根缘沙土内，取食多种植物的根。

（286）平坦东鳖甲 *Anatolica planata* Frivaldszky, 1889

采集记录：2，宁夏贺兰山小口子，1530m，2008-Ⅵ-24，杨贵军采；5，宁夏贺兰山小口子，1530m，2008-Ⅵ-25，杨贵军采；1，宁夏贺兰山小口子，1360m，2008-Ⅶ-6，杨贵军采；2，宁夏贺兰山汝箕沟，2235～2364m，2008-Ⅶ-18，杨贵军采；3，宁夏贺兰山小口子，1546～1600m，2008-Ⅷ-4，杨贵军采；1，宁夏贺兰山苏峪口，1730m，2009-Ⅵ-30，杨贵军采；15，宁夏贺兰山大口子，1340～1665m，2014-Ⅵ-6，杨贵军采；34，宁夏贺兰山大口子，1294～1561m，2014-Ⅶ-13，杨贵军采；1，宁夏贺兰山响水沟，1746～1965m，2014-Ⅶ-13，杨贵军采；1，宁夏贺兰山插旗口，1612m，2014-Ⅶ-19，杨贵军采；3，宁夏贺兰山拜寺口，1389～1627m，2014-Ⅶ-26，杨贵军采；20，宁夏贺兰山插旗口，1543～1659m，2014-Ⅷ-19，杨贵军采；4，宁夏贺兰山大水沟，1292～1659m，2014-Ⅷ-20，杨贵军采；1，宁夏贺兰山归德沟，1160～1258m，2014-Ⅷ-20，杨贵军采；4，宁夏贺兰山道路沟，1278～1412m，2014-Ⅷ-21，杨贵军采；1，宁夏贺兰山拜寺口，1420m，2015-Ⅶ-2，杨贵军采；3，宁夏贺兰山大口子，1420～1750m，2015-Ⅵ-5，杨贵军采；10，宁夏贺兰山大水沟，1450m，2015-Ⅴ-25，2013生教1采；8，内蒙古贺兰山水磨沟，1980～2340m，2015-Ⅶ-27，杨贵军采；13，内蒙古贺兰山马莲井，2168～2360m，2015-Ⅶ-27，杨贵军采；4，内蒙古贺兰山大殿沟，2125～2366m，2015-Ⅶ-28，杨贵军采；2，内蒙古贺兰山马莲井，2168～2360m，2015-Ⅶ-24，李哲光采。

分布：宁夏、内蒙古、甘肃。

习性：栖息于石块下或植物根缘沙土内，取食多种植物的根。

（287）磨光东鳖甲 *Anatolica polita polita* Frivaldszky, 1889

采集记录：1，宁夏贺兰山插旗口，1543～1659m，2014-Ⅷ-19，杨贵军采。

分布：宁夏、甘肃、内蒙古。

习性：栖息于石块下或植物根缘沙土内，取食多种植物的根。

（288）波氏东鳖甲 *Anatolica potanini* Reitter, 1889

采集记录：1，宁夏贺兰山归德沟，1160～1258m，2014-Ⅷ-20，杨贵军采。

分布：宁夏、内蒙古、陕西、甘肃、四川、新疆。蒙古国。

习性：栖息于石块下或植物根缘沙土内，取食多种植物的根。

（289）宽突东鳖甲 *Anatolica sternalis* Reitter, 1889

采集记录：1，宁夏贺兰山归德沟，1160～1258m，2014-Ⅷ-20，杨贵军采。

分布：宁夏、内蒙古、甘肃、新疆。

习性：栖息于石块下或植物根缘沙土内，取食多种植物的根。

（290）瘦东鳖甲 *Anatolica strigosa* (Germar, 1824)

采集记录：1，宁夏贺兰山归德沟，1160～1258m，2014-Ⅷ-20，杨贵军采。

分布：宁夏、青海。

习性：栖息于石块下或植物根缘沙土内，取食多种植物的根。

2.2.19.2 拟步甲亚科 Tenebrioninae Latreille, 1802

142）琵甲属 *Blaps* Fabricius, 1775 贺兰山记录11种

贺兰山琵甲属分种检索表

1 背面观鞘翅侧缘饰边全长可见 ……………………………………………………………… 2

背面观鞘翅侧缘饰边仅部分可见 ……………………………………………………………… 5

（291）拟步行琵甲 *Blaps caraboides* (Allard, 1882)

采集记录：9，宁夏贺兰山苏峪口，1952~2340m，2008-VI-17，杨贵军采；5，宁夏贺兰山苏峪口，1952~2340m，2008-VI-30，杨贵军采；14，宁夏贺兰山汝箕沟，2235~2364m，2008-VII-18，杨贵军采；11，宁夏贺兰山苏峪口，1952~2280m，2008-VII-29，杨贵军采；28，宁夏贺兰山苏峪口，1970~2450m，2009-VI-30，杨贵军采；1，宁夏贺兰山苏峪口，1952~2280m，2009-VIII-14，杨贵军采；94，宁夏贺兰山响水沟，1746~2612m，2014-VII-25，杨贵军采；1，宁夏贺兰山拜寺口，1389~1627m，2014-VII-26，杨贵军采；15，宁夏贺兰山苏峪口，1952~2280m，2008-VII-29，杨贵军采；29，宁夏贺兰山苏峪口，1952~2280m，2009-VIII-14，杨贵军采；1，宁夏贺兰山插旗口，1543~1659m，2014-VIII-19，杨贵军采；8，宁夏贺兰山响水沟，1952~2340m，2015-VIII-5，杨贵军采；1，宁夏贺兰山苏峪口，2038m，2015-VII-11，杨贵军采；1，内蒙古贺兰山哈拉乌，1952~2740m，2015-VII-22，杨贵军采；7，内蒙古贺兰山水磨沟，1952~2340m，2015-VII-27，杨贵军采；27，内蒙古贺兰山马莲井，2168~2360m，2015-VII-27，杨贵军采；3，内蒙古贺兰山大殿沟，2125~2366m，2015-VII-28，杨贵军采；3，内蒙古贺兰山镇木关，2100~2360m，2015-VII-28，杨贵军采。

分布：宁夏、内蒙古、陕西、甘肃、青海。阿富汗、哈萨克斯坦、塔吉克斯坦。

习性：栖息于较高海拔湿润石块下或植物根缘沙土内，取食多种植物的根或枯落物。

（292）达氏琵甲 *Blaps davidea* Deyrolle, 1878

采集记录：3，宁夏贺兰山大水沟，1292～1659m，2014-Ⅷ-20，杨贵军采；3，内蒙古贺兰山水磨沟，1952～2340m，2015-Ⅶ-27，杨贵军采；1，内蒙古贺兰山镇木关，2052～2340m，2015-Ⅶ-28，杨贵军采。

分布：宁夏、内蒙古、陕西。

习性：幼虫在石块下、洞穴内及多种植物根缘沙土内发育，成虫取食植物的根或枯落物。

（293）弯齿琵甲 *Blaps femoralis* Fischer von Waldheim, 1844

采集记录：5，宁夏贺兰山大口子，1452～1640m，2014-Ⅵ-6，杨贵军采；9，宁夏贺兰山大口子，1294～1561m，2014-Ⅶ-13，杨贵军采；1，宁夏贺兰山榆树沟，1452～1640m，2014-Ⅶ-18，杨贵军采；23，宁夏贺兰山归德沟，1160～1258m，2014-Ⅷ-20，杨贵军采；32，宁夏贺兰山道路沟，1278～1412m，2014-Ⅷ-21，杨贵军采；2，宁夏贺兰山大口子，1420～1750m，2015-Ⅵ-5，杨贵军采；9，内蒙古贺兰山水磨沟，1952～2340m，2015-Ⅶ-27，杨贵军采；1，内蒙古贺兰山哈拉乌，2246m，2015-Ⅶ-22，杨贵军采。

分布：宁夏、内蒙古、陕西、甘肃、河北、山西。蒙古国。

习性：幼虫在石块下或植物根缘沙土内发育，成虫取食多种植物的根或枯落物。

（294）钝齿琵甲 *Blaps medusula* Skopin, 1964

采集记录：1，宁夏贺兰山大水沟，1450m，2015-Ⅴ-25，2013 生教 1 采。

分布：宁夏、内蒙古。蒙古国。

习性：幼虫在石块下、洞穴内及多种植物根缘沙土内发育，成虫取食植物的根或枯落物。

（295）戈壁琵甲 *Blaps gobiensis* Frivaldszky, 1889

采集记录：1，宁夏贺兰山小口子，1530m，2008-Ⅵ-24，杨贵军采；1，宁夏贺兰山插旗口，1612m，2014-Ⅶ-19，杨贵军采；2，宁夏贺兰山归德沟，1160～1258m，2014-Ⅷ-20，杨贵军采；3，宁夏贺兰山道路沟，1278～1412m，2014-Ⅷ-21，杨贵军采。

分布：宁夏、陕西、甘肃、青海、内蒙古。蒙古国。

习性：幼虫在石块下或植物根缘沙土内发育，成虫取食多种植物的根或腐食性。

（296）异距琵甲 *Blaps kiritshenkoi* Semenow *et* Bogatschev, 1936

采集记录：1，宁夏贺兰山苏峪口，1952～2340m，2008-Ⅵ-17，杨贵军采；1，宁夏贺兰山小口子，1530m，2008-Ⅵ-24，杨贵军采；2，宁夏贺兰山小口子，1530m，2008-Ⅵ-25，杨贵军采；3，宁夏贺兰山苏峪口，1770～2450m，2008-Ⅵ-30，杨贵军采；7，宁夏贺兰山苏峪口，2009-Ⅵ-30，杨贵军采；70，宁夏贺兰山汝箕沟，2235～2364m，2008-Ⅶ-18，杨贵军采；8，宁夏贺兰山苏峪口，1952～2280m，2008-Ⅶ-29，杨贵军采；4，宁夏贺兰山小口子，1546～1600m，2008-Ⅷ-4，杨贵军采；1，宁夏贺兰山大口子，1294～1561m，2014-Ⅶ-13，杨贵军采；19，宁夏贺兰山响水沟，1746～2612m，2014-Ⅶ-25，杨贵军采；2，宁夏贺兰山插旗口，1543～1659m，2014-Ⅷ-19，杨贵军采；3，宁夏贺兰山响水沟，1850～2460m，2015-Ⅷ-5，杨贵军采；1，宁夏贺兰山响水沟，2400m，2015-Ⅵ-22，王杰采；2，内蒙古贺兰山哈拉乌，1950～2640m，2015-Ⅶ-22，杨贵军采；2，内蒙古贺兰山水磨沟，1950～2340m，2015-Ⅶ-27，杨贵军采；19，内蒙古贺兰山马莲井，2168～2360m，2015-Ⅶ-27，杨贵军采；9，内蒙古贺兰山大殿沟，2125～2366m，2015-Ⅶ-28，杨贵军采；4，内蒙古贺兰山镇木关，2150～2360m，2015-Ⅶ-28，杨贵军采。

分布：宁夏、内蒙古、甘肃。

习性：幼虫在石块下、洞穴内及多种植物根缘沙土内发育，成虫取食植物的根或枯落物。

（297）边粒琵甲 *Blaps miliaria* Gebler, 1825

采集记录：2，宁夏贺兰山小口子，1530m，2008-Ⅵ-25，杨贵军采；1，宁夏贺兰山苏峪口，1950～2340m，2008-Ⅵ-30，杨贵军采；1，宁夏贺兰山小口子，1400～1630m，2008-Ⅶ-6，杨贵军采；3，宁夏贺兰山小口子，1546～1600m，2008-Ⅷ-4，杨贵军采；2，宁夏贺兰山小口子，1546～1604m，2008-Ⅷ-6，杨贵军采；2，宁夏贺兰山大口子，1250～1540m，2014-Ⅵ-6，杨贵军采；2，宁夏贺兰山大口子，1294～1561m，2014-Ⅶ-13，杨贵军采；1，宁夏贺兰山大水沟，1292～1659m，2014-Ⅷ-20，杨贵军采；2，宁夏贺兰山道路沟，1278～1412m，2014-Ⅷ-21，杨贵军采；1，内蒙古贺兰山哈拉乌，2246m，2015-Ⅶ-22，杨贵军采。

分布：宁夏、内蒙古。蒙古国。

习性：幼虫在石块下、洞穴内及多种植物根缘沙土内发育，成虫取食植物的根或枯落物。

（298）磨光琵甲 *Blaps opaca* (Reitter, 1889)

采集记录：2，宁夏贺兰山大口子，1400～1730m，2014-Ⅵ-6，杨贵军采；6，宁夏贺兰山响水沟，1746～2612m，2014-Ⅶ-25，杨贵军采；6，宁夏贺兰山插旗口，1543～1659m，2014-Ⅷ-19，杨贵军采。

分布：宁夏、甘肃、新疆。

习性：幼虫在石块下、洞穴内及多种植物根缘沙土内发育，成虫取食植物的根或枯落物。

（299）条纹琵甲 *Blaps potanini* Reitter, 1889

采集记录：1，宁夏贺兰山大口子，1500m，2014-Ⅵ-6，杨贵军采。

分布：宁夏、内蒙古、西藏、甘肃、青海。

习性：幼虫在石块下、洞穴内及多种植物根缘沙土内发育，成虫取食植物的根或枯落物。

（300）扁长琵甲 *Blaps variolaris* Allard, 1880

采集记录：1，宁夏贺兰山苏峪口，1952～2340m，2008-Ⅵ-17，杨贵军采；11，宁夏贺兰山小口子，1546～1600m，2008-Ⅷ-4，杨贵军采；2，宁夏贺兰山大口子，1294～1561m，2014-Ⅶ-13，杨贵军采；3，宁夏贺兰山插旗口，1612m，2014-Ⅶ-19，杨贵军采；1，宁夏贺兰山拜寺口，1389～1627m，2014-Ⅶ-26，杨贵军采；12，宁夏贺兰山插旗口，1543～1659m，2014-Ⅷ-19，杨贵军采；2，宁夏贺兰山大水沟，1292～1659m，2014-Ⅷ-20，杨贵军采；1，宁夏贺兰山归德沟，1160～1258m，2014-Ⅷ-20，杨贵军采；3，宁夏贺兰山道路沟，1278～1412m，2014-Ⅷ-21，杨贵军采。

分布：宁夏、山西、甘肃、新疆。

习性：幼虫在石块下、洞穴内及多种植物根缘沙土内发育，成虫取食植物的根或枯落物。

（301）异形琵甲 *Blaps variolosa* (Faldermann, 1835)

采集记录：1，宁夏贺兰山响水沟，1746～2612m，2014-Ⅶ-25，杨贵军采；3，宁夏贺兰山插旗口，1543～1659m，2014-Ⅷ-19，杨贵军采；8，宁夏贺兰山大水沟，1292～1659m，2014-Ⅷ-20，杨贵军采；1，宁夏贺兰山道路沟，1278～1412m，2014-Ⅷ-21，杨贵军采；1，内蒙古贺兰山马莲井，2168～2360m，2015-Ⅶ-27，杨贵军采；3，内蒙古贺兰山大殿沟，2125～2366m，2015-Ⅶ-28，杨贵军采。

分布：宁夏、甘肃、内蒙古。

习性：幼虫在石块下、洞穴内及多种植物根缘沙土内发育，成虫取食植物的根或枯落物。

143）齿琵甲属 *Itagonia* Reitter, 1887 贺兰山记录 1 种

（302）原齿琵甲 *Itagonia provostii* (Fairmaire, 1888)

采集记录：1，宁夏贺兰山大水沟，1450m，2015-Ⅴ-25，2013 生教 1 采。

分布：宁夏、北京、河北、山西、内蒙古。

习性：幼虫在石块下、洞穴内及多种植物根缘沙土内发育。

144）真土甲属 *Eumylada* Reitter, 1904 贺兰山记录 1 种

（303）奥氏真土甲 *Eumylada oberbergeri* (Schuster, 1933)

采集记录：3，宁夏贺兰山响水沟，1746～2612m，2014-Ⅶ-25，杨贵军采；5，宁夏贺兰山插旗口，1543～1659m，2014-Ⅷ-19，杨贵军采；3，宁夏贺兰山大水沟，1292～1659m，2014-Ⅷ-20，杨贵军采；1，宁夏贺兰山道路沟，1278～1412m，2014-Ⅷ-21，杨贵军采；2，内蒙古贺兰山马莲井，2168～2360m，2015-Ⅶ-27，

杨贵军采。

分布：宁夏、内蒙古、甘肃。

习性：幼虫在石块下、洞穴内及多种植物根缘沙土内发育，成虫取食植物的根或枯落物。

145）土甲属 *Gonocephalum* Solier, 1834　贺兰山记录 1 种

（304）网目土甲 *Gonocephalum reticulatum* Motschulsky, 1854

采集记录：1，宁夏贺兰山大水沟，1450m，2015-Ⅴ-25，杨贵军采；2，宁夏贺兰山插旗口，1543~1659m，2014-Ⅷ-19，杨贵军采；1，宁夏贺兰山小口子，1530m，2008-Ⅵ-24，杨贵军采。

分布：宁夏、内蒙古、甘肃、青海、北京、河北、山西、吉林、黑龙江、江苏、山东、河南、陕西、台湾。蒙古国、俄罗斯（东西伯利亚）、朝鲜。

习性：幼虫在石块下、洞穴内及多种植物根缘沙土内发育。

146）漠土甲属 *Melanesthes* Dejean, 1834　贺兰山记录 3 种

贺兰山漠土甲属分种检索表

1 头和前胸背板刻点汇合为皱纹状；前胸背板基部无饰边；鞘翅侧缘无纤毛，肩角直角………………………………………………………………………… 多皱漠土甲 *Melanesthes rugipennis*

　头和前胸背板具简单的刻点或颗粒，不汇合为皱纹状 ……………………………… 2

2 前胸背板基沟中间宽断，偶为线状或光滑压迹 ………… 纤毛漠土甲 *Melanesthes ciliata*

　前胸背板基沟深，两侧具深坑，坑后细沟达到后角顶端，后角具隆起的脊 ……………………………………………………………………… 蒙古漠土甲 *Melanesthes mongolica*

（305）纤毛漠土甲 *Melanesthes ciliata* Reitter, 1889

采集记录：3，宁夏贺兰山大武口沟，1350m，2007-Ⅳ-16，杨贵军采。

分布：宁夏、内蒙古、新疆。蒙古国。

习性：幼虫在石块下、洞穴内及多种植物根缘沙土内发育。

（306）蒙古漠土甲 *Melanesthes mongolica* Csiki, 1901

采集记录：1，宁夏贺兰山王泉沟，1380~1500m，2008-Ⅶ-22，杨贵军采。

分布：宁夏、内蒙古。蒙古国。

习性：幼虫在石块下、洞穴内及多种植物根缘沙土内发育。

（307）多皱漠土甲 *Melanesthes rugipennis* Reitter, 1889

采集记录：1，宁夏贺兰山苏峪口，1550m，2008-Ⅴ-10，杨贵军采。

分布：宁夏、内蒙古。

习性：幼虫在石块下、洞穴内及多种植物根缘沙土内发育，成虫取食植物的根或枯落物。

147）方土甲属 *Myladina* Reitter, 1889　贺兰山记录 1 种

（308）长爪方土甲　*Myladina unguiculina* Reitter, 1889

采集记录：1，宁夏贺兰山汝箕沟，1350m，2008-Ⅶ-18，杨贵军采；2，内蒙古贺兰山哈拉乌，1830m，2015-Ⅶ-22，王杰采。

分布：宁夏、内蒙古、陕西。

习性：幼虫在石块下、洞穴内及多种植物根缘沙土内发育，成虫取食植物的根或枯落物。

148）沙土甲属 *Opatyum* Fabricius, 1775　贺兰山记录 2 种

贺兰山沙土甲属分种检索表

前足胫节端外角宽齿状；前胸背板基部弧形，自两侧到中央有饰边，侧缘圆形 ……………………………………………………………… 沙土甲 *Opatyum sabulosum*

前足胫节端外角窄且尖；前胸背板基部自两侧到中央无饰边痕迹，侧缘略圆 ……………………………………………………………… 类沙土甲 *Opatyum subaratum*

（309）类沙土甲　*Opatyum subaratum* Reitter, 1835

采集记录：1，宁夏贺兰山小口子，1530m，2008-Ⅵ-24，杨贵军采；1，宁夏贺兰山小口子，1530m，2008-Ⅵ-25，杨贵军采；2，宁夏贺兰山小口子，1546～1600m，2008-Ⅷ-4，杨贵军采；9，宁夏贺兰山拜寺口，1389～1627m，2014-Ⅶ-26，杨贵军采；12，宁夏贺兰山插旗口，1543～1659m，2014-Ⅷ-19，杨贵军采；2，宁夏贺兰山大水沟，1292～1659m，2014-Ⅷ-20，杨贵军采；1，宁夏贺兰山大水沟，1450m，2015-Ⅴ-25，2013 生教 1 采。

分布：我国西北、华北、东北、华东。蒙古国、哈萨克斯坦、俄罗斯。

习性：幼虫在石块下、洞穴内及多种植物根缘沙土内发育，成虫取食植物的根或枯落物。

（310）沙土甲　*Opatyum sabulosum* (Linnaeus, 1761)

采集记录：1，宁夏贺兰山大水沟，1450m，2015-Ⅴ-25，2013 生教 1 采；2，内蒙古贺兰山南寺，1750m，2015-Ⅴ-26，2013 生教 1 采。

分布：宁夏、内蒙古、甘肃、新疆。蒙古国、俄罗斯。

习性：幼虫在石块下、洞穴内及多种植物根缘沙土内发育，成虫取食植物的根或枯落物。

149）笨土甲属 *Penthicus* Faldermann, 1836　贺兰山记录 4 种

贺兰山笨土甲属分种检索表

1　前足胫节端部扩展明显，端部宽与基 3～4 节跗节长之和相等 ……………………………………………………………… 钝突笨土甲 *Penthicus nojonicus*

前足胫节向端部渐扩展，端部宽不大于基 3 节跗节长之和 ………………………… 2

2 前胸背板基部近于直，仅后角内侧前凹；侧缘中部之后最宽，向前收窄较向后明显 …………
………………………………………………………… 吉氏笨土甲 *Penthicus kiritshenkoi*

前胸背板基部整体呈明显的 2 弯 ……………………………………………………… 3

3 前胸背板基部两侧具饰边；前胸背板盘区深圆刻点稠密，刻点间距较其自身小 ……………
………………………………………………………… 阿笨土甲 *Penthicus alashanicus*

前胸背板基部两侧无饰边，对着鞘翅第 3 和第 4 刻点行间处有凹陷 ……………………
………………………………………………………… 厉笨土甲 *Penthicus laelaps*

（311）阿笨土甲 *Penthicus alashanicus* (Reichardt, 1936)

采集记录：4，宁夏贺兰山苏峪口，1730～2100m，2009-VI-30，杨贵军采；1，宁夏贺兰山大口子，1294～1561m，2014-VII-13，杨贵军采；8，宁夏贺兰山榆树沟，2014-VII-18，杨贵军采；30，宁夏贺兰山响水沟，1746～2612m，2014-VII-25，杨贵军采；1，宁夏贺兰山拜寺口，1389～1627m，2014-VII-26，杨贵军采；1，宁夏贺兰山插旗口，1543～1659m，2014-VIII-19，杨贵军采；5，宁夏贺兰山大水沟，1292～1659m，2014-VIII-20，杨贵军采；35，宁夏贺兰山归德沟，1160～1258m，2014-VIII-20，杨贵军采；4，宁夏贺兰山道路沟，1278～1412m，2014-VIII-21，杨贵军采；6，宁夏贺兰山黄头沟，1379m，2015-VII-3，杨贵军采；1，宁夏贺兰山大口子，1420～1750m，2015-VI-5，杨贵军采；1，内蒙古贺兰山水磨沟，1950～2340m，2015-VII-27，杨贵军采；1，内蒙古贺兰山马莲井，2168～2360m，2015-VII-27，杨贵军采。

分布：宁夏、内蒙古。

习性：幼虫在石块下、洞穴内及多种植物根缘沙土内发育，成虫取食植物的根或枯落物。

（312）吉氏笨土甲 *Penthicus kiritshenkoi* Reitter, 1887（贺兰山新记录）

采集记录：1，宁夏贺兰山榆树沟，1450～1540m，2014-VII-18，杨贵军采；2，宁夏贺兰山归德沟，1160～1258m，2014-VIII-20，杨贵军采。

分布：宁夏、内蒙古。蒙古国。

习性：幼虫在石块下、洞穴内及多种植物根缘沙土内发育。

（313）厉笨土甲 *Penthicus laelaps* (Reichardt, 1936)

采集记录：2，宁夏贺兰山归德沟，1160～1258m，2014-VIII-20，杨贵军采。

分布：宁夏、内蒙古。蒙古国。

习性：幼虫在石块下、洞穴内及多种植物根缘沙土内发育，成虫取食植物的根或枯落物。

（314）钝突笨土甲 *Penthicus nojonicus* (Kaszab, 1968)

采集记录：1，宁夏贺兰山榆树沟，1430m，2014-VII-18，杨贵军采。

分布：宁夏、甘肃、内蒙古。

习性：幼虫在石块下、洞穴内及多种植物根缘沙土内发育，成虫取食植物的根或枯落物。

150）伪坚土甲属 *Scleropatrum* Reitter, 1887　贺兰山记录 1 种（亚种）

（315）粗背伪坚土甲 *Scleropatrum horridum horridum* Reitter, 1898

采集记录：16，宁夏贺兰山大口子，1350～1640m，2014-VI-6，杨贵军采；6，宁夏贺兰山插旗口，1612m，2014-VII-19，杨贵军采；60，宁夏贺兰山拜寺口，1389～1627m，2014-VII-26，杨贵军采；33，宁夏贺兰山插旗口，1543～1659m，2014-VIII-19，杨贵军采；15，宁夏贺兰山大水沟，1292～1659m，2014-VIII-20，杨贵军采；3，宁夏贺兰山归德沟，1160～1258m，2014-VIII-20，杨贵军采；1，宁夏贺兰山大口子，1551m，2015-VII-5，杨贵军采；3，宁夏贺兰山大口子，1420～1750m，2015-VI-5，杨贵军采；6，宁夏贺兰山大水沟，1450m，2015-V-25，2013 生教 1 采。

分布：宁夏、山西、内蒙古、甘肃。

习性：幼虫在石块下、洞穴内及多种植物根缘沙土内发育，成虫群居，取食植物的根或枯落物。

151）刺甲属 *Platyscelis* Latreille, 1818　贺兰山记录 1 种

（316）郝氏刺甲 *Platyscelis hauseri* Reitter, 1889

采集记录：4，宁夏贺兰山苏峪口，1952～2340m，2008-VI-17，杨贵军采；3，宁夏贺兰山苏峪口，1950～2340m，2009-VI-30，杨贵军采；7，宁夏贺兰山苏峪口，1952～2280m，2008-VII-29，杨贵军采；1，宁夏贺兰山苏峪口，1952～2280m，2009-VIII-14，杨贵军采；37，宁夏贺兰山响水沟，1746～2612m，2014-VII-25，杨贵军采；1，宁夏贺兰山苏峪口，1952～2280m，2008-VII-29，杨贵军采；4，宁夏贺兰山响水沟，1968～2360m，2015-VIII-5，杨贵军采；1，宁夏贺兰山响水沟，2502m，2015-VIII-5，杨贵军采；2，内蒙古贺兰山水磨沟，2020～2380m，2015-VII-27，杨贵军采；3，内蒙古贺兰山马莲井，2168～2360m，2015-VII-27，杨贵军采；17，内蒙古贺兰山大殿沟，2125～2366m，2015-VII-28，杨贵军采；9，内蒙古贺兰山镇木关，2160～2340m，2015-VII-28，杨贵军采；1，内蒙古贺兰山哈拉乌，2946m，2015-VII-22，杨贵军采。

分布：宁夏、内蒙古、甘肃、青海、新疆。

习性：幼虫在湿润的石块下、洞穴内及多种植物根缘沙土内发育，成虫取食植物的根或腐木。

2.2.19.3　朽木甲亚科 Alleculinae Laporte, 1840

152）栉甲属 *Cteniopinus* Seidlitz, 1896　贺兰山记录 7 种

贺兰山栉甲属分种检索表

1 头暗黑 ··· 2

　　（317）阿栉甲 *Cteniopinus altaicus* Gebler, 1830

　　采集记录：1，宁夏贺兰山大口子，1420～1650m，2014-Ⅵ-6，杨贵军采；1，宁夏贺兰山大口子，1420～1750m，2015-Ⅵ-5，杨贵军采。

　　分布：宁夏、内蒙古、河南、陕西、甘肃。俄罗斯。

　　习性：成虫取食植物的根或腐木。

　　（318）异点栉甲 *Cteniopinus diversipunctatus* Yu et Ren, 1997

　　采集记录：1，宁夏贺兰山小口子，1530m，2008-Ⅵ-24，杨贵军采；2，宁夏贺兰山小口子，1530m，2008-Ⅵ-25，杨贵军采；1，宁夏贺兰山大口子，1294～1561m，2014-Ⅶ-13，杨贵军采；3，宁夏贺兰山响水沟，1746～2612m，2014-Ⅶ-25，杨贵军采。

　　分布：宁夏、内蒙古。

　　习性：成虫取食植物的叶或腐木。

　　（319）光滑栉甲 *Cteniopinus glabratus* Yu et Ren, 1997（贺兰山新记录）

　　采集记录：1，宁夏贺兰山大口子，1420～1650m，2014-Ⅵ-6，杨贵军采。

　　分布：宁夏、甘肃。

　　习性：成虫取食植物的叶或腐木。

　　（320）小栉甲 *Cteniopinus parvus* Yu et Ren, 1997

　　采集记录：1，宁夏贺兰山小口子，1530m，2008-Ⅵ-24，杨贵军采；1，宁夏贺兰山大口子，2014-Ⅵ-6，杨贵军采；2，宁夏贺兰山响水沟，1746～2612m，2014-Ⅶ-25，杨贵军采；1，宁夏贺兰山拜寺口，1420m，2016-Ⅴ-27，杨益春采；5，宁夏贺兰山小口子，1420～1690m，2016-Ⅵ-6，杨益春采；1，宁夏贺兰山大口子，1330～1590m，2016-Ⅴ-11，杨益春采。

　　分布：宁夏。

　　习性：幼虫在腐木内发育，成虫取食植物的花粉。

（321）波氏栉甲 *Cteniopinus potanini* Heyd, 1889

采集记录：1，宁夏贺兰山小口子，1530m，2008-Ⅵ-25，杨贵军采；1，宁夏贺兰山大口子，1420～1550m，2014-Ⅵ-6，杨贵军采。

分布：宁夏、陕西、甘肃、河北、河南、四川、东北。朝鲜、俄罗斯。

习性：幼虫在腐木内发育，成虫取食植物的花粉。

（322）窄跗栉甲 *Cteniopinus tenuitarsis* Borchmann, 1930

采集记录：2，宁夏贺兰山小口子，1530m，2008-Ⅵ-25，杨贵军采。

分布：宁夏、内蒙古、河南、陕西、甘肃。朝鲜。

习性：成虫取食植物的根或腐木。

（323）异角栉甲 *Cteniopinus varicornis* Ren *et* Bai, 2003

采集记录：2，宁夏贺兰山小口子，1420～1650m，2016-Ⅵ-2，杨贵军采。

分布：宁夏、陕西、甘肃。

习性：成虫取食植物的花粉。

2.2.19.4　伪叶甲亚科 Tenebrionidae Latreille, 1802

153）伪叶甲属 *Lagria* Fabricius, 1775　贺兰山记录 1 种

（324）红翅伪叶甲 *Lagria rufipennis* Marseul, 1876

采集记录：1，宁夏贺兰山归德沟，1160～1258m，2014-Ⅷ-20，杨贵军采。

分布：宁夏、陕西、北京、重庆、四川。日本、俄罗斯。

习性：取食杨树、槐树树叶。

154）刺足甲属 *Centorus* Mulsant, 1854　贺兰山记录 1 种

（325）贺兰刺足甲 *Centorus helanensis* (Ren & Yu, 1994)

采集记录：1，宁夏贺兰山汝箕沟，1200m，2007-Ⅷ-27，杨贵军采。

分布：宁夏。

习性：幼虫在腐木内发育。

2.2.19.5　菌甲亚科 Crypticus Latreille, 1817

155）隐甲属 *Crypticus* Latreille, 1817　贺兰山记录 1 种

（326）淡红毛隐甲 *Crypticus rufipes* Gebler, 1830

采集记录：1，宁夏贺兰山小口子，1530m，2008-Ⅵ-24，杨贵军采；4，宁夏贺兰山小口子，1340～1530m，2008-Ⅵ-25，杨贵军采；21，宁夏贺兰山插旗口，1612m，2014-Ⅶ-19，杨贵军采；66，宁夏贺兰山插旗口，1543～1659m，2014-Ⅷ-19，杨贵军采；3，宁夏贺兰山大水沟，1292～1659m，2014-Ⅷ-20，杨贵军采；17，宁

夏贺兰山归德沟，1160～1258m，2014-VIII-20，杨贵军采；40，内蒙古贺兰山水磨沟，1920～2250m，2015-VII-27，杨贵军采；6，内蒙古贺兰山镇木关，1950～2350m，2015-VII-28，杨贵军采；2，内蒙古贺兰山哈拉乌，2246m，2015-VII-22，杨贵军采。

分布：宁夏、内蒙古、陕西。蒙古国。

习性：幼虫在石块下、洞穴内及多种植物根缘沙土内发育，成虫取食植物的根。

2.2.20 芜菁科 Meloidae Gyllenhal, 1810

2.2.20.1 芜菁亚科 Meloinae Gyllenhal, 1810

156）豆芜菁属 *Epicauta* Dejean, 1834 贺兰山记录 6 种

贺兰山豆芜菁属分种检索表

1 雄虫后胸和腹部腹板中央凹陷；触角第 1 节最长···2
   雄虫后胸和腹部腹板正常；触角第 3 节最长···3
2 头黑色，后头两侧红色；鞘翅侧缘棕黄色·················凹胸黑芜菁 *Epicauta xantusi*
   头和鞘翅完全黑色··暗头豆芜菁 *Epicauta obscurocephala*
3 雄虫触角正常，近丝状；体小型·····················大头豆芜菁 *Epicauta megalocephala*
   雄虫触角栉齿状；体中至大型···4
4 头大部分红色，触角基部及复眼内侧黑色·················西北豆芜菁 *Epicauta sibirica*
   头大部分黑色，复眼之间 1 长斑和两侧后头红色·····································5
5 前胸背板两侧、鞘翅和体腹面多被有灰白色毛·············中国豆芜菁 *Epicauta chinensis*
   前胸背板、鞘翅和体腹面几乎完全被黑色毛·················黑头黑芜菁 *Epicauta dubid*

（327）中国豆芜菁 *Epicauta chinensis* Laporte, 1833

采集记录：4，宁夏贺兰山小口子，1530m，2008-VI-24，杨贵军采；7，宁夏贺兰山小口子，1530m，2008-VI-25，杨贵军采；4，宁夏贺兰山小口子，1546～1600m，2008-VIII-4，杨贵军采；169，宁夏贺兰山大口子，1346～1600m，2014-VI-6，杨贵军采；13，宁夏贺兰山大口子，1292～1487m，2014-VII-6，杨贵军采；57，宁夏贺兰山大口子，1294～1561m，2014-VII-13，杨贵军采；22，宁夏贺兰山响水沟，1746～1965m，2014-VII-13，杨贵军采；1，宁夏贺兰山大口子，1460m，2014-VII-17，杨贵军采；13，宁夏贺兰山榆树沟，1246～1460m，2014-VII-18，杨贵军采；4，宁夏贺兰山插旗口，1612m，2014-VII-19，杨贵军采；33，宁夏贺兰山响水沟，1746～2612m，2014-VII-25，杨贵军采；39，宁夏贺兰山拜寺口，1389～1627m，2014-VII-26，杨贵军采；2，宁夏贺兰山大水沟，1420～1550m，2014-VIII-13，杨贵军采；52，宁夏贺兰山插旗口，1543～1659m，2014-VIII-19，杨贵军采；1，宁夏贺兰山响水沟，1890m，2015-VIII-5，杨贵军采；7，宁夏贺兰山苏峪口，2313m，2015-VII-4，杨贵军采；2，宁夏贺兰山苏峪口，2333m，2015-VII-17，赵飞采；2，

宁夏贺兰山响水沟，1700～2100m，2015-Ⅵ-22，杨贵军采；46，宁夏贺兰山大口子，1420～1750m，2015-Ⅵ-5，杨贵军采；7，宁夏贺兰山大水沟，1450m，2015-Ⅴ-25，2013生教1采；30，内蒙古贺兰山水磨沟，1920～2250m，2015-Ⅶ-27，杨贵军采；6，内蒙古贺兰山马莲井，2168～2360m，2015-Ⅶ-27，杨贵军采；87，内蒙古贺兰山大殿沟，2125～2366m，2015-Ⅶ-28，杨贵军采；107，内蒙古贺兰山镇木关，1870～2230m，2015-Ⅶ-28，杨贵军采；1，内蒙古贺兰山马莲井，2168～2360m，2015-Ⅶ-24，李哲光采；1，内蒙古贺兰山镇木关，2068～2184m，2015-Ⅶ-22，杨贵军采；10，内蒙古贺兰山水磨沟，1898～2130m，2015-Ⅶ-23，杨贵军采；7，内蒙古贺兰山大殿沟，2125～2366m，2015-Ⅶ-25，杨贵军采。

分布：宁夏、内蒙古、北京、河北、山西、辽宁、吉林、黑龙江、江苏、山东、陕西、甘肃、台湾。朝鲜、日本。

习性：成虫为害紫穗槐、刺槐、豆类等，幼虫取食蝗虫卵。

（328）黑头黑芫菁 *Epicauta dubid* Fabricius, 1781

采集记录：16，宁夏贺兰山大口子，1420～1750m，2015-Ⅵ-5，杨贵军采；5，宁夏贺兰山大水沟，1450m，2015-Ⅴ-25，2013生教1采。

分布：宁夏、内蒙古、河北、黑龙江、吉林、辽宁、河南、四川、甘肃。俄罗斯。

习性：成虫为害豆科植物等，幼虫取食蝗虫卵。

（329）大头豆芫菁 *Epicauta megalocephala* Gebler, 1817

采集记录：42，宁夏贺兰山大口子，1292～1487m，2014-Ⅶ-6，杨贵军采；60，宁夏贺兰山大口子，1294～1561m，2014-Ⅶ-13，杨贵军采；12，宁夏贺兰山响水沟，1746～1965m，2014-Ⅶ-13，杨贵军采；38，宁夏贺兰山大口子，1460m，2014-Ⅶ-17，杨贵军采；18，宁夏贺兰山响水沟，1746～2612m，2014-Ⅶ-25，杨贵军采；9，宁夏贺兰山拜寺口，1389～1627m，2014-Ⅶ-26，杨贵军采；1，宁夏贺兰山大水沟，1420～1550m，2014-Ⅷ-13，杨贵军采；2，宁夏贺兰山插旗口，1543～1659m，2014-Ⅷ-19，杨贵军采；1，宁夏贺兰山响水沟，2015-Ⅷ-5，杨贵军采；63，宁夏贺兰山苏峪口，2313m，2015-Ⅶ-4，杨贵军采；110，宁夏贺兰山苏峪口，2333m，2015-Ⅶ-17，赵飞采；1，内蒙古贺兰山水磨沟，1920～2250m，2015-Ⅶ-27，杨贵军采；3，内蒙古贺兰山镇木关，1950～2350m，2015-Ⅶ-28，杨贵军采；27，内蒙古贺兰山水磨沟，1898～2130m，2015-Ⅶ-23，杨贵军采；7，内蒙古贺兰山大殿沟，2125～2366m，2015-Ⅶ-25，杨贵军采。

分布：宁夏、山西、内蒙古、陕西、甘肃、青海、新疆、北京、河北、辽宁、吉林、黑龙江、河南、四川。哈萨克斯坦、俄罗斯（远东地区）、韩国、蒙古国。

习性：成虫为害豆科植物等。

（330）暗头豆芫菁 *Epicauta obscurocephala* Reitter, 1905

采集记录：1，宁夏贺兰山小口子，1530m，2008-Ⅵ-24，杨贵军采；39，宁夏贺兰山大口子，1294～1561m，2014-Ⅶ-13，杨贵军采；4，宁夏贺兰山响水沟，1746～2612m，2014-Ⅶ-25，杨贵军采；1，宁夏贺兰山插旗口，1543～1659m，2014-Ⅷ-19，杨贵军采；2，内蒙古贺兰山水磨沟，1946～2350m，2015-Ⅶ-27，杨贵军采。

分布：宁夏、山西、内蒙古、北京、天津、河北、辽宁、吉林、上海、江苏、浙江、安徽、江西、山东、河南、湖北。

习性：成虫为害豆科植物等，幼虫取食土蝗卵。

（331）西北豆芫菁 *Epicauta sibirica* Pallas, 1777

采集记录：1，宁夏贺兰山大口子，1292～1487m，2014-Ⅶ-6，杨贵军采；1，宁夏贺兰山大口子，1294～1561m，2014-Ⅶ-13，杨贵军采；2，宁夏贺兰山响水沟，1746～1965m，2014-Ⅶ-13，杨贵军采；1，宁夏贺兰山汝箕沟，2235～2364m，2008-Ⅶ-18，杨贵军采；14，宁夏贺兰山大口子，1420～1750m，2014-Ⅵ-6，杨贵军采；7，宁夏贺兰山榆树沟，1450～1550m，2014-Ⅶ-18，杨贵军采；2，宁夏贺兰山插旗口，1612m，2014-Ⅶ-19，杨贵军采；49，宁夏贺兰山响水沟，1746～2612m，2014-Ⅶ-25，杨贵军采；16，宁夏贺兰山拜寺口，1389～1627m，2014-Ⅶ-26，杨贵军采；2，宁夏贺兰山大水沟，1750～2612m，2014-Ⅷ-13，杨贵军采；44，宁夏贺兰山插旗口，1543～1659m，2014-Ⅷ-19，杨贵军采；2，宁夏贺兰山大水沟，1292～1659m，2014-Ⅷ-20，杨贵军采；4，宁夏贺兰山响水沟，1746～2440m，2015-Ⅷ-5，杨贵军采；9，宁夏贺兰山苏峪口，2313m，2015-Ⅶ-4，杨贵军采；3，宁夏贺兰山苏峪口，2333m，2015-Ⅶ-17，赵飞采；1，宁夏贺兰山大口子，1420～1750m，2015-Ⅵ-5，杨贵军采；4，宁夏贺兰山大水沟，1450m，2015-Ⅴ-25，2013生教1采；12，内蒙古贺兰山水磨沟，1980～2530m，2015-Ⅶ-27，杨贵军采；67，内蒙古贺兰山马莲井，2168～2360m，2015-Ⅶ-27，杨贵军采；138，内蒙古贺兰山大殿沟，2125～2366m，2015-Ⅶ-28，杨贵军采；88，内蒙古贺兰山镇木关，2146～2340m，2015-Ⅶ-28，杨贵军采；6，内蒙古贺兰山马莲井，2168～2360m，2015-Ⅶ-24，李哲光采；7，内蒙古贺兰山哈拉乌，2246m，2015-Ⅶ-22，杨贵军采；9，内蒙古贺兰山水磨沟，1898～2130m，2015-Ⅶ-23，杨贵军采；16，内蒙古贺兰山大殿沟，2125～2366m，2015-Ⅶ-25，杨贵军采。

分布：宁夏、内蒙古、甘肃、青海、黑龙江、浙江、江西、河南、湖北、广东。蒙古国、日本、俄罗斯、越南、印度尼西亚。

习性：成虫为害豆类植物等，幼虫取食蝗虫卵。

（332）凹胸黑芫菁 *Epicauta xantusi* Kaszab, 1952

采集记录：2，宁夏贺兰山大口子，1294～1561m，2014-Ⅶ-13，杨贵军采；6，宁夏贺兰山插旗口，1543～1659m，2014-Ⅷ-19，杨贵军采；2，内蒙古贺兰山大殿沟，2125～2366m，2015-Ⅶ-25，杨贵军采。

分布：宁夏、内蒙古、山西、陕西、北京、河北、辽宁、上海、江苏、江西、湖北、广西、四川。

习性：成虫为害豆科植物等。

157）绿芫菁属 *Lytta* Fabricius, 1775 贺兰山记录 1 种

（333）绿芫菁 *Lytta caraganae* Pallas, 1781

采集记录：2，宁夏贺兰山小口子，1350～1640m，2012-Ⅶ-6，杨贵军采；1，宁夏贺兰山大口子，1420～1750m，2015-Ⅵ-5，杨贵军采；1，宁夏贺兰山小口子，1420～1690m，2016-Ⅵ-6，杨贵军采。

分布：宁夏、内蒙古、青海、北京、河北、山西、辽宁、吉林、黑龙江、江苏、浙江、安徽、江西、山东、河南、湖北。日本、朝鲜、俄罗斯。

习性：成虫取食豆类、苜蓿、黄芪、柠条、槐等的花和叶片，幼虫取食蝗虫卵。

158）斑芫菁属 *Mylabris* Fabricius, 1775 贺兰山记录 5 种

贺兰山斑芫菁属分种检索表

1	跗爪背叶下侧具 1～2 排齿 ·········	苹斑芫菁 *Mylabris calida*
	跗爪背叶下侧光滑无齿 ···	2
2	体及鞘翅黑色部分无蓝绿色金属光泽 ········	西北斑芫菁 *Mylabris sibirica*
	体及鞘翅黑色部分具金属光泽 ···	3
3	鞘翅端部黑斑宽大 ·········	小斑芫菁 *Mylabris splendidula*
	鞘翅黑缘斑细窄 ···	4
4	鞘翅底色通常两端红棕色，中央黄白色，黑缘斑方形········	蒙古斑芫菁 *Mylabris mongolica*
	鞘翅底色均一，黑缘斑弧形·················	丽斑芫菁 *Mylabris speciosa*

（334）苹斑芫菁 *Mylabris calida* Pallas, 1782

采集记录：1，宁夏贺兰山大口子，1420～1650m，2014-Ⅵ-6，杨贵军采；7，宁夏贺兰山大口子，1294～1561m，2014-Ⅶ-13，杨贵军采；2，宁夏贺兰山响水沟，1746～1965m，2014-Ⅶ-13，杨贵军采；1，宁夏贺兰山大口子，1460m，2014-Ⅶ-17，杨贵军采；28，宁夏贺兰山榆树沟，1420～1550m，2014-Ⅶ-18，杨贵军采；9，宁夏贺兰山响水沟，1746～2612m，2014-Ⅶ-25，杨贵军采；1，宁夏贺兰山苏峪口，2313m，2015-Ⅶ-4，杨贵军采；2，宁夏贺兰山响水沟，1700～2100m，2015-Ⅵ-22，杨贵军采；16，宁夏贺兰山大口子，1420～1750m，2015-Ⅵ-5，杨贵军采；28，宁夏贺兰山大水沟，1450m，2015-Ⅴ-25，2013 生教 1 采；2，宁夏贺兰山小口子，1430m，2016-Ⅵ-18，王杰等采；1，内蒙古贺兰山哈拉乌，2246m，2015-Ⅶ-22，杨贵军采；4，内蒙古贺兰山镇木关，2068～2184m，2015-Ⅶ-22，杨贵军采；37，内蒙古贺兰山水磨沟，1898～2130m，2015-Ⅶ-23，杨贵军采；11，内蒙古贺兰山大殿沟，2125～2366m，2015-Ⅶ-25，杨贵军采。

分布：宁夏、内蒙古、甘肃、青海、山西、陕西、北京、河北、辽宁、吉林、黑龙江、江苏、浙江、河南、山东、湖北、新疆。俄罗斯。

习性：成虫为害豆科植物、野芍药的花，幼虫取食蝗虫卵。

（335）蒙古斑芫菁 *Mylabris mongolica* (Dokhtouroff, 1887)

采集记录：6，宁夏贺兰山大口子，1420～1750m，2014-VI-6，杨贵军采；3，宁夏贺兰山椿树沟，1580m，2015-VII-5，杨贵军采；12，宁夏贺兰山响水沟，1700～2100m，2015-VI-22，杨贵军采；6，宁夏贺兰山小口子，1400～1620m，2016-VI-7，杨益春采；3，内蒙古贺兰山水磨沟，1950～2350m，2015-VII-27，杨贵军采；1，内蒙古贺兰山镇木关，1950～2450m，2015-VII-28，杨贵军采；12，内蒙古贺兰山大殿沟，2125～2366m，2015-VII-25，杨贵军采。

分布：宁夏、内蒙古、甘肃、新疆、河北、河南、陕西。蒙古国。

习性：成虫取食豆科、菊科植物的花，幼虫取食蝗虫卵。

（336）西北斑芫菁 *Mylabris sibirica* Fischer von Waldheim, 1823（贺兰山新记录）

采集记录：67，内蒙古贺兰山水磨沟，1898～2130m，2015-VII-23，杨贵军采。

分布：内蒙古、宁夏、甘肃、新疆、河北。俄罗斯、哈萨克斯坦、吉尔吉斯斯坦、土耳其、乌克兰。

习性：成虫为害豆科植物。

（337）丽斑芫菁 *Mylabris speciosa* Pallas, 1781

采集记录：22，宁夏贺兰山大口子，1420～1750m，2014-VI-6，杨贵军采；2，宁夏贺兰山大口子，1294～1561m，2014-VII-13，杨贵军采；1，宁夏贺兰山椿树沟，1580m，2015-VII-5，杨贵军采；79，宁夏贺兰山响水沟，1700～2100m，2015-VI-22，杨贵军采；11，宁夏贺兰山大口子，1420～1750m，2015-VI-5，杨贵军采；56，宁夏贺兰山大水沟，1450m，2015-V-25，2013生教1采；55，宁夏贺兰山小口子，1420～1690m，2016-VI-6，杨贵军采；6，宁夏贺兰山小口子，1400～1620m，2016-VI-7，杨益春采；11，宁夏贺兰山大口子，1330～1590m，2016-V-11，杨益春采；3，宁夏贺兰山响水沟，2540m，2016-V-26，杨益春采；2，宁夏贺兰山小口子，1430m，2016-VI-18，王杰等采；5，内蒙古贺兰山水磨沟，1950～2130m，2015-VII-27，杨贵军采；8，内蒙古贺兰山马莲井，2168～2360m，2015-VII-27，杨贵军采；7，内蒙古贺兰山大殿沟，2125～2366m，2015-VII-28，杨贵军采；1，内蒙古贺兰山镇木关，2030～2130m，2015-VII-28，杨贵军采；1，内蒙古贺兰山镇木关，2068～2184m，2015-VII-22，杨贵军采；10，内蒙古贺兰山水磨沟，1898～2130m，2015-VII-23，杨贵军采；16，内蒙古贺兰山大殿沟，2125～2366m，2015-VII-25，杨贵军采。

分布：宁夏、内蒙古、新疆、黑龙江、吉林、辽宁。蒙古国、俄罗斯、埃及、伊朗。中亚、欧洲。

习性：取食豆科植物、十字花科植物、枸杞等。

（338）小斑芫菁 *Mylabris splendidula* (Pallas, 1781)（贺兰山新记录）

采集记录：1，内蒙古贺兰山水磨沟，1898~2130m，2015-Ⅶ-23，杨贵军采。

分布：内蒙古、宁夏、甘肃、新疆、陕西、河北、山西、广西。俄罗斯、吉尔吉斯斯坦、哈萨克斯坦、蒙古国。

习性：成虫取食豆科、菊科植物的花。

159）沟芫菁属 *Hycleus* Latreille, 1817 贺兰山记录 1 种

（339）霍氏沟芫菁 *Hycleus chodschenticus* (Ballion, 1878)（贺兰山新记录）

采集记录：21，宁夏贺兰山大口子，1350~1550m，2014-Ⅵ-6，杨贵军采。

分布：宁夏、内蒙古、陕西、甘肃、新疆、山西、北京、河北、江苏、湖北、湖南。中亚。

习性：成虫取食豆科、菊科植物的花。

160）短翅芫菁属 *Meloe* Linnaeus, 1758 贺兰山记录 1 种（亚种）

（340）阔胸短翅芫菁 *Meloe brevicollis brevicollis* Panzer, 1793（贺兰山新记录）

采集记录：1，宁夏贺兰山响水沟，2220m，2018-Ⅴ-8，杨贵军采。

分布：宁夏、内蒙古、河北、黑龙江。阿富汗、朝鲜、俄罗斯、蒙古国、土耳其、伊朗、约旦。欧洲。

习性：成虫取食豆科、菊科植物。

2.2.20.2 栉芫菁亚科 Nemognathinae Laporte, 1840

161）狭翅芫菁属 *Stenoria* Mulsant, 1857 贺兰山记录 1 种

（341）栉芫菁 *Stenoria* sp.（宁夏新记录，贺兰山新记录）

采集记录：1，宁夏贺兰山响水沟，2100m，2015-Ⅵ-22，杨贵军采。

分布：宁夏。

习性：成虫取食豆科、菊科植物。

2.2.21 蚁形甲科 Anthicidae Latreille, 1819

2.2.21.1 Notoxinae Stephens, 1829

162）角蚁形甲属 *Notoxus* Geoffroy, 1762 贺兰山记录 1 种

（342）三点蚁形甲 *Notoxus monoceros* (Linnaeus, 1761)

采集记录：1，内蒙古贺兰山水磨沟，1950m，2015-Ⅶ-27，杨贵军采。

分布：宁夏、内蒙古、甘肃、新疆、辽宁、黑龙江。中亚、欧洲。

习性：常见枯木、砾石下。

2.2.21.2　Anthicinae Latreille, 1819

163）*Cyclodinus* Mulsant & Rey, 1866　贺兰山记录 1 种

（343）蚁形甲 *Cyclodinus humilis* (Germar, 1824)（贺兰山新记录）
采集记录：2，内蒙古贺兰山水磨沟，1950～2050m，2015-Ⅶ-27，杨贵军采。
分布：内蒙古。欧洲。
习性：常见枯木、砾石下。

2.2.22　暗天牛科 Vesperidae Mulsant, 1839

2.2.22.1　狭胸天牛亚科 Philinae Thomson, 1860

164）芫天牛属 *Mantitheus* Fairmaire, 1889　贺兰山记录 1 种

（344）芫天牛 *Mantitheus pekinensis* Fairmaire, 1889
采集记录：1，宁夏贺兰山小口子，1450m，2009-Ⅶ-21，杨贵军采。
分布：宁夏、内蒙古、北京、河北、山西、河南、甘肃。蒙古国。
习性：幼虫蛀食苹果、刺槐、松等树的树干。

2.2.23　天牛科 Cerambycidae Latreille, 1802

2.2.23.1　锯天牛亚科 Prioninae Latreille, 1802

165）土天牛属 *Dorysthenes* Vigors, 1826　贺兰山记录 1 种

（345）大牙土天牛 *Dorysthenes paradoxus* (Faldermann, 1833)
采集记录：1，宁夏贺兰山拜寺口，1420m，2016-Ⅴ-27，杨贵军采；5，宁夏贺兰山小口子，1420m，2008-Ⅴ-27，杨贵军采。
分布：宁夏、内蒙古、甘肃、青海、河北、山西、辽宁、浙江、安徽、江西、陕西、山东、河南、四川。俄罗斯。欧洲。
习性：幼虫栖息于土中，为害杂草及杨、柳、榆等植物的根部。

2.2.23.2　花天牛亚科 Lepturinae Latreille, 1802

166）厚花天牛属 *Pachyta* Dejean, 1821　贺兰山记录 2 种

（346）松厚花天牛 *Pachyta lamed* (Linnaeus, 1758)
采集记录：1，宁夏贺兰山汝箕沟，2235～2364m，2008-Ⅶ-18，杨贵军采；1，

宁夏贺兰山响水沟，2068～2780m，2015-VIII-5，杨贵军采；4，内蒙古贺兰山马莲井，2168～2360m，2015-VII-27，杨贵军采；37，内蒙古贺兰山大殿沟，2125～2366m，2015-VII-28，杨贵军采；6，内蒙古贺兰山镇木关，2068～2184m，2015-VII-28，杨贵军采；1，内蒙古贺兰山镇木关，2068～2184m，2015-VII-22，杨贵军采；15，内蒙古贺兰山大殿沟，2125～2366m，2015-VII-25，杨贵军采。

分布：宁夏、陕西、甘肃、青海、新疆、内蒙古、吉林。朝鲜、日本、蒙古国、俄罗斯。

习性：幼虫蛀食油松、云杉树干。

（347）内蒙厚花天牛 *Pachyta degener* Semenov & Plavilstshikov, 1936

采集记录：1，内蒙古贺兰山镇木关，2068～2184m，2015-VII-22，杨贵军采。

分布：内蒙古。

习性：幼虫蛀食油松、云杉树干。

167）眼花天牛属 *Acmaeops* LeConte, 1850　贺兰山记录 1 种

（348）红缘眼花天牛 *Acmaeops septentrionis* (Thomson, 1866)

采集记录：3，宁夏贺兰山苏峪口，2191m，2015-VII-17，杨贵军采；6，宁夏贺兰山苏峪口，2252m，2015-VII-17，王杰采；3，宁夏贺兰山苏峪口，2118m，2015-VII-17，李哲光采；3，宁夏贺兰山苏峪口，2270m，2015-VII-17，杨贵军采；1，内蒙古贺兰山大殿沟，2125～2366m，2015-VII-28，杨贵军采；5，内蒙古贺兰山大殿沟，2125～2366m，2015-VII-28，杨贵军采；2，内蒙古贺兰山大殿沟，2125～2366m，2015-VII-25，杨贵军采。

分布：宁夏、内蒙古、新疆、黑龙江、吉林、辽宁。蒙古国、俄罗斯、朝鲜、韩国。欧洲。

习性：幼虫蛀食油松、云杉树干。

2.2.23.3　椎天牛亚科 Spondylidine Audinet-Serville, 1832

168）梗天牛属 *Arhopalus* Audinet-Serville, 1834　贺兰山记录 1 种

（349）褐梗天牛 *Arhopalus rusticus* (Linnaeus, 1758)

采集记录：2，宁夏贺兰山响水沟，1746～2612m，2014-VII-25，杨贵军采；3，宁夏贺兰山苏峪口，2252m，2015-VII-17，杨贵军采；15，宁夏贺兰山苏峪口，2118m，2015-VII-17，杨贵军采；15，宁夏贺兰山苏峪口，2068m，2015-VII-15，杨贵军采。

分布：宁夏、内蒙古、陕西、甘肃、河北、辽宁、吉林、黑龙江、浙江、福建、江西、山东、湖北、四川、贵州、云南。俄罗斯、朝鲜、日本、蒙古国。欧洲、北非。

习性：幼虫蛀食油松、侧柏、云杉、杨、榆等树的树干。

169）幽天牛属 *Asemum* Eschscholtz, 1830 贺兰山记录 1 种

（350）松幽天牛 *Asemum striatum* (Linnaeus, 1758)

采集记录：1，宁夏贺兰山苏峪口，1952～2280m，2008-Ⅶ-29，杨贵军采；1，内蒙古贺兰山镇木关，2068～2380m，2015-Ⅶ-28，杨贵军采。

分布：宁夏、内蒙古、甘肃、青海、新疆、陕西、山西、河北、吉林、黑龙江、浙江、山东、湖北。朝鲜、日本、蒙古国、俄罗斯。

习性：幼虫蛀食油松、云杉的树干。

170）截尾天牛属 *Atimia* Haldeman, 1847 贺兰山记录 1 种

（351）中华截尾天牛 *Atimia chinensis* Linsley, 1939（宁夏新记录，贺兰山新记录）

采集记录：7，宁夏贺兰山响水沟，1952～2280m，2015-Ⅶ-7，杨贵军采。

分布：宁夏、东北。

习性：幼虫蛀食油松、云杉树干。

171）断眼天牛属 *Tetropium* Kirby, 1837 贺兰山记录 2 种

贺兰山断眼天牛属分种检索表

体略长（9～18.5mm）、宽，前胸中区凹陷不明显，中央有微凹纵纹 ……………………………………………………………………………………光胸断眼天牛 *Tetropium castaneum*

体略小（8～12mm）、窄，前胸中区凹陷和至纵沟明显 …………………………………………………………………………………………云杉断眼天牛 *Tetropium gracilicornis*

（352）光胸断眼天牛 *Tetropium castaneum* (Linnaeus, 1758)

采集记录：2，宁夏贺兰山苏峪口，1952～2280m，2009-Ⅷ-14，杨贵军采；1，宁夏贺兰山苏峪口，2252m，2015-Ⅶ-17，杨贵军采；1，宁夏贺兰山苏峪口，2270m，2015-Ⅶ-17，杨贵军采；1，宁夏贺兰山苏峪口，2325m，2015-Ⅷ-4，杨贵军采；1，内蒙古贺兰山大殿沟，2125～2366m，2015-Ⅶ-28，杨贵军采。

分布：宁夏、内蒙古、青海、甘肃、陕西、山西、天津、河北、辽宁、吉林、黑龙江、河南、四川、云南。朝鲜、日本、蒙古国、俄罗斯。北欧。

习性：幼虫蛀食云杉等树的树干。

（353）云杉断眼天牛 *Tetropium gracilicornis* Reitter, 1889（贺兰山新记录）

采集记录：1，宁夏贺兰山苏峪口，2252m，2015-Ⅶ-17，杨贵军采；2，内蒙古贺兰山大殿沟，2125～2366m，2015-Ⅶ-28，杨贵军采。

分布：内蒙古、宁夏。

习性：幼虫蛀食云杉等的树干。

2.2.23.4　膜花天牛亚科 Necydalinae Latreille, 1825

172）膜花天牛属 *Necydalis* Linnaeus, 1758　贺兰山记录 1 种

（354）点胸膜花天牛 *Necydalis lateralis* Pic, 1939

采集记录：2，宁夏贺兰山苏峪口，2205m，2015-Ⅷ-4，杨贵军采；1，宁夏贺兰山响水沟，2502m，2015-Ⅷ-5，杨贵军采。

分布：宁夏、内蒙古、北京、河北、陕西。

习性：幼虫蛀食杨树树干。

2.2.23.5　天牛亚科 Cerambycinae Latreille, 1802

173）颈天牛属 *Aromia* Audinet-Serville, 1834　贺兰山记录 2 种

贺兰山颈天牛属分种检索表

鞘翅深绿色，前胸背板赤黄色 ·······················杨红颈天牛 *Aromia orientalis*

鞘翅黑色，前胸背板棕红色 ·······················桃红颈天牛 *Aromia bungii*

（355）杨红颈天牛 *Aromia orientalis* Plavilstshikov, 1933

采集记录：1，宁夏贺兰山小口子，1450m，2009-Ⅶ-21，杨贵军采。

分布：宁夏、内蒙古、辽宁、吉林、黑龙江、甘肃。朝鲜、日本、俄罗斯。

习性：幼虫蛀食杨树、旱柳树干。

（356）桃红颈天牛 *Aromia bungii* (Faldermann, 1835)

采集记录：1，宁夏贺兰山拜寺口，1420m，2008-Ⅴ-27，杨贵军采。

分布：宁夏、内蒙古、甘肃、河北、山西、辽宁、江苏、浙江、福建、江西、山东、河南、湖北、湖南、广东、广西、四川、贵州、云南、陕西。朝鲜、俄罗斯、蒙古国。

习性：幼虫蛀食桃树、柳树、杨树、核桃树等的树干。

174）多带天牛属 *Polyzonus* Dejean, 1835　贺兰山记录 1 种

（357）多带天牛 *Polyzonus fasciatus* (Fabricius, 1781)

采集记录：4，宁夏贺兰山插旗口，1543～1659m，2014-Ⅷ-19，杨贵军采；2，宁夏贺兰山苏峪口，2025m，2008-Ⅶ-3，杨贵军采。

分布：宁夏、内蒙古、甘肃、山西、北京、天津、河北、辽宁、吉林、黑龙江、浙江、山东、河南、广西、云南。韩国、俄罗斯。

习性：取食柳属和菊科植物的花和叶。

175）绿天牛属 _Chelidonium_ Thomson, 1864 贺兰山记录 1 种

（358）榆绿天牛 _Chelidonium provosti_ (Fairmaire, 1887)

采集记录：1，宁夏贺兰山大口子，1292～1487m，2014-Ⅶ-6，杨贵军采；1，宁夏贺兰山拜寺口，1389～1627m，2014-Ⅶ-26，杨贵军采；1，宁夏贺兰山黄旗口，1292～1490m，2008-Ⅶ-6，杨贵军采；1，宁夏贺兰山独树沟，1292～1580m，2008-Ⅶ-7，杨贵军采。

分布：宁夏、内蒙古、陕西、北京。

习性：幼虫蛀食灰榆、杨树、梨树树干。

176）长绿天牛属 _Chloridolum_ Thomson, 1864 贺兰山记录 1 种

（359）黄胸长绿天牛 _Chloridolum sieversi_ (Ganglbauer, 1886)（贺兰山新记录）

采集记录：1，宁夏贺兰山大口子，1292～1487m，2014-Ⅶ-6，杨贵军采；2，内蒙古贺兰山大殿沟，2125～2366m，2015-Ⅶ-28，杨贵军采。

分布：宁夏、内蒙古、安徽。俄罗斯。欧洲。

习性：幼虫蛀食柳树、栎树树干。

177）扁胸天牛属 _Callidium_ Fabricius, 1775 贺兰山记录 1 种

（360）竖毛扁胸天牛 _Callidium przevalskii_ (Semenov & Plavilstshikov, 1936)

分布：内蒙古。

习性：幼虫蛀食松树树干。

178）杉天牛属 _Semanotus_ Mulsant, 1839 贺兰山记录 1 种

（361）双条杉天牛 _Semanotus bifasciatus_ (Motschulsky, 1875)

采集记录：1，宁夏贺兰山苏峪口，1950m，2007-Ⅵ-14，王继飞采。贺兰山系建筑木材引入。

分布：宁夏、河北、黑龙江、上海、江苏、安徽、江西、河南、广西、四川。朝鲜、日本。

习性：幼虫蛀食侧柏、扁柏、杜松等树干。

179）绿虎天牛属 _Chlorophorus_ Chevrolat, 1863 贺兰山记录 2 种（亚种）

贺兰山绿虎天牛属分种检索表

体棕褐色，头和腹面被灰黄色绒毛 ················ 槐绿虎天牛 _Chlorophorus diadema diadema_
体黑色，被灰绿色绒毛，前胸中区有 1 叉形黑斑 ······ 六斑绿虎天牛 _Chlorophorus simillimus_

（362）槐绿虎天牛 _Chlorophorus diadema diadema_ (Motschulsky, 1854)

采集记录：37，宁夏贺兰山小口子，1530m，2008-Ⅵ-24，杨贵军采；30，宁夏

贺兰山小口子，1530m，2008-VI-25，杨贵军采；8，宁夏贺兰山大口子，1294～1561m，2014-VII-13，杨贵军采；5，宁夏贺兰山小口子，1546～1600m，2008-VIII-4，杨贵军采；1，宁夏贺兰山大口子，1460m，2014-VII-17，杨贵军采；1，宁夏贺兰山榆树沟，2014-VII-18，杨贵军采；147，宁夏贺兰山响水沟，1746～2612m，2014-VII-25，杨贵军采；10，宁夏贺兰山插旗口，1543～1659m，2014-VIII-19，杨贵军采；4，宁夏贺兰山大水沟，1292～1659m，2014-VIII-20，杨贵军采；3，宁夏贺兰山椿树沟，1580m，2015-VII-5，杨贵军采；4，内蒙古贺兰山大殿沟，2125～2366m，2015-VII-28，杨贵军采；2，内蒙古贺兰山镇木关，2130～2450m，2015-VII-28，杨贵军采。

分布：除西藏外，我国广布。蒙古国、俄罗斯（西伯利亚）、朝鲜。

习性：幼虫蛀食刺槐、樱桃、桦木、灌丛的枝干。

（363）六斑绿虎天牛 *Chlorophorus simillimus* (Kraatz, 1879)

采集记录：3，宁夏贺兰山小口子，1420～1690m，2016-VI-6，杨益春采。

分布：宁夏、内蒙古、甘肃、河北、辽宁、吉林、黑龙江、山东、河南、福建、四川。朝鲜、俄罗斯。

习性：幼虫蛀食山杨、栎树等的树干。

180）茸天牛属 *Trichoferus* Wollaston, 1854　贺兰山记录 1 种

（364）家茸天牛 *Trichoferus campestris* (Faldermann, 1835)

采集记录：1，宁夏贺兰山小口子，1530m，2008-VI-25，杨贵军采；5，宁夏贺兰山大口子，1294～1561m，2014-VII-13，杨贵军采；4，宁夏贺兰山响水沟，1746～2612m，2014-VII-25，杨贵军采；2，宁夏贺兰山拜寺口，1440m，2008-VII-6，杨贵军采；1，内蒙古贺兰山水磨沟，1920～2230m，2015-VII-27，杨贵军采；2，内蒙古贺兰山马莲井，2168～2360m，2015-VII-27，杨贵军采；1，内蒙古贺兰山大殿沟，2125～2366m，2015-VII-28，杨贵军采。

分布：宁夏、内蒙古、陕西、甘肃、青海、新疆、山西、河北、辽宁、吉林、黑龙江、西南。朝鲜、日本、蒙古国、俄罗斯。

习性：幼虫蛀食刺槐、杨树、柳树、榆树、椿树、柏树、沙枣、云杉、丁香、油松等的树干。

181）亚天牛属 *Anoplistes* Audinet-Serville, 1834　贺兰山记录 2 种（亚种）

（365）鞍背亚天牛 *Anoplistes halodendri ephippium* (Stevens & Dalman, 1817)（贺兰山新记录）

采集记录：1，宁夏贺兰山大口子，1292～1580m，2014-VI-5，杨贵军采。

分布：宁夏、内蒙古、甘肃、山西、河北、辽宁、吉林、黑龙江、江苏、浙江、山东、河南。朝鲜、蒙古国、俄罗斯。

习性：幼虫蛀食刺槐、榆树、沙枣、云杉、枸杞、忍冬、锦鸡儿的枝干。

（366）红缘亚天牛 *Anoplistes halodendri pirus* (Arakawa, 1932)

采集记录：4，宁夏贺兰山大口子，1292～1587m，2014-VI-6，杨贵军采；2，宁夏贺兰山大口子，1294～1561m，2014-VII-13，杨贵军采；1，宁夏贺兰山大水沟，1292～1659m，2014-VIII-20，杨贵军采；3，宁夏贺兰山响水沟，2305m，2015-VIII-3，杨贵军采；1，宁夏贺兰山苏峪口，2038m，2015-VII-11，杨贵军采；1，宁夏贺兰山椿树沟，1580m，2015-VII-5，杨贵军采；1，宁夏贺兰山大口子，1330～1590m，2016-V-11，杨益春采；1，宁夏贺兰山响水沟，2540m，2016-V-26，杨益春采；38，宁夏贺兰山小口子，1430m，2016-VI-18，王杰等采。

分布：宁夏、内蒙古、山西、甘肃、河北、辽宁、吉林、黑龙江、江苏、浙江、山东、河南。朝鲜、蒙古国、俄罗斯。

习性：幼虫蛀食苹果、梨、李、榆、柳、杨树、蒙古栎、刺槐、沙枣、锦鸡儿等植物的枝干。

2.2.23.6　沟胫天牛亚科 Lamiinae Latreille, 1821

182）长角天牛属 *Acanthocinus* Dejean, 1821　贺兰山记录 2 种

贺兰山长角天牛属分种检索表

体较大（16mm 以上）而宽，雄虫触角长超过 50mm；前胸背板近前端有 1 行 4 个黄色绒毛斑
···长角天牛 *Acanthocinus aedilis*

体较小（16mm 以下）而窄，雄虫触角小于 40mm；前胸背板近前端有 2 行 6 个黄色绒毛斑，呈 4+2 排列·······························小灰长角天牛 *Acanthocinus griseus*

（367）长角天牛 *Acanthocinus aedilis* (Linnaeus, 1758)

采集记录：4，宁夏贺兰山苏峪口，2191m，2015-VII-17，杨贵军采。

分布：宁夏、内蒙古、甘肃、河北、辽宁、吉林、黑龙江、浙江、安徽、江西、山东、河南、广西、陕西。朝鲜、俄罗斯。欧洲。

习性：幼虫蛀食红松、山杨、云杉的树干。

（368）小灰长角天牛 *Acanthocinus griseus* (Fabricius, 1793)

采集记录：2，宁夏贺兰山响水沟，1746～2612m，2014-VII-25，杨贵军采；30，宁夏贺兰山苏峪口，2191m，2015-VII-17，杨贵军采；22，宁夏贺兰山苏峪口，2252m，2015-VII-17，杨贵军采；58，宁夏贺兰山苏峪口，2118m，2015-VII-17，杨贵军采；25，宁夏贺兰山苏峪口，2068m，2015-VII-15，杨贵军采；3，宁夏贺兰山苏峪口，2270m，2015-VII-17，王杰采；14，宁夏贺兰山苏峪口，2118m，2015-VIII-4，杨贵军采；2，内蒙古贺兰山水磨沟，1990～2287m，2015-VII-27，杨贵军采；1，内蒙古贺兰山大殿沟，2125～2366m，2015-VII-28，杨贵军采；6，内

蒙古贺兰山镇木关，1925～2366m，2015-Ⅶ-28，杨贵军采。

分布：宁夏、内蒙古、甘肃、陕西、河北、辽宁、吉林、黑龙江、浙江、福建、江西、河南、湖北、广东、广西、贵州、新疆。朝鲜、日本、俄罗斯。欧洲。

习性：幼虫蛀食油松、云杉的树干。

183）多节天牛属 *Agapanthia* Audinet-Serville, 1835 贺兰山记录 1 种

（369）苜蓿多节天牛 *Agapanthia amurensis* Kraatz, 1879

采集记录：1，宁夏贺兰山小口子，1530m，2008-Ⅵ-25，杨贵军采；1，宁夏贺兰山大口子，1294～1561m，2014-Ⅶ-13，杨贵军采；1，宁夏贺兰山拜寺口，1450m，2007-Ⅵ-20，杨贵军采。

分布：宁夏、内蒙古、河北、辽宁、黑龙江、吉林、江苏、浙江、福建、江西、山东、湖南、四川、陕西、甘肃。朝鲜、日本、俄罗斯。

习性：幼虫蛀食苜蓿、松树、刺槐的枝干。

184）粒肩天牛属 *Apriona* Chevrolat, 1852 贺兰山记录 1 种

（370）粒肩天牛 *Apriona germari* Hope, 1831

采集记录：15，内蒙古贺兰山大殿沟，2125～2366m，2015-Ⅶ-25，杨贵军采。

分布：宁夏、内蒙古、河北、辽宁、江苏、浙江、福建、山东、湖南、广东、广西、四川、台湾。日本、越南、缅甸、印度。

习性：幼虫蛀食苹果树、榆树、柳树等的树干。

185）草天牛属 *Eodorcadion* Breuning, 1947 贺兰山记录 6 种（亚种）

（371）粒肩草天牛 *Eodorcadion heros* (Jakovlev, 1899)

采集记录：3，内蒙古贺兰山大殿沟，2125～2366m，2015-Ⅶ-25，杨贵军采。

分布：宁夏、内蒙古。蒙古国。

习性：幼虫取食灌木、杂草的地下部分。

（372）黄角草天牛 *Eodorcadion jakovlevi* (Suvorov, 1912)

采集记录：30，宁夏贺兰山汝箕沟，2235～2364m，2008-Ⅶ-18，杨贵军采；2，宁夏贺兰山响水沟，1746～1965m，2014-Ⅶ-13，杨贵军采；92，宁夏贺兰山响水沟，1746～2612m，2014-Ⅶ-25，杨贵军采；11，宁夏贺兰山响水沟，1750～2165m，2015-Ⅷ-5，杨贵军采；1，内蒙古贺兰山哈拉乌，2235m，2015-Ⅶ-22，杨贵军采；112，内蒙古贺兰山水磨沟，1898～2130m，2015-Ⅶ-27，杨贵军采；67，内蒙古贺兰山马莲井，2168～2360m，2015-Ⅶ-27，杨贵军采；5，内蒙古贺兰山大殿沟，2125～2366m，2015-Ⅶ-28，杨贵军采；2，内蒙古贺兰山马莲井，2168～2360m，2015-Ⅶ-24，李哲光采；2，内蒙古贺兰山哈拉乌，2246m，2015-Ⅶ-22，杨贵军采；2，内蒙古

贺兰山镇木关，2068～2184m，2015-Ⅶ-22，杨贵军采；5，内蒙古贺兰山水磨沟，1898～2130m，2015-Ⅶ-23，杨贵军采；2，内蒙古贺兰山大殿沟，2125～2366m，2015-Ⅶ-25，杨贵军采。

分布：宁夏、内蒙古。

习性：幼虫取食灌木、杂草的地下部分。

（373）齿肩草天牛 *Eodorcadion kaznakovi* (Suvorov, 1912)

采集记录：9，内蒙古贺兰山马莲井，2168～2360m，2015-Ⅶ-24，李哲光采；7，内蒙古贺兰山镇木关，2068～2184m，2015-Ⅶ-22，杨贵军采。

分布：宁夏、内蒙古。中亚。

习性：幼虫取食灌木、杂草的地下部分。

（374）红足草天牛 *Eodorcadion lutshniki lutshniki* Plavilstshikov, 1937

采集记录：2，内蒙古贺兰山镇木关，2068～2184m，2015-Ⅶ-22，杨贵军采。

分布：宁夏、内蒙古。蒙古国。

习性：幼虫取食灌木、杂草的地下部分。

（375）多脊草天牛 *Eodorcadion multicarinatum* (Breuning, 1943)

采集记录：65，内蒙古贺兰山水磨沟，1925～2366m，2015-Ⅶ-27，杨贵军采；9，内蒙古贺兰山马莲井，2168～2360m，2015-Ⅶ-27，杨贵军采；2，内蒙古贺兰山镇木关，1925～2350m，2015-Ⅶ-28，杨贵军采；3，内蒙古贺兰山马莲井，2168～2360m，2015-Ⅶ-24，李哲光采；1，内蒙古贺兰山大殿沟，2125～2366m，2015-Ⅶ-25，杨贵军采。

分布：宁夏、内蒙古、甘肃、陕西、青海。

习性：幼虫取食灌木、杂草的地下部分。

（376）密条草天牛 *Eodorcadion virgatum virgatum* (Motschulsky, 1854)

采集记录：2，内蒙古贺兰山大殿沟，2125～2366m，2015-Ⅶ-25，杨贵军采；2，内蒙古贺兰山镇木关，2100～2360m，2008-Ⅶ-8，杨贵军采。

分布：宁夏、内蒙古、甘肃、北京、河北、山西、黑龙江、吉林、辽宁、上海、浙江、湖南、陕西。朝鲜、蒙古国、俄罗斯。

习性：幼虫取食杨树、刺槐、核桃树、灌木、杂草的地下部分。

186）象天牛属 *Mesosa* Latreille, 1829　贺兰山记录 1 种

（377）四点象天牛 *Mesosa myops* (Dalman, 1817)

采集记录：2，宁夏贺兰山苏峪口，2068m，2015-Ⅶ-15，杨贵军采。

分布：宁夏、内蒙古、北京、河北、山西、黑龙江、吉林、辽宁、安徽、河南、广东、四川、陕西、甘肃、台湾。朝鲜、日本、俄罗斯。北欧。

习性：幼虫蛀食杨树、柳树、榆树、核桃树、苹果树等的树干。

187）星天牛属 *Anoplophora* Hope, 1839 贺兰山记录 1 种

（378）光肩星天牛 *Anoplophora glabripennis* (Motschulsky, 1854)

采集记录：1，宁夏贺兰山大水沟，1420～1530m，2014-Ⅷ-13，杨贵军采；7，宁夏贺兰山拜寺口，1420m，2015-Ⅷ-5，杨贵军采；7，宁夏贺兰山拜寺口，1420m，2015-Ⅸ-8，杨贵军采。

分布：我国各地。蒙古国、日本、俄罗斯。

习性：幼虫蛀食苹果树、梨树、李树、樱桃树、柳树、杨树、槭树、桑树、榆树等的树干。

188）墨天牛属 *Monochamus* Dejean, 1821 贺兰山记录 1 种

（379）云杉大墨天牛 *Monochamus urussovii* (Fischer von Waldheim, 1806)

采集记录：1，宁夏贺兰山汝箕沟，1830m，2008-Ⅶ-15，王继飞采，系煤矿坑道木材引入。

分布：宁夏、内蒙古、吉林、陕西、甘肃、青海、新疆。朝鲜、日本、蒙古国、俄罗斯。

习性：幼虫蛀食油松、云杉的树干。

189）筒天牛属 *Oberea* Dejean, 1835 贺兰山记录 1 种

（380）狭筒天牛 *Oberea donceeli* Pic, 1907
采集记录：1，内蒙古贺兰山哈拉乌，2246m，2015-Ⅶ-22，杨贵军采。
分布：内蒙古。俄罗斯、蒙古国。
习性：取食菊科植物的茎和叶。

190）小筒天牛属 *Phytoecia* Dejean, 1835 贺兰山记录 1 种

（381）菊小筒天牛 *Phytoecia rufiventris* Gautier des Cottes, 1870
采集记录：1，宁夏贺兰山拜寺口，1420m，2016-Ⅴ-27，杨贵军采；1，宁夏贺兰山苏峪口，1890m，2008-Ⅵ-5，杨贵军采；1，宁夏贺兰山贺兰口，1480m，2018-Ⅴ-19，杨益春采。

分布：宁夏、河北、东北、江苏、安徽、江西、福建、山东、湖北、广东、广西、四川、陕西、台湾。朝鲜、日本、蒙古国、俄罗斯。

习性：取食多种菊科植物。

191）坡天牛属 *Pterolophia* Newman, 1842 贺兰山记录 1 种

（382）柳坡天牛 *Pterolophia granulata* (Motschulsky, 1866)（贺兰山新记录）
采集记录：1，宁夏贺兰山苏峪口，1980m，2007-Ⅶ-11，杨贵军采。
分布：宁夏、河北、黑龙江、吉林、安徽、江苏、浙江、江西、湖北、广西、

贵州、四川、甘肃、台湾。日本、朝鲜、蒙古国。

习性：幼虫蛀食桑树、柳树、榆树、合欢、核桃树等的树干。

192）弱脊天牛属 *Menesia* Mulsant, 1856 贺兰山记录 1 种

（383）培甘弱脊天牛 *Menesia sulphurata* (Gebler, 1825)

采集记录：2，宁夏贺兰山小口子，1650m，2016-Ⅶ-10，杨贵军采；1，宁夏贺兰山拜寺口，1420m，2015-Ⅶ-2，杨贵军采。

分布：宁夏、内蒙古、河北、辽宁、吉林、黑龙江、山东、河南、湖北、四川、甘肃。日本、朝鲜、俄罗斯。

习性：幼虫蛀食核桃树、杨树的树干。

193）楔天牛属 *Saperda* Fabricius, 1775 贺兰山记录 1 种

（384）青杨楔天牛 *Saperda populnea* (Linnaeus, 1758)

采集记录：2，宁夏贺兰山小口子，1650m，2016-Ⅶ-10，杨贵军采。

分布：宁夏、内蒙古、陕西、甘肃、青海、新疆、河北、辽宁、吉林、黑龙江、江苏、山东、河南。朝鲜、蒙古国、俄罗斯。欧洲。

习性：幼虫蛀食杨树、柳树等的树干。

194）竖毛天牛属 *Thyestilla* Aurivillius, 1923 贺兰山记录 1 种

（385）麻竖毛天牛 *Thyestilla gebleri* (Faldermann, 1835)

采集记录：1，宁夏贺兰山小口子，1530m，2008-Ⅵ-25，杨贵军采；1，宁夏贺兰山响水沟，1890m，2015-Ⅷ-5，杨贵军采；1，宁夏贺兰山拜寺口，1420m，2015-Ⅶ-2，杨贵军采；1，宁夏贺兰山大口子，1490m，2008-Ⅵ-15，杨贵军采。

分布：我国广布。俄罗斯（西伯利亚）、朝鲜、日本。

习性：取食蓟。

195）*Anaesthetis* Dejean, 1835 贺兰山记录 1 种

（386）北亚拟健天牛 *Anaesthetis confossicollis* Baeckmann, 1903

分布：内蒙古、吉林。日本、蒙古国、俄罗斯。欧洲。

习性：幼虫蛀食榆树树干。

2.2.24 负泥虫科 Crioceridae Latreille, 1804

2.2.24.1 负泥虫亚科 Criocerinae Latreille, 1804

196）负泥虫属 *Crioceris* Geoffroy, 1762 贺兰山记录 1 种

（387）十四点负泥虫 *Crioceris quatuordecimpunctata* (Scopoli, 1763)

采集记录：2，宁夏贺兰山小口子，1530m，2008-Ⅵ-25，杨贵军采。

分布：宁夏、内蒙古、北京、河北、辽宁、吉林、黑龙江、江苏、浙江、福建、山东、广西、陕西。

习性：取食禾草类植物。

197）合爪负泥虫属 *Lema* Fabricius, 1798　贺兰山记录 1 种

（388）枸杞负泥虫 *Lema decempunctata* Gebler, 1830

采集记录：8，宁夏贺兰山小口子，1420～1690m，2016-VI-6，杨益春采；4，宁夏贺兰山拜寺口，1450m，2017-VI-2，杨益春采。

分布：宁夏、内蒙古、甘肃、北京、河北、山西、吉林、江苏、浙江、福建、江西、山东、湖南、四川、西藏。朝鲜、日本、俄罗斯。

习性：取食枸杞叶片。

2.2.25　肖叶甲科 Eumolpidae (Hope, 1840)

2.2.25.1　锯角叶甲亚科 Clytrinae Laicharting, 1781

198）锯角叶甲属 *Clytra* Laicharting, 1871　贺兰山记录 2 种

贺兰山锯角叶甲属分种检索表

前胸背板黑色，鞘翅橘红色，肩角各有 1 椭圆黑斑⋯⋯⋯ 黑盾锯角叶甲 *Clytra atraphaxidis*
前胸背板暗棕色，具宽鱼尾形黑斑，肩角椭圆黑斑连接后面黑斑 ⋯⋯⋯⋯⋯⋯⋯⋯⋯⋯⋯⋯⋯⋯⋯⋯⋯⋯⋯⋯⋯⋯⋯⋯⋯⋯⋯⋯⋯⋯ 光背锯角叶甲 *Clytra laeviuscula*

（389）黑盾锯角叶甲 *Clytra atraphaxidis* (Pallas, 1773)（贺兰山新记录）

采集记录：2，宁夏贺兰山椿树沟，1580m，2015-VII-5，杨贵军采；1，内蒙古贺兰山水磨沟，1898～2130m，2015-VII-23，杨贵军采。

分布：宁夏、内蒙古。欧洲。

习性：见于枸子、茶蔗子、丁香等植物。

（390）光背锯角叶甲 *Clytra laeviuscula* Ratzeburg, 1837

采集记录：1，宁夏贺兰山大口子，1420～1750m，2015-VI-5，杨贵军采；1，宁夏贺兰山小口子，1400～1620m，2016-VI-7，杨益春采。

分布：宁夏、内蒙古、山西、陕西、甘肃、北京、河北、吉林、黑龙江、江苏、江西、山东。朝鲜、日本、俄罗斯。欧洲。

习性：取食杨、桦、榆、柳等植物叶片。

199）切头叶甲属 *Coptocephala* Chevrolat, 1836 贺兰山记录 1 种

（391）亚洲切头叶甲 *Coptocephala asiatica* Chujo, 1940
采集记录：5，宁夏贺兰山榆树沟，1380m，2014-Ⅶ-18，杨贵军采。
分布：宁夏、内蒙古、陕西、山西、河北、吉林、黑龙江、湖北、青海。朝鲜、日本。
习性：取食杨、桦、榆、柳等植物叶片。

200）钳叶甲属 *Labidostomis* Chevrolat, 1836 贺兰山记录 1 种

（392）二点钳叶甲 *Labidostomis bipunctata* (Mannerheim, 1825)
采集记录：17，宁夏贺兰山大水沟，1450m，2015-Ⅴ-25，2013 生教 1 采；16，宁夏贺兰山大口子，1550m，2016-Ⅴ-25，杨益春采；3，宁夏贺兰山大口子，1330～1590m，2016-Ⅴ-11，杨益春采。
分布：宁夏、内蒙古、北京、河北、山西、辽宁、黑龙江、山东、陕西、青海、甘肃。朝鲜、俄罗斯。
习性：取食胡枝子、柳、杏、枣、青杨、榆、李等植物的叶。

201）光叶甲属 *Smaragdina* Chevrolat, 1836 贺兰山记录 1 种

（393）梨光叶甲 *Smaragdina semiaurantica* (Fairmaire, 1888)
采集记录：2，宁夏贺兰山苏峪口，1950m，2004-Ⅶ-18，杨贵军采。
分布：宁夏、吉林、黑龙江、江苏、浙江、山东、河南、湖北、陕西。朝鲜、日本。
习性：取食云杉、核桃、杨、柳、刺槐、山杏等植物的叶。

202）盾叶甲属 *Aspidolopha* Lacordaire, 1848 贺兰山记录 1 种

（394）双斑盾叶甲 *Aspidolopha bisignata* Pic, 1927
采集记录：2，宁夏贺兰山小口子，1546～1600m，2008-Ⅷ-4，杨贵军采；1，宁夏贺兰山大口子，1292～1487m，2014-Ⅶ-6，杨贵军采；1，宁夏贺兰山榆树沟，1360m，2014-Ⅶ-18，杨贵军采；6，宁夏贺兰山小口子，1430m，2016-Ⅵ-18，王杰等采；3，宁夏贺兰山苏峪口，1430m，2016-Ⅵ-18，王杰等采。
分布：宁夏。俄罗斯。欧洲。
习性：取食杨、柳、刺槐、山杏等植物的叶。

2.2.25.2 隐头叶甲亚科 Cryptocephalinae Gyllenhal, 1813

203）隐头叶甲属 *Cryptocephalus* Geoffroy, 1762 贺兰山记录 7 种（亚种）

（395）黑斑隐头叶甲 *Cryptocephalus agnus* Weise, 1898
采集记录：2，内蒙古贺兰山水磨沟，1910～1980m，2008-Ⅶ-23，杨贵军采。

分布：宁夏、内蒙古、新疆、北京、河北、山西、云南。蒙古国、俄罗斯（东西伯利亚）。

习性：取食多种植物的叶。

（396）内蒙古隐头叶甲 *Cryptocephalus bivulneratus ourganus* Pic, 1930（贺兰山新记录）

采集记录：8，宁夏贺兰山小口子，1420～1690m，2016-VI-6，杨益春采。

分布：宁夏、内蒙古。

习性：取食灰榆树叶。

（397）艾蒿隐头叶甲 *Cryptocephalus koltzei koltzei* Weise, 1887

采集记录：1，宁夏贺兰山响水沟，1980m，2015-VII-23，杨贵军采。

分布：宁夏、内蒙古、甘肃、陕西、河北、山西、辽宁、吉林、黑龙江、湖北。俄罗斯、朝鲜。

习性：取食艾蒿属、杨属植物的叶。

（398）斑额隐头叶甲 *Cryptocephalus kulibini* Gebler, 1832

采集记录：1，宁夏贺兰山响水沟，1980m，2015-VII-23，杨贵军采。

分布：宁夏、内蒙古、河北、山西、黑龙江、吉林、辽宁、山东、陕西、甘肃。朝鲜、俄罗斯。

习性：取食枣树、榆树、胡枝子叶片。

（399）榆隐头叶甲 *Cryptocephalus lemniscatus* Suffrian, 1854（宁夏新记录，贺兰山新记录）

采集记录：3，宁夏贺兰山拜寺口，1420m，2016-IV-30，杨益春采。

分布：宁夏、甘肃、陕西、山西。俄罗斯。

习性：取食灰榆树叶。

（400）槭隐头叶甲 *Cryptocephalus mannerheimi* Gebler, 1825

采集记录：1，宁夏贺兰山大口子，1430～1650m，2014-VI-6，杨贵军采。

分布：宁夏、内蒙古、山西、陕西、甘肃、河北、辽宁、吉林、黑龙江、浙江、湖北。俄罗斯、朝鲜、日本。

习性：取食灰榆树叶。

（401）齿腹隐头叶甲 *Cryptocephalus stchukini* Faldermann, 1835

采集记录：1，宁夏贺兰山苏峪口，1910～1980m，2008-VII-13，杨贵军采。

分布：宁夏、内蒙古、甘肃、新疆、青海、河北、山西、吉林、黑龙江。蒙古国、俄罗斯。

习性：取食灰榆树叶。

204）短柱叶甲属 *Pachybrachis* Chevrolat, 1836 贺兰山记录 2 种

贺兰山短柱叶甲属分种检索表

鞘翅刻点稀疏，行列清晰，每鞘翅基部有 11 行隆起；鞘翅外侧有 3 个黑斑，内侧有 2～3 条不规则黑条纹 ·················· 花背短柱叶甲 *Pachybrachis scriptidorsum*

鞘翅刻点粗密混乱，不成纵行及隆起；鞘翅外侧有 3 个黑斑，内侧有 1 条不规则黑宽纵带 ·················· 黄臀短柱叶甲 *Pachybrachis ochropygus*

（402）黄臀短柱叶甲 *Pachybrachis ochropygus* (Soisky, 1872)（贺兰山新记录）

采集记录：1，宁夏贺兰山小口子，1420～1690m，2016-VI-6，杨益春采。

分布：宁夏、甘肃、青海、新疆、河北、山西、辽宁、黑龙江、安徽、四川。俄罗斯、朝鲜。

习性：取食杨属、柳属植物的叶。

（403）花背短柱叶甲 *Pachybrachis scriptidorsum* Marseul, 1875

采集记录：1，宁夏贺兰山拜寺口，1420m，2016-IV-30，杨贵军采。

分布：宁夏、内蒙古、河北、山西、黑龙江、山东、河南、湖北、陕西。俄罗斯、朝鲜。

习性：取食柳属植物、艾蒿属植物、胡枝子的叶。

205）甘薯肖叶甲属 *Colasposoma* Laporte, 1894 贺兰山记录 1 种

（404）甘薯肖叶甲 *Colasposoma dauricum* Mannercheim, 1849（贺兰山新记录）

采集记录：1，宁夏贺兰山小口子，1546～1600m，2008-VIII-4，杨贵军采；2，宁夏贺兰山响水沟，1746～1965m，2014-VII-13，杨贵军采；1，宁夏贺兰山榆树沟，1246～1500m，2014-VII-18，杨贵军采；12，宁夏贺兰山响水沟，1746～2612m，2014-VII-25，杨贵军采。

分布：我国广布。朝鲜、俄罗斯、日本、蒙古国、缅甸、印度。

习性：见于旋花科植物等。

206）杨梢肖叶甲属 *Parnops* Jacobson, 1894 贺兰山记录 1 种

（405）杨梢叶甲 *Parnops glasunowi* Jacobson, 1894

采集记录：1，宁夏贺兰山响水沟，2540m，2016-V-26，杨贵军采。

分布：宁夏、内蒙古、甘肃、青海、新疆、辽宁、吉林、黑龙江、河北、山西、江苏、河南、陕西。俄罗斯。

习性：取食杨属、柳属、榆属植物的树叶。

207）萝藦肖叶甲属 *Chrysochus* **Chevrolat in Dejean, 1836** 贺兰山记录 2 种（亚种）

贺兰山萝藦肖叶甲属分种检索表

爪双裂；体蓝色、蓝绿色或蓝紫色 ·························· 中华萝藦肖叶甲 *Chrysochus chinensis*

爪具附齿；体蓝色或紫色 ·············· 蓝紫萝藦肖叶甲 *Chrysochus asclepiadeus asclepiadeus*

（406）蓝紫萝藦肖叶甲 *Chrysochus asclepiadeus asclepiadeus* (Pallas, 1773)

采集记录：2，宁夏贺兰山大口子，1420～1750m，2015-VI-5，杨贵军采；1，内蒙古贺兰山镇木关，2068～2184m，2015-VII-22，杨贵军采。

分布：宁夏、内蒙古。俄罗斯。欧洲。

习性：取食萝摩科植物的叶。

（407）中华萝藦肖叶甲 *Chrysochus chinensis* Baly, 1859

采集记录：2，宁夏贺兰山榆树沟，1350m，2014-VII-18，杨贵军采；4，宁夏贺兰山大口子，1420～1750m，2015-VI-5，杨贵军采；3，宁夏贺兰山小口子，1430m，2016-VI-18，王杰等采；2，宁夏贺兰山苏峪口，1430m，2016-VI-18，王杰等采。

分布：宁夏、内蒙古、山西、陕西、黑龙江、吉林、辽宁、河北、青海、山东、江苏、浙江、河南、湖北。

习性：取食桑、松、杨、柳、榆、槐、曼陀罗等植物的叶。

208）绿肖叶甲属 *Chrysochares* **Morawitz, 1861** 贺兰山记录 1 种

（408）大绿叶甲 *Chrysochares asiaticus* (Pallas, 1771)

采集记录：1，宁夏贺兰山大口子，1420～1750m，2015-VI-5，杨贵军采。

分布：宁夏、甘肃、新疆。俄罗斯。东欧。

习性：取食白蒿、长茅草。

2.2.26　叶甲科 Chrysomelidae Latreille, 1802

2.2.26.1　叶甲亚科 Chrysomelinae Latreille, 1802

209）金叶甲属 *Chrysolina* **Motschulsky, 1860** 贺兰山记录 5 种（亚种）

贺兰山金叶甲属分种检索表

1 体背面黑色、蓝黑色或青铜色 ··· 2

头胸部蓝紫色，鞘翅盘区铜绿色，或背面古铜色至黑色；鞘翅刻点成行 ························

·· 漠金叶甲 *Chrysolina aeruginosa aeruginosa*

2 鞘翅背面具 5 行圆盘状光滑无刻点隆起；头胸刻点粗密 ···

·· 薄荷金叶甲 *Chrysolina exanthematica*

（409）漠金叶甲 *Chrysolina aeruginosa aeruginosa* (Faldermann, 1835)

采集记录：1，宁夏贺兰山小口子，1530m，2008-VI-24，杨贵军采；1，宁夏贺兰山苏峪口，2100m，2009-VI-30，杨贵军采；4，宁夏贺兰山苏峪口，1952～2280m，2009-VIII-14，杨贵军采；1，宁夏贺兰山拜寺口，1389～1627m，2014-VII-26，杨贵军采；2，宁夏贺兰山响水沟，1750～2320m，2015-VIII-5，杨贵军采；1，宁夏贺兰山响水沟，1700～2100m，2015-VI-22，杨贵军采；11，内蒙古贺兰山大殿沟，2125～2366m，2015-VII-28，杨贵军采；2，内蒙古贺兰山镇木关，1890～2320m，2015-VII-28，杨贵军采；1，内蒙古贺兰山马莲井，2168～2360m，2015-VII-24，李哲光采；1，内蒙古贺兰山哈拉乌，2246m，2015-VII-24，杨贵军采；2，内蒙古贺兰山镇木关，2068～2184m，2015-VII-22，杨贵军采；11，内蒙古贺兰山大殿沟，2125～2366m，2015-VII-25，杨贵军采。

分布：宁夏、内蒙古、辽宁。

习性：取食蒿属植物。

（410）阿拉善金叶甲 *Chrysolina alaschanica* (Jacobson, 1898)（贺兰山新记录）

采集记录：1，宁夏贺兰山小口子，1530m，2008-VI-24，杨贵军采；3，宁夏贺兰山小口子，1546～1600m，2008-VIII-4，杨贵军采；2，宁夏贺兰山苏峪口，1952～2280m，2009-VIII-14，杨贵军采；1，宁夏贺兰山榆树沟，1650m，2014-VII-18，杨贵军采；24，宁夏贺兰山响水沟，1746～2612m，2014-VII-25，杨贵军采；1，宁夏贺兰山插旗口，1543～1659m，2014-VIII-19，杨贵军采；21，宁夏贺兰山响水沟，1960～2560m，2015-VIII-5，杨贵军采；1，内蒙古贺兰山哈拉乌，1952～3280m，2015-VII-22，杨贵军采；2，内蒙古贺兰山水磨沟，1950～2580m，2015-VII-27，杨贵军采；2，内蒙古贺兰山马莲井，2168～2360m，2015-VII-27，杨贵军采；5，内蒙古贺兰山大殿沟，2125～2366m，2015-VII-28，杨贵军采；1，内蒙古贺兰山镇木关，2168～2560m，2015-VII-28，杨贵军采；3，内蒙古贺兰山哈拉乌，2246～2916m，2015-VII-24，杨贵军采；1，内蒙古贺兰山大殿沟，2125～2366m，2015-VII-25，杨贵军采。

分布：宁夏、内蒙古、甘肃。吉尔吉斯斯坦。

习性：取食多种灌木叶片、禾草叶片。

（411）蒿金叶甲 *Chrysolina aurichalcea* (Mannerheim, 1825)

采集记录：1，宁夏贺兰山苏峪口，1952～2280m，2009-Ⅷ-14，杨贵军采；2，内蒙古贺兰山马莲井，2168～2360m，2015-Ⅶ-27，杨贵军采。

分布：宁夏、内蒙古、陕西、甘肃、新疆、河北、辽宁、吉林、黑龙江、浙江、福建、山东、河南、湖北、湖南、广西、四川、贵州、云南。越南、俄罗斯。

习性：取食蒿属植物。

（412）薄荷金叶甲 *Chrysolina exanthematica* (Wiedemann, 1821)

采集记录：1，宁夏贺兰山椿树沟，1580m，2015-Ⅶ-5，杨贵军采；7，内蒙古贺兰山镇木关，2068～2184m，2015-Ⅶ-22，杨贵军采。

分布：宁夏、内蒙古、甘肃、青海、河北、吉林、江苏、浙江、安徽、福建、河南、湖北、湖南、广东、四川、云南。日本、俄罗斯、印度。

习性：取食杨树、柳树、旋花科植物等的叶片。

（413）有序金叶甲 *Chrysolina ordinate* Gebler, 1825（贺兰山新记录）

采集记录：1，宁夏贺兰山椿树沟，1580m，2015-Ⅶ-5，杨贵军采；1，内蒙古贺兰山水磨沟，1898～2130m，2015-Ⅶ-23，杨贵军采。

分布：宁夏、内蒙古、甘肃。欧洲。

习性：取食灰榆、蒿属植物叶片。

210）榆叶甲属 *Ambrostoma* Motschulsky, 1860   贺兰山记录 1 种

（414）榆紫叶甲 *Ambrostoma quadriimpressum* (Motschulsky, 1845)

采集记录：1，宁夏贺兰山大口子，1430～1720m，2014-Ⅵ-6，杨贵军采；1，宁夏贺兰山拜寺口，1389～1627m，2014-Ⅶ-26，杨贵军采；2，宁夏贺兰山苏峪口，2038m，2015-Ⅶ-2，杨贵军采；4，宁夏贺兰山拜寺口，1420m，2015-Ⅶ-2，杨贵军采；13，宁夏贺兰山大水沟，1450m，2015-Ⅴ-25，2013生教1采；1，宁夏贺兰山小口子，1420～1690m，2016-Ⅵ-6，杨益春采。

分布：宁夏、内蒙古、河北、辽宁、吉林、黑龙江。俄罗斯。

习性：取食灰榆树叶。

211）无缘叶甲属 *Colaphellus* Weise, 1916   贺兰山记录 1 种

（415）菜无缘叶甲 *Colaphellus bowringii* Baly, 1865

采集记录：1，宁夏贺兰山小口子，1530m，2008-Ⅵ-24，杨贵军采；1，宁夏贺兰山小口子，1530m，2008-Ⅵ-25，杨贵军采；27，宁夏贺兰山小口子，1546～1600m，2008-Ⅷ-4，杨贵军采；5，宁夏贺兰山响水沟，1746～2612m，2014-Ⅶ-25，杨贵军采；1，宁夏贺兰山大水沟，1292～1659m，2014-Ⅷ-20，杨贵军采；15，宁夏贺兰山响水沟，1780～2230m，2015-Ⅷ-5，杨贵军采；1，宁夏贺兰山响水沟，

2502m，2015-Ⅷ-5，杨贵军采；5，宁夏贺兰山大水沟，1450m，2015-Ⅴ-25，2013生教1采；5，宁夏贺兰山马莲口，1550m，2016-Ⅴ-11，杨益春采；1，宁夏贺兰山小口子，1420～1690m，2016-Ⅵ-6，杨益春采；1，内蒙古贺兰山哈拉乌，1925～2320m，2015-Ⅶ-22，杨贵军采；4，内蒙古贺兰山水磨沟，2150～2360m，2015-Ⅶ-27，杨贵军采；6，内蒙古贺兰山马莲井，2168～2360m，2015-Ⅶ-27，杨贵军采；1，内蒙古贺兰山大殿沟，2125～2366m，2015-Ⅶ-28，杨贵军采；4，内蒙古贺兰山镇木关，2150～2360m，2015-Ⅶ-28，杨贵军采。

分布：我国广布。越南。

习性：取食十字花科植物。

212）齿胫叶甲属 *Gastrophysa* Chevrolat, 1836 贺兰山记录2种

贺兰山齿胫叶甲属分种检索表

前胸背板、足、腹部末节、触角基部棕红色；鞘翅、腹面蓝绿色或蓝紫色……………………………………………………蓄齿胫叶甲 *Gastrophysa polygoni*

体全部蓝紫色至蓝黑色，近腹部末节端缘棕黄色……蓼蓝齿胫叶甲 *Gastrophysa atrocyanea*

（416）蓼蓝齿胫叶甲 *Gastrophysa atrocyanea* Motschulsky, 1860

采集记录：2，宁夏贺兰山马莲口，1550m，2007-Ⅴ-14，杨贵军采。

分布：宁夏、内蒙古、甘肃、青海、陕西、北京、河北、辽宁、黑龙江、上海、江苏、浙江、安徽、福建、江西、湖北、湖南、四川、云南。朝鲜、日本、俄罗斯、越南。

习性：取食蓄。

（417）蓄齿胫叶甲 *Gastrophysa polygoni* Linnaeus, 1758（贺兰山新记录）

采集记录：2，宁夏贺兰山拜寺口，1450m，2015-Ⅴ-24，杨贵军采；3，内蒙古贺兰山水磨沟，2100m，2008-Ⅶ-23，辛明采。

分布：宁夏、内蒙古、河北、辽宁、甘肃、新疆。朝鲜、俄罗斯。欧洲、北美洲。

习性：取食蓼科植物。

213）弗叶甲属 *Phratora* Chevrolat, 1836 贺兰山记录1种

（418）杨弗叶甲 *Phratora laticollis* (Suffrian, 1851)（贺兰山新记录）

采集记录：2，宁夏贺兰山苏峪口，2038m，2015-Ⅶ-11，杨贵军采。

分布：宁夏、内蒙古、山西、辽宁、吉林、黑龙江、四川、云南、陕西、甘肃、新疆。蒙古国、俄罗斯。非洲、美洲。

习性：取食山杨树叶。

214）圆叶甲属 *Plagiodera* Chevrolat, 1836 贺兰山记录 1 种

（419）柳圆叶甲 *Plagiodera versicolora* (Laicharting, 1781)

采集记录：1，宁夏贺兰山小口子，1530m，2008-VI-25，杨贵军采；2，宁夏贺兰山大水沟，1450m，2015-V-25，2013 生教 1 采；5，宁夏贺兰山拜寺口，1450m，2016-V-25，杨益春采；6，宁夏贺兰山小口子，1400～1620m，2016-VI-7，杨益春采。

分布：宁夏、内蒙古、陕西、甘肃、山西、河北、黑龙江、吉林、辽宁、江苏、浙江、安徽、福建、江西、山东、河南、湖北、湖南、四川、贵州、台湾。日本、俄罗斯、印度。欧洲、北非。

习性：取食柳树树叶。

2.2.26.2 萤叶甲亚科 Galerucinae Latreille, 1802

215）萤叶甲属 *Galeruca* Muller, 1764 贺兰山记录 1 种

（420）灰褐萤叶甲 *Galeruca pallasia* (Jacobson, 1925)

采集记录：1，宁夏贺兰山小口子，1530m，2008-VI-24，杨贵军采；6，宁夏贺兰山大口子，1420～1750m，2014-VI-6，杨贵军采；4，宁夏贺兰山榆树沟，1250～1650m，2014-VII-18，杨贵军采；2，宁夏贺兰山大口子，1420～1750m，2015-VII-5，杨贵军采；1，内蒙古贺兰山水磨沟，1980～2450m，2015-VII-27，杨贵军采；1，内蒙古贺兰山大殿沟，2125～2366m，2015-VII-28，杨贵军采。

分布：宁夏、内蒙古、甘肃、青海、新疆。

习性：见于豆科植物。

216）胫萤叶甲属 *Pallasiola* Jacobson, 1925 贺兰山记录 1 种

（421）阔胫萤叶甲 *Pallasiola absinthii* (Pallas, 1773)

采集记录：1，宁夏贺兰山小口子，1530m，2008-VI-25，杨贵军采；1，宁夏贺兰山贺兰口，1520m，2008-VII-1，杨贵军采；1，内蒙古贺兰山哈拉乌，2540m，2008-VII-21，杨贵军采。

分布：宁夏、内蒙古、山西、陕西、甘肃、新疆、河北、黑龙江、吉林、辽宁、四川、云南、西藏。蒙古国、俄罗斯。

习性：取食灰榆、蒿、山樱桃、假木贼、藜科植物的叶。

217）粗角萤叶甲属 *Diorhabda* Weise, 1883 贺兰山记录 1 种

（422）白茨粗角萤叶甲 *Diorhabda rybakowi* Weise, 1890

采集记录：2，宁夏贺兰山小口子，1530m，2008-VI-25，杨贵军采；3，宁夏贺兰山拜寺口，1420m，2015-VI-29，王杰采。

分布：宁夏、内蒙古、四川、陕西、甘肃、新疆。蒙古国。

习性：取食白刺。

218）毛萤叶甲属 *Pyrrhalta* Joannis, 1866 贺兰山记录 2 种

贺兰山毛萤叶甲属分种检索表

鞘翅具金属光泽，前胸背板具 3 个黑斑……………………榆绿毛萤叶甲 *Pyrrhalta aenescens*
鞘翅黄褐色、绿色或褐色，前胸背板具 3 条黑色纵条纹…榆黄毛萤叶甲 *Pyrrhalta maculicollis*

（423）榆绿毛萤叶甲 *Pyrrhalta aenescens* (Fairmaire, 1878)

采集记录：1，宁夏贺兰山苏峪口，2038m，2015-Ⅶ-2，杨贵军采；9，宁夏贺兰山黄头沟，1379m，2015-Ⅶ-3，杨贵军采；19，宁夏贺兰山拜寺口，1420m，2015-Ⅵ-29，王杰采；27，宁夏贺兰山大水沟，1450m，2015-Ⅴ-25，2013 生教 1 采。

分布：宁夏、内蒙古、河北、山西、吉林、江苏、山东、河南、陕西、甘肃、台湾。日本。

习性：取食灰榆树叶。

（424）榆黄毛萤叶甲 *Pyrrhalta maculicollis* (Motschulsky, 1853)

采集记录：4，宁夏贺兰山拜寺口，1420m，2015-Ⅵ-29，王杰采。

分布：宁夏、山西、陕西、甘肃、河北、江苏、浙江、福建、江西、山东、河南、广东、广西、台湾、东北。朝鲜、日本、俄罗斯。

习性：取食灰榆树叶。

2.2.26.3 跳甲亚科 Alticinae Spinola, 1844

219）蚤跳甲属 *Psylliodes* Latreille, 1829 贺兰山记录 1 种

（425）模带蚤跳甲 *Psylliodes obscurofasciata* Chen, 1933

采集记录：1，宁夏贺兰山小口子，1530m，2008-Ⅵ-25，杨贵军采；2，宁夏贺兰山拜寺口，1420m，2015-Ⅵ-29，王杰采。

分布：宁夏、河北、山西、陕西、甘肃、台湾。

习性：取食枸杞、白刺。

220）沟胸跳甲属 *Crepidodera* Chevrolat, 1836 贺兰山记录 2 种（亚种）

贺兰山沟胸跳甲属分种检索表

体古铜色，具金属光泽；触角基部 6～7 节淡黄褐色，余节棕褐色……………………………………………………………黄角沟胸跳甲 *Crepidodera fulvicornis*
体绿色或蓝色，前胸背板具金红色金属光泽；触角 1～4 节淡棕黄色至棕色，余节黑色……………………………………………柳沟胸跳甲 *Crepidodera pluta pluta*

（426）黄角沟胸跳甲 *Crepidodera fulvicornis* (Fabricius, 1793)（宁夏新记录，贺兰山新记录）

采集记录：1，宁夏贺兰山大口子，1292～1487m，2014-Ⅶ-6，杨贵军采。

分布：宁夏。俄罗斯。欧洲。

习性：见于灌丛。

（427）柳沟胸跳甲 *Crepidodera pluta pluta* (Latreille, 1804)

采集记录：1，宁夏贺兰山大口子，1292～1487m，2014-Ⅶ-6，杨贵军采。

分布：宁夏、河北、山西、吉林、黑龙江、湖北、云南、西藏。朝鲜、日本、俄罗斯。中亚、欧洲。

习性：取食山杨、柳树树叶。

221）跳甲属 *Altica* Geoffroy, 1762 贺兰山记录 1 种

（428）地榆跳甲 *Altica sanguisobae* Ohno, 1960（宁夏新记录，贺兰山新记录）

采集记录：1，宁夏贺兰山大口子，1292～1487m，2014-Ⅶ-6，杨贵军采；1，宁夏贺兰山小口子，1530m，2008-Ⅵ-25，杨贵军采。

分布：宁夏、内蒙古、黑龙江、河北、山东。日本。

习性：取食地榆。

222）毛跳甲属 *Epitrix* Foudras, 1859 贺兰山记录 1 种

（429）枸杞毛跳甲 *Epitrix abeillei* (Bauduer, 1874)

采集记录：1，宁夏贺兰山小口子，1530m，2008-Ⅵ-25，杨贵军采；1，宁夏贺兰山拜寺口，1500m，2012-Ⅵ-5，杨贵军采。

分布：宁夏、内蒙古、山西、河北、甘肃、新疆。中亚、西亚、欧洲、北非。

习性：取食枸杞。

2.2.26.4　豆象亚科 Bruchinae Latreille, 1802

223）细足豆象属 *Kytorhinus* Fischer, 1809 贺兰山记录 1 种

（430）柠条豆象 *Kytorhinus immixtus* Motschulsky, 1874（贺兰山新记录）

采集记录：5，宁夏贺兰山小口子，1530m，2008-Ⅵ-25，杨贵军采；6，宁夏贺兰山拜寺口，1500m，2012-Ⅵ-5，杨贵军采。

分布：宁夏、甘肃、内蒙古。蒙古国、俄罗斯、吉尔吉斯斯坦。

习性：取食柠条豆荚。

2.2.27 铁甲科 Hispidae Gyllenhal, 1813

2.2.27.1 龟甲亚科 Cassidinae Gyllenhal, 1813

224) 龟甲属 *Cassida* Linnaeus, 1758 贺兰山记录 2 种

贺兰山龟甲属分种检索表

鞘翅基缘锯齿明显，黑色 ··· 甜菜龟甲 *Cassida nebulosa*

鞘翅基缘锯齿很弱，不呈黑色；小盾片下有 1 紫红色宽 "V" 形斑 ·······················
·· 枸杞血斑龟甲 *Cassida deltoides*

（431）枸杞血斑龟甲 *Cassida deltoides* Weise, 1889

采集记录：6，宁夏贺兰山拜寺口，1420m，2016-Ⅳ-30，杨益春采；1，宁夏贺兰山苏峪口，1430m，2016-Ⅵ-18，王杰等采。

分布：宁夏、河北、江苏、浙江、湖南、陕西、甘肃。日本、俄罗斯。欧洲。

习性：取食枸杞、小蓟、藜类植物。

（432）甜菜龟甲 *Cassida nebulosa* Linnaeus, 1758

采集记录：1，宁夏贺兰山大口子，1292～1487m，2014-Ⅶ-6，杨贵军采；1，宁夏贺兰山榆树沟，1250m，2014-Ⅶ-18，杨贵军采；1，宁夏贺兰山插旗口，1543～1659m，2014-Ⅷ-19，杨贵军采；1，宁夏贺兰山大水沟，1450m，2015-Ⅴ-25，2013 生教 2 采。

分布：宁夏、内蒙古、山西、陕西、甘肃、北京、天津、河北、辽宁、吉林、黑龙江、上海、江苏、湖北、山东、四川、新疆。朝鲜、日本、俄罗斯。欧洲。

习性：藜、旋花等植物。

2.2.28 齿颚象科 Rhynchitidae Gistel, 1856

2.2.28.1 齿颚象亚科 Rhynchitinae Gistel, 1848

225) 金象属 *Byctiscus* Thomson, 1859 贺兰山记录 3 种

（433）梨卷叶象 *Byctiscus betulae* (Linnaeus, 1758)

采集记录：1，宁夏贺兰山苏峪口，2038m，2015-Ⅶ-2，杨贵军采。

分布：宁夏、辽宁、吉林、黑龙江、甘肃。俄罗斯。

习性：取食梨、苹果、小叶杨、山杨、桦树的叶片。

（434）山杨卷叶象 *Byctiscus ommissus* Voss, 1920

采集记录：1，宁夏贺兰山苏峪口，2038m，2015-Ⅶ-2，杨贵军采。

分布：宁夏、甘肃、陕西、青海、山东、江苏。

习性：取食杨树树叶。

（435）苹果卷叶象 *Byctiscus princeps* (Solsky, 1872)

采集记录：1，宁夏贺兰山大口子，1450m，2013-Ⅶ-2，杨贵军采。

分布：宁夏、河北、辽宁、吉林、黑龙江、甘肃。日本、朝鲜、俄罗斯。

习性：取食苹果等蔷薇科植物的叶片。

2.2.29　象甲科 Curculionidae Latreille, 1802

2.2.29.1　小蠹亚科 Scolytinae Latreille, 1804

226）齿小蠹属 *Ips* De Geer, 1775　贺兰山记录 1 种

（436）云杉八齿小蠹 *Ips typographus* (Linnaeus, 1758)

采集记录：15，宁夏贺兰山苏峪口，2100～2550m，2018-Ⅷ-21，王杰采。

分布：宁夏、辽宁、吉林、黑龙江、四川、新疆。日本、朝鲜、俄罗斯。欧洲。

习性：幼虫蛀食云杉树干。

227）星坑小蠹属 *Pityogenes* Bedel, 1888　贺兰山记录 1 种

（437）中穴星坑小蠹 *Pityogenes chalcographus* (Linnaeus, 1761)

采集记录：3，宁夏贺兰山苏峪口，2210～2340m，2008-Ⅶ-13，杨贵军采。

分布：宁夏、内蒙古、辽宁、吉林、黑龙江、四川、新疆。日本、朝鲜、俄罗斯。

习性：幼虫蛀食云杉树干。

228）四眼小蠹属 *Polygraphus* Chapuis, 1869　贺兰山记录 1 种

（438）云杉四眼小蠹 *Polygraphus poligrphus* (Linnaeus, 1758)

采集记录：4，宁夏贺兰山苏峪口，2100～2550m，2016-Ⅷ-21，王杰采。

分布：宁夏、内蒙古、陕西、青海、西藏、山西、四川、云南。蒙古国、日本、俄罗斯。欧洲、非洲。

习性：幼虫蛀食云杉、油松的树干。

229）小蠹属 *Scolytus* Geoffroy, 1762　贺兰山记录 3 种

贺兰山小蠹属分种检索表

1 腹部急剧收缩，第 1 与第 2 腹板成直角或钝角腹面；腹板上有瘤、齿、毛丛等结构·········· 2
　腹部缓慢收缩，第 1 与第 2 腹板联合构成圆弧状腹面；腹板上无瘤、齿、毛丛等结构········
　···云杉小蠹 *Scolytus sinopiceus*
2 雄虫腹部第 7 腹板有 1 对长刚毛··································脐腹小蠹 *Scolytus schevyrewi*
　雄虫腹部第 7 腹板无长刚毛····································多毛小蠹 *Scolytus seulensis*

（439）脐腹小蠹 *Scolytus schevyrewi* Semenov, 1902

采集记录：1，宁夏贺兰山椿树沟，1580m，2015-Ⅶ-5，杨贵军采；1，宁夏贺兰山大口子，1330～1590m，2016-Ⅴ-11，杨益春采；2，内蒙古贺兰山水磨沟，2100m，2008-Ⅶ-21，杨贵军采。

分布：宁夏、内蒙古、河北、河南、陕西、新疆。俄罗斯。

习性：蛀食榆树树干。

（440）多毛小蠹 *Scolytus seulensis* Murayama, 1930（贺兰山新记录）

采集记录：2，宁夏贺兰山苏峪口，1950m，2016-Ⅶ-27，杨贵军采。

分布：宁夏、内蒙古、河北、吉林、辽宁、黑龙江、山东、江苏、河南、陕西、甘肃。

习性：幼虫蛀食榆树、杏树、李树、桃树、樱桃树、柠条、锦鸡儿的枝干。

（441）云杉小蠹 *Scolytus sinopiceus* Tsai, 1962

采集记录：1，宁夏贺兰山苏峪口，1950m，2016-Ⅶ-27，杨贵军采。

分布：宁夏、内蒙古、四川、云南、西藏、青海。

习性：幼虫蛀食云杉树干。

230）切梢小蠹属 *Tomicus* Latreille, 1802 贺兰山记录 1 种

（442）多毛切梢小蠹 *Tomicus pilifer* Wood & Bright, 1992

采集记录：2，宁夏贺兰山苏峪口，2100～2540m，2016-Ⅶ-10，杨贵军采。

分布：宁夏、北京、黑龙江。俄罗斯。

习性：幼虫蛀食松树树干。

2.2.29.2 跳象亚科 Rhynchaeninae Latreille, 1802

231）跳象属 *Orchestes* Illiger, 1798 贺兰山记录 1 种

（443）榆跳象 *Orchestes alni* (Linnaeus, 1758)

采集记录：25，宁夏贺兰山大水沟，1450m，2017-Ⅴ-27，杨益春采；15，宁夏贺兰山大口子，1550m，2017-Ⅴ-25，李欣芸采；45，宁夏贺兰山青羊沟，1500m，2017-Ⅴ-25，安旭采；45，宁夏贺兰山独树沟，1520m，2017-Ⅴ-25，杨益春采；45，宁夏贺兰山小口子，1450～1720m，2017-Ⅴ-25，李欣芸采；15，宁夏贺兰山樱桃谷，1950m，2017-Ⅴ-28，杨益春采；5，宁夏贺兰山拜寺口，1420m，2016-Ⅴ-27，李欣芸采；55，宁夏贺兰山樱桃谷，1750～2120m，2017-Ⅴ-28，杨贵军采。

分布：宁夏、内蒙古、陕西、甘肃、新疆、北京、天津、辽宁、吉林、黑龙江、上海、江苏。俄罗斯。欧洲。

习性：取食灰榆树叶。

2.2.29.3 隐喙象亚科 Cryptorhynchinae Schönherr, 1825

232）沟眶象属 *Eucryptorrhynchus* Heller, 1937 贺兰山记录 2 种

贺兰山沟眶象属分种检索表

体较大（16～19mm），前胸、鞘翅基部和端部 1/3 被乳白色和赭色鳞片·······················
···································沟眶象 *Eucryptorrhynchus chinensis*
体较小（9～12mm），前胸、鞘翅肩部和端部 1/4 密被雪白鳞片·····························
···································臭椿沟眶象 *Eucryptorrhynchus brandti*

（444）臭椿沟眶象 *Eucryptorrhynchus brandti* (Harold, 1880)（贺兰山新记录）

采集记录：1，宁夏贺兰山拜寺口，1420m，2015-Ⅷ-4，杨贵军采；5，宁夏贺兰山拜寺口，1420m，2015-Ⅸ-8，杨贵军采；11，宁夏贺兰山拜寺口，1420m，2016-Ⅴ-27，杨贵军采；2，宁夏贺兰山拜寺口，1420m，2016-Ⅳ-30，杨益春采。

分布：宁夏、内蒙古、甘肃、青海、山西、陕西、北京、天津、河北、黑龙江、吉林、辽宁、山东、上海、安徽、福建、河南、贵州、四川。朝鲜。

习性：幼虫蛀食臭椿树干，成虫取食嫩叶和树皮。

（445）沟眶象 *Eucryptorrhynchus chinensis* (Olivier, 1790)

采集记录：1，宁夏贺兰山小口子，1530m，2008-Ⅵ-25，杨贵军采；10，宁夏贺兰山大口子，1360m，2014-Ⅵ-6，杨贵军采；5，宁夏贺兰山拜寺口，1389～1627m，2014-Ⅶ-26，杨贵军采；1，宁夏贺兰山大水沟，1292～1659m，2014-Ⅷ-20，杨贵军采；12，宁夏贺兰山拜寺口，1420m，2015-Ⅶ-2，杨贵军采；2，宁夏贺兰山拜寺口，1420m，2015-Ⅶ-12，杨贵军采；4，宁夏贺兰山拜寺口，1420m，2015-Ⅷ-4，杨贵军采；4，宁夏贺兰山拜寺口，1420m，2015-Ⅸ-8，杨贵军采；7，宁夏贺兰山拜寺口，1420m，2016-Ⅴ-27，杨贵军采；20，宁夏贺兰山拜寺口，1420m，2016-Ⅳ-30，杨益春采；2，宁夏贺兰山小口子，1400～1620m，2016-Ⅵ-7，杨益春采；1，宁夏贺兰山小口子，1430m，2016-Ⅵ-18，王杰等采。

分布：宁夏、内蒙古、甘肃、青海、山西、陕西、北京、天津、河北、黑龙江、吉林、辽宁、山东、上海、安徽、福建、河南、贵州、四川。朝鲜。

习性：幼虫蛀食臭椿树干，成虫取食嫩叶和树皮。

2.2.29.4 粗喙象亚科 Entiminae Schönherr, 1823

233）亥象属 *Callirhopalus* Hochhuth, 1851 贺兰山记录 1 种

（446）亥象 *Callirhopalus sedakowii* Hochhuth, 1851

采集记录：2，内蒙古贺兰山水磨沟，1960～2360m，2015-Ⅶ-27，杨贵军采；1，内蒙古贺兰山马莲井，2168～2360m，2015-Ⅶ-27，杨贵军采；1，内蒙古贺兰山水磨沟，1898～2130m，2015-Ⅶ-23，杨贵军采。

分布：宁夏、内蒙古、山西、陕西、甘肃、河北、青海。俄罗斯。

习性：取食茵陈蒿、锦鸡儿属植物的叶片。

234）草象属 *Chloebius* Schoenherr, 1826　贺兰山记录 1 种

（447）长毛草象 *Chloebius immeritus* (Schoenherr, 1826)（贺兰山新记录）

采集记录：1，宁夏贺兰山椿树沟，1520m，2016-V-31，杨贵军采。

分布：宁夏、内蒙古、陕西、甘肃、河北、新疆。蒙古国、俄罗斯（西伯利亚）。中亚。

习性：取食茵陈蒿、锦鸡儿属植物、禾本科植物的叶片。

235）树叶象属 *Phyllobius* Germar, 1824　贺兰山记录 1 种

（448）金树绿叶象 *Phyllobius virideaeris* (Laichart, 1781)

采集记录：1，宁夏贺兰山独树沟，1520m，2007-V-13，杨贵军采。

分布：宁夏、内蒙古、北京、山西、吉林、黑龙江、甘肃。俄罗斯。欧洲。

习性：取食杨树、李子树树叶。

236）土象属 *Meteutinopus* Zumpt, 1931　贺兰山记录 1 种

（449）蒙古土象 *Meteutinopus mongolicus* (Faust, 1881)

采集记录：1，宁夏贺兰山苏峪口，1952～2340m，2008-VI-17，杨贵军采；1，宁夏贺兰山苏峪口，1952～2280m，2008-VII-29，杨贵军采；1，宁夏贺兰山苏峪口，1952～2280m，2009-VIII-14，杨贵军采。

分布：宁夏、内蒙古、北京、辽宁、吉林、黑龙江、山东、青海。朝鲜、蒙古国、俄罗斯。

习性：取食苜蓿、苹果、梨、杨、刺槐、核桃、柳等植物的叶片。

237）绿象属 *Chlorophanus* Sahlberg，1823　贺兰山记录 2 种

贺兰山绿象属分种检索表

鞘翅两侧淡色条纹靠近外缘，在 7～11 行有淡色条纹·········· 红背绿象 *Chlorophanus solaria*
鞘翅两侧淡色条纹不靠近外缘 ··················西伯利亚绿象 *Chlorophanus sibiricus*

（450）西伯利亚绿象 *Chlorophanus sibiricus* Gyllenhyl, 1834

采集记录：3，宁夏贺兰山苏峪口，1952～2280m，2009-VIII-14，贺奇采；1，内蒙古贺兰山哈拉乌，2246m，2015-VII-22，杨贵军采。

分布：宁夏、内蒙古、甘肃、青海、陕西、北京、河北、山西、黑龙江、吉林、辽宁、四川。朝鲜、蒙古国、俄罗斯。

习性：取食苹果树、柳树、杨树等植物的叶片。

（451）红背绿象 *Chlorophanus solaria* Zumpt, 1933

采集记录：1，宁夏贺兰山独树沟，1520m，2007-Ⅴ-13，杨贵军采。

分布：宁夏、内蒙古、甘肃、青海、河北、吉林、辽宁。蒙古国、俄罗斯。

习性：取食云杉、杨树、柳树、枸杞等植物的叶片。

238）叶喙象属 *Diglossotrox* Lacordaire, 1863　贺兰山记录 1 种

（452）黄柳叶喙象 *Diglossotrox mannerheimi* Lacordaire, 1863

采集记录：1，宁夏贺兰山独树沟，1520m，2007-Ⅴ-13，杨贵军采。

分布：宁夏、内蒙古、北京、辽宁、吉林、陕西、甘肃。俄罗斯。

习性：见于柳树上。

239）纤毛象属 *Megamecus* Reitter, 1903　贺兰山记录 1 种

（453）黄褐纤毛象 *Megamecus urbanus* (Gyllenhyl, 1834)

采集记录：1，宁夏贺兰山拜寺口，1420m，2015-Ⅸ-8，杨贵军采。

分布：宁夏、内蒙古、甘肃、青海、新疆、河北、河南、四川。俄罗斯、蒙古国、伊朗、塔吉克斯坦、乌兹别克斯坦、土库曼斯坦、吉尔吉斯斯坦。

习性：取食榆树、杨树、柳树等植物的叶片。

240）毛足象属 *Phacephorus* Schoenherr, 1840　贺兰山记录 1 种

（454）甜菜毛足象 *Phacephorus umbratus* Faldermann, 1835

采集记录：1，宁夏贺兰山大水沟，1250m，2014-Ⅷ-13，杨贵军采；1，宁夏贺兰山道路沟，1270m，2014-Ⅷ-21，杨贵军采。

分布：宁夏、内蒙古、甘肃、青海、新疆、北京、河北、山西。蒙古国。

习性：取食藜科、苋科、蓼科植物和牧草等，成虫取食叶，幼虫取食根。

241）伪锉象属 *Pseudocneorhinus* Roelofs, 1873　贺兰山记录 1 种

（455）鳞片遮眼象 *Pseudocneorhinus squamosus* Marshall, 1934

采集记录：2，宁夏贺兰山归德沟，1160～1258m，2014-Ⅷ-20，杨贵军采。

分布：宁夏、内蒙古。蒙古国、俄罗斯。

习性：见于多种草本植物上。

242）多露象属 *Polydrosus* Schönherr, 1826　贺兰山记录 1 种

（456）中国多露象 *Polydrosus chinensis* Kono *et* Morimoto, 1960

采集记录：4，内蒙古贺兰山大殿沟，2125～2366m，2015-Ⅶ-28，杨贵军采；1，内蒙古贺兰山哈拉乌，2246m，2015-Ⅶ-22，杨贵军采；6，内蒙古贺兰山大殿沟，2125～2366m，2015-Ⅶ-25，杨贵军采。

分布：宁夏、内蒙古、山西、河北。

习性：见于多种草本植物上。

2.2.29.5 细足象亚科 Leptopinae

243）齿足象属 *Deracanthus* Schoenherr, 1823 贺兰山记录 2 种

（457）甘肃齿足象 *Deracanthus potanini* Faust, 1890

采集记录：1，宁夏贺兰山大水沟，1360m，2014-Ⅷ-13，杨贵军采；29，宁夏贺兰山大水沟，1292~1659m，2014-Ⅷ-20，杨贵军采；4，宁夏贺兰山归德沟，1160~1258m，2014-Ⅷ-20，杨贵军采；2，宁夏贺兰山道路沟，1278~1412m，2014-Ⅷ-21，杨贵军采。

分布：宁夏、甘肃、青海。

习性：见于沙生植物上。

（458）深洼齿足象 *Deracanthus grumi* Suvorov, 1910（宁夏新记录，贺兰山新记录）

采集记录：1，宁夏贺兰山归德沟，1160~1258m，2014-Ⅷ-20，杨贵军采。

分布：宁夏。

习性：见于沙生植物上。

2.2.29.6 方喙象亚科 Lixinae Schönherr, 1823

244）大粒象属 *Adosomus* Faust, 1904 贺兰山记录 1 种

（459）平行大粒象 *Adosomus parallelocollis* Heller, 1923

采集记录：3，宁夏贺兰山小口子，1546~1600m，2008-Ⅷ-4，杨贵军采；1，宁夏贺兰山大口子，1294~1561m，2014-Ⅶ-13，杨贵军采；4，宁夏贺兰山响水沟，1746~2612m，2014-Ⅶ-25，杨贵军采；2，宁夏贺兰山归德沟，1160~1258m，2014-Ⅷ-20，杨贵军采；10，宁夏贺兰山道路沟，1278~1412m，2014-Ⅷ-21，杨贵军采；4，宁夏贺兰山响水沟，1750~2612m，2015-Ⅷ-5，杨贵军采；1，内蒙古贺兰山水磨沟，1850m，2015-Ⅶ-27，杨贵军采；1，内蒙古贺兰山马莲井，2168~2360m，2015-Ⅶ-27，杨贵军采。

分布：宁夏、内蒙古、黑龙江、吉林、辽宁、北京、河北、山东、安徽。

习性：见于藜科、苋科、蓼科植物上。

245）阿斯象属 *Asproparthenis* Gozis, 1886 贺兰山记录 1 种

（460）甜菜阿斯象 *Asproparthenis punctiventris* (Germar, 1824)

采集记录：2，宁夏贺兰山道路沟，1278~1412m，2014-Ⅷ-21，杨贵军采。

分布：宁夏、内蒙古、陕西、甘肃、新疆、黑龙江、辽宁、吉林、北京、河北、山西、山东、河南。俄罗斯。欧洲、中亚、北非。

习性：取食藜科、苋科、蓼科植物和牧草，成虫取食叶，幼虫取食根。

246）斜纹象属 *Bothynoderes* **Schoenherr, 1823** 贺兰山记录 1 种

（461）黑斜纹象 *Bothynoderes declivis* Schoenherr, 1834

采集记录：1，宁夏贺兰山汝箕沟，2235～2364m，2008-Ⅶ-18，杨贵军采；1，宁夏贺兰山大水沟，1292～1659m，2014-Ⅷ-20，杨贵军采；1，宁夏贺兰山拜寺口，1420m，2016-Ⅴ-27，杨贵军采。

分布：宁夏、内蒙古、甘肃、北京、河北、黑龙江。朝鲜、蒙古国、俄罗斯、匈牙利。

习性：见于沙生植物上。

247）方喙象属 *Cleonis* **Dejean, 1821** 贺兰山记录 1 种

（462）欧洲方喙象 *Cleonis piger* (Scopoli, 1763)

采集记录：2，宁夏贺兰山大水沟，1292～1450m，2014-Ⅷ-20，杨贵军采。

分布：宁夏、内蒙古、甘肃、青海、新疆、河北、山西、辽宁、黑龙江、河南、四川、陕西。蒙古国。欧洲。

习性：见于蓟属植物上。

248）锥喙象属 *Conorhynchus* **Motschulsky, 1860** 贺兰山记录 1 种

（463）粉红锥喙象 *Conorhynchus conirostris* Gebler, 1829

采集记录：7，宁夏贺兰山苏峪口，1952～2280m，2008-Ⅶ-29，杨贵军采；1，宁夏贺兰山小口子，1546～1600m，2008-Ⅷ-4，杨贵军采；2，宁夏贺兰山大口子，1250～1560m，2014-Ⅵ-6，杨贵军采；1，宁夏贺兰山大口子，1292～1487m，2014-Ⅶ-6，杨贵军采；2，宁夏贺兰山大口子，1294～1561m，2014-Ⅶ-13，杨贵军采；1，宁夏贺兰山榆树沟，1200～1450m，2014-Ⅶ-18，杨贵军采；2，宁夏贺兰山插旗口，1612m，2014-Ⅶ-19，杨贵军采；2，宁夏贺兰山响水沟，1746～2612m，2014-Ⅶ-25，杨贵军采；10，宁夏贺兰山插旗口，1543～1659m，2014-Ⅷ-19，杨贵军采；1，宁夏贺兰山大水沟，1292～1659m，2014-Ⅷ-20，杨贵军采；3，宁夏贺兰山归德沟，1160～1258m，2014-Ⅷ-20，杨贵军采；8，宁夏贺兰山道路沟，1278～1412m，2014-Ⅷ-21，杨贵军采；6，内蒙古贺兰山水磨沟，1950m，2015-Ⅶ-27，杨贵军采；5，内蒙古贺兰山大殿沟，2125～2366m，2015-Ⅶ-28，杨贵军采；1，内蒙古贺兰山镇木关，1950m，2015-Ⅶ-28，杨贵军采；1，内蒙古贺兰山大殿沟，2125～2366m，2015-Ⅶ-25，杨贵军采。

分布：宁夏、内蒙古、新疆、青海。蒙古国、俄罗斯。

习性：见于沙生植物上。

249）菊花象属 *Larinus* Dejean, 1821　贺兰山记录 1 种

（464）三角菊花象 *Larinus griseopilosus* Roelofs, 1873

采集记录：1，宁夏贺兰山大水沟，1290m，2014-Ⅷ-20，杨贵军采。

分布：宁夏、内蒙古、黑龙江、吉林。日本。

习性：见于蓟属植物上。

250）筒喙象属 *Lixus* Fabricius, 1801　贺兰山记录 3 种

贺兰山筒喙象属分种检索表

1　前胸背板两侧有眼叶 ··· 大筒喙象 *Lixus divaricatus*
　　前胸背板两侧无眼叶 ·· 2
2　喙短而粗，圆锥形 ··· 锥喙筒喙象 *Lixus fairmairei*
　　喙细而长，非圆锥形 ··· 油菜筒喙象 *Lixus ochraceus*

（465）大筒喙象 *Lixus divaricatus* Motschulsky, 1860

采集记录：1，宁夏贺兰山归德沟，1160～1258m，2014-Ⅷ-20，杨贵军采。

分布：宁夏、河北、辽宁、吉林、黑龙江、江苏、浙江、安徽、江西、河南、湖北、广东、四川、云南、贵州。日本、俄罗斯。

习性：见于菊科植物上。

（466）锥喙筒喙象 *Lixus fairmairei* (Faust, 1890)

采集记录：1，宁夏贺兰山插旗口，1612m，2014-Ⅶ-19，杨贵军采。

分布：内蒙古、宁夏、北京、天津、河北、山西、江苏。

习性：见于藜科植物上。

（467）油菜筒喙象 *Lixus ochraceus* (Boheman, 1843)

采集记录：1，宁夏贺兰山拜寺口，1420m，2015-Ⅶ-2，杨贵军采。

分布：宁夏、内蒙古、辽宁、北京、山西、江西。蒙古国。

习性：见于十字花科植物上。

251）冠象属 *Stephanocleonus* Motschulsky, 1860　贺兰山记录 1 种

（468）尖翅冠象 *Stephanocleonus labilis* Faust, 1895（宁夏新记录，贺兰山新记录）

采集记录：1，宁夏贺兰山汝箕沟，1400～1820m，2008-Ⅶ-18，杨贵军采。

分布：宁夏、内蒙古、甘肃、青海。蒙古国。

习性：见于藜科、蒿属植物上。

252）尖眼象属 *Chromonotus* Motschulsky, 1860　贺兰山记录 1 种

（469）二斑尖眼象 *Chromonotus bipunctatus* (Zoubkoff, 1829)（宁夏新记录，贺兰山新记录）

采集记录：1，宁夏贺兰山汝箕沟，1400～1820m，2008-Ⅶ-18，杨贵军采；1，宁夏贺兰山柳条沟，1400～1620m，2014-Ⅶ-3，杨贵军采。

分布：宁夏、内蒙古、甘肃、新疆、青海、黑龙江、吉林、北京、山西。蒙古国、俄罗斯。

习性：见于藜科植物上。

主要参考文献

白明. 2004. 中国朽木甲亚科 Alleculinae(鞘翅目：拟步甲科)系统学研究. 河北大学硕士学位论文.

白晓拴, 彩万志, 能乃扎布. 2013. 内蒙古贺兰山地区昆虫. 呼和浩特：内蒙古人民出版社.

蔡邦华. 2017. 昆虫分类学. 北京：化学工业出版社.

陈世骧, 谢蕴贞, 刘国藩. 1959. 中国经济昆虫志 第一册 鞘翅目 天牛科. 北京：科学出版社.

陈守坚. 1984. 我国步甲常见属的检索. 昆虫天敌, (3): 49-65.

高兆宁. 1993. 宁夏农业昆虫实录. 咸阳：天则出版社.

高兆宁. 1999. 宁夏农业昆虫图志(第三集). 北京：中国农业出版社.

郭元朝, 谢友谊. 1998. 内蒙古虎甲科昆虫的种类. 内蒙古农业科技, (2): 16.

何俊华, 陈学新. 2006. 中国林木害虫天敌昆虫. 北京：中国林业出版社.

华立中. 2009. 中国天牛(1406 种)彩色图鉴. 广州：中山大学出版社.

黄同陵. 1991. 中国步甲科地理区系浅析. 西南农业大学学报, 13(5): 465-472.

计云. 2012. 中华葬甲. 北京：中国林业出版社.

嘉理思, 木村. 1981. 中国叶甲科检索表. 华立中. 广东省佛山地区林业局印.

江世宏, 王书永. 1999. 中国经济叩甲图志. 北京：中国农业出版社.

蒋书楠, 陈力. 2001. 中国动物志 第二十一卷 昆虫纲 鞘翅目 天牛科 花天牛亚科. 北京：科学出版社.

李佳. 2008. 福建省锹甲科分类鉴定和区系分析. 福建农林大学硕士学位论文.

李珏闻. 2009. 东北地区埋葬甲科分类研究. 东北林业大学硕士学位论文.

梁宏斌, 虞佩玉. 2000. 中国捕食粘虫的步甲种类检索. 昆虫天敌, (4): 160-167.

刘崇乐. 1963. 中国经济昆虫志 第五册 鞘翅目 瓢虫科. 北京：科学出版社.

刘广瑞, 章有为, 王瑞. 1997. 中国北方常见金龟子彩色图鉴. 北京：中国林业出版社.

刘永江, 乌宁, 照日格图. 1997. 内蒙古高原瓢虫的研究Ⅱ：阿拉善地区瓢虫科(Cocinellidae)昆虫调查. 干旱区资源与环境, 11(2): 100-104.

马文珍. 1995. 中国经济昆虫志 第四十六册 鞘翅目 花金龟科、斑金龟科、弯腿金龟科. 北京：科学出版社.

庞雄飞, 毛金龙. 1979. 中国经济昆虫志 第十四册 鞘翅目 瓢虫科. 北京：科学出版社.

邱益三. 1996. 国产青步甲属 *Chlaenius* 的分类(鞘翅目，步甲科). 南京农专学报, (2): 1-21.

任国栋, 杨秀娟. 2006. 中国土壤拟步甲志 第一卷 土甲类. 北京: 高等教育出版社.

任国栋, 印红, 李国军. 2000. 齿琵甲 *Blaps femoralis* 的分类地位研究(鞘翅目: 拟步甲科). 河北大学学报(自然科学版), (S1): 11-17.

任国栋, 于有志. 1999. 中国荒漠半荒漠的拟步甲科昆虫. 保定: 河北大学出版社.

沈向阳. 2003. 内蒙古贺兰山地区步甲科昆虫初录. 呼伦贝尔学院学报, 11(2): 48-51, 70.

谭娟杰. 1958. 中国豆芫菁属记述. 昆虫学报, 8(2): 152-167.

谭娟杰. 1978. 天敌昆虫图册. 北京: 科学出版社.

谭娟杰, 王书永, 周红章. 2005. 中国动物志 第四十卷 昆虫纲 鞘翅目 肖叶甲科 肖叶甲亚科. 北京: 科学出版社.

谭娟杰, 虞佩玉, 李鸿兴, 等. 1980. 中国经济昆虫志 第十八册 鞘翅目 叶甲总科. 北京: 科学出版社.

谭娟杰, 周红章. 1982. 中国经济昆虫志 第十八册 鞘翅目 叶甲总科. 北京: 科学出版社.

王洪建, 杨星科. 2006. 甘肃省叶甲科昆虫志. 兰州: 甘肃科学技术出版社.

王小奇, 方红, 张治良. 2012. 辽宁甲虫原色图鉴. 沈阳: 辽宁科学技术出版社.

王新谱, 杨贵军. 2010. 宁夏贺兰山昆虫. 银川: 宁夏人民出版社.

吴福祯, 高兆宁, 郭予元. 1979. 宁夏农业昆虫图册. 银川: 宁夏人民出版社.

吴福桢, 高兆宁, 郭予元, 等. 1982. 宁夏农业昆虫图志(第二集). 银川: 宁夏人民出版社.

许佩恩, 能乃扎布. 2007. 蒙古高原天牛彩色图谱. 北京: 中国农业大学出版社.

杨星科. 2018. 秦岭昆虫志 5 鞘翅目 一. 西安: 世界图书出版西安有限公司.

杨星科, 林美英. 2017. 秦岭昆虫志 6 鞘翅目 二 天牛类. 西安: 世界图书出版西安有限公司.

杨星科, 张润志. 2017. 秦岭昆虫志 7 鞘翅目 三. 西安: 世界图书出版西安有限公司.

杨玉霞. 2007. 中国豆芫菁属 *Epicauta* 分类研究(鞘翅目: 拟步甲总科: 芫菁科). 河北大学硕士学位论文.

殷蕙芬, 黄复生, 李兆麟. 1984. 中国经济昆虫志 第二十九册 鞘翅目 小蠹科. 北京: 科学出版社.

虞佩玉, 王书永, 杨星科. 1996. 中国经济昆虫志 第五十四册 鞘翅目 叶甲总科(二). 北京: 科学出版社.

岳忻. 1996. 中国西部步甲科 Carabidae 分类和婪步甲属 *Harpalus* Latreille 青步甲属 *Chlaenius* Bonelli 的系统演化研究. 西南农业大学硕士学位论文.

张生芳. 2008. 储藏物甲虫彩色图鉴. 北京: 中国农业科学技术出版社.

张生芳, 刘永平, 武增强. 1998. 中国储藏物甲虫. 北京: 中国农业科技出版社.

赵亚楠. 2013. 中国短翅芫菁族 Meloini 分类研究(鞘翅目: 芫菁科). 宁夏大学硕士学位论文.

赵亚楠, 贺海明, 王新谱. 2012. 宁夏芫菁种类记述(鞘翅目: 芫菁科). 农业科学研究, 33(2): 35-39.

赵养昌, 陈元清. 1980. 中国经济昆虫志 第二十册 鞘翅目 象虫科. 北京: 科学出版社.

郑乐怡, 归鸿. 1999. 昆虫分类学. 南京: 南京师范大学出版社.

朱玉香. 2003. 中国伪叶甲亚科形态学和分类学研究(鞘翅目: 伪叶甲科). 西南农业大学硕士学位论文.

祝长清, 朱东明, 尹新明. 1999. 河南昆虫志: 鞘翅目(一). 郑州: 河南科学技术出版社.

井村有希, 水沢清行. 1996. 世界のオサムシ大図鑑. とうきょう: むし社.

水沼哲郎, 永井信二. 1994. 世界のクワガタムシ大図鑑. とうきょう: むし社.

Arnett R H, Thomas M C, Skelley P E, et al. 2002. American beetles, Volume Ⅱ: Polyphaga: Scarabaeoidea through Curculionoidea (Vol. 2). Boca Raton: CRC Press.

Bouchard P, Bousquet Y, Davies A E, et al. 2011. Family-group names in Coleoptera (Insecta). ZooKeys, 88: 1-972.

Desender K, Dufrêne M, Loreau M, et al. 2013. Carabid beetles: ecology and evolution (Vol. 51). Berlin: Springer Science & Business Media.

Erwin T L, Ball G E, Whitehead D R, et al. 2012. Carabid beetles: their evolution, natural history, and classification. Berlin: Springer Science & Business Media.

Erwin T L. 2008. A treatise on the western hemisphere Caraboidea (Coleoptera): their classification, distributions, and ways of life (Pensoft Series Faunistica, 84). Moscow: Pensoft Publishers.

Kataev B M. 1997. Ground-beetles of the genus *Harpalus* Latreille, 1802 (Insecta, Coleoptera, Carabidae) from East Asia. Steenstrupia, 23: 123-160.

Kryžanovskij O L. 1995. A checklist of the ground-beetles of Russia and adjacent lands (Insecta, Coleoptera, Carabidae) (No.3). Moscow: Pensoft Publishers.

Murakami H. 2018. Review of the genus *Thanasimus* (Coleoptera: Cleridae) from Japan. Japanese Journal of Systematic Entomology, 24(1): 111-116.

Pearson D L, Knisley C B, Duran D P, et al. 2015. A field guide to the tiger beetles of the United States and Canada: identification, natural history, and distribution of the Cicindelinae. New York: Oxford University Press.

Pearson D L, Vogler A P. 2001. Tiger beetles: the evolution, ecology, and diversity of the cicindelids. Ithaca: Cornell University Press.

Retezár I. 2015. Atlas of the *Carabu*s of the Caucasus (Coleoptera, Carabidae): iconography, genital morphology, systematics and faunistics. Heidelberg: Mondat.

Sikes D S, Madge R B, Newton A F. 2002. A catalog of the Nicrophorinae (Coleoptera: Silphidae) of the world. Zootaxa, 65(1): 1-304.

Trautner J, Geigenmüller K. 1987. Tiger beetles, ground beetles. Illustrated key to the Cicindelidae and Carabidae of Europe. München: Margraf.

Wu X Q, Shook G. 2010. Common English and Chinese names for tiger beetles of China. Journal of the Entomological Research Society, 12(1): 71-92.

3 贺兰山鞘翅目昆虫的物种多样性

自中生代起，鞘翅目昆虫逐渐成为昆虫纲的优势类群，目前是昆虫纲乃至动物界种类最多、分布最广的类群，其食性复杂，具有十分重要的生态功能，对环境具有较强的适应能力，其中许多物种多样性变化可作为环境变化的重要指标。贺兰山经历 25 亿年的地质演变，由一片汪洋演变为一座奇特的山脉。7 亿年前的震旦纪，贺兰山地区出现了宁夏最古老的动物（王培玉和王伴月，1998）。目前贺兰山昆虫化石虽尚未见报道，但贺兰山植物化石的记载非常丰富，昆虫与植物是协同进化的，贺兰山明显的植被垂直分异特征为各类甲虫提供了多样化的生存条件。鞘翅目昆虫是贺兰山生态系统的重要组成部分，对维持山地生态系统结构及物质循环和能量流动具有不可替代的作用，分析该区域鞘翅目昆虫种类组成、多样性及垂直分布特征，有助于理解其与环境的关系，为贺兰山昆虫资源保护和有害昆虫防控提供依据。

3.1 鞘翅目种类组成特征

3.1.1 种类组成的基本特征

本研究共检视 4 万余号标本并查阅相关文献，统计整理出贺兰山鞘翅目昆虫 2 亚目 12 总科 31 科 79 亚科 252 属 469 种（亚种，下同）（表 3-1），其中，隶属于肉食亚目的有 2 科 34 属 101 种，分别约占贺兰山鞘翅目昆虫科、属、种的比例为 6.45%、13.49%、21.54%，隶属于多食亚目的有 12 总科 29 科 218 属 368 种，分别约占贺兰山鞘翅目昆虫科、属、种的比例为 93.55%、86.51%、78.46%，新增贺兰山新记录 94 种，新增宁夏新记录 24 种。

3.1.2 科的特征分析

由表 3-1 可以看出，各科包含属的数量顺序为：天牛科=步甲科>象甲科>金龟科>拟步甲科>瓢虫科>叶甲科>肖叶甲科=隐翅虫科>吉丁科>叩甲科>芫菁科>阎甲科>郭公虫科>皮蠹科>龙虱科>葬甲科>牙甲科=粪金龟科=花萤科=负泥虫科=蚁形甲科>皮金龟科=锹甲科=红金龟科=丸甲科=长蠹科=花蚤科=暗天牛科=铁甲科=齿颚象科。

表 3-1 贺兰山鞘翅目昆虫的物种组成

亚目	总科	科	属		种	
			数量	比例/%	数量	比例/%
肉食亚目 Adephaga		龙虱科 Dytiscidae	3	1.19	4	0.85
		步甲科 Carabidae	31	12.30	97	20.68
多食亚目 Polyphaga	牙甲总科 Hydrophiloidea	牙甲科 Hydrophilidae	2	0.79	2	0.43
		阎甲科 Histeridae	5	1.98	7	1.49
	隐翅虫总科 Staphylinoidea	隐翅虫科 Staphylinidae	11	4.37	16	3.41
		葬甲科 Silphidae	3	1.19	8	1.71
	金龟总科 Scarabaeoidea	皮金龟科 Trogidae	1	0.40	1	0.21
		粪金龟科 Geotrupidae	2	0.79	2	0.43
		锹甲科 Lucanidae	1	0.40	2	0.43
		红金龟科 Ochodaeidae	1	0.40	1	0.21
		金龟科 Scarabaeidae	26	10.32	49	10.45
	吉丁甲总科 Buprestoidea	吉丁科 Buprestidae	8	3.17	17	3.62
	丸甲总科 Byrrhoidea	丸甲科 Byrrhidae	1	0.40	2	0.43
	叩甲总科 Elateroidea	叩甲科 Elateridae	7	2.78	9	1.92
		花萤科 Cantharidae	2	0.79	4	0.85
	长蠹总科 Bostrichoidea	皮蠹科 Dermestidae	4	1.59	6	1.28
		长蠹科 Bostrichidae	1	0.40	1	0.21
	郭公虫总科 Cleroidea	郭公虫科 Cleridae	5	1.98	7	1.49
	扁甲总科 Cucujoidea	瓢虫科 Coccinellidae	16	6.35	27	5.76
	拟步甲总科 Tenebrionoidea	花蚤科 Mordellidae	1	0.40	1	0.21
		拟步甲科 Tenebrionidae	24	9.52	63	13.43
		芫菁科 Meloidae	6	2.38	15	3.20
		蚁形甲科 Anthicidae	2	0.79	2	0.43
	叶甲总科 Chrysomeloidea	暗天牛科 Vesperidae	1	0.40	1	0.21
		天牛科 Cerambycidae	31	12.30	42	8.96
		负泥虫科 Crioceridae	2	0.79	2	0.43
		肖叶甲科 Eumolpidae	11	4.37	20	4.26
		叶甲科 Chrysomelidae	15	5.95	22	4.69
		铁甲科 Hispidae	1	0.40	2	0.43
	象甲总科 Curculionoidea	齿颚象科 Rhynchitidae	1	0.40	3	0.64
		象甲科 Curculionidae	27	10.71	34	7.25
合计			252		469	

由图 3-1 可以看出，贺兰山鞘翅目 31 科 252 属昆虫中，单属科 9 个（约占贺兰山总科数的 29.03%，下同），含 2～3 属的科 7 个（22.58%），含 4～9 属的科 6 个（19.35%），含 10～19 属的科 4 个（12.90%），含 20～29 属的科 3 个（9.68%），含 30 属以上的科 2 个（6.45%）。含 10 个属以下的科有 22 个，约占贺兰山总科数的比例为 70.97%，但其所含的属数仅占贺兰山总属数的 23.81%。

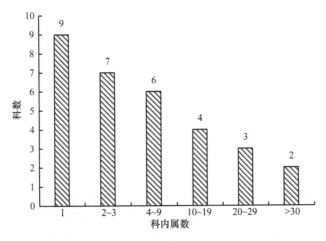

图 3-1 贺兰山鞘翅目昆虫科内属的分级统计

统计贺兰山已知的 31 科所包含的物种数（表 3-1），其中，步甲科（97 种，约占贺兰山总种数的 20.68%，下同）、拟步甲科（63 种，13.43%）、金龟科（49 种，10.45%）、天牛科（42 种，8.96%）、象甲科（34 种，7.25%）和瓢虫科（27 种，5.76%）为优势科（种数占鞘翅目昆虫总物种数的比例大于 5%），共计 312 种，约占贺兰山鞘翅目昆虫的 66.52%，这些优势科在贺兰山鞘翅目昆虫区系组成中具有重要的作用。叶甲科（22 种，4.69%）、肖叶甲科（20 种，4.26%）、吉丁科（17 种，3.62%）、隐翅虫科（16 种，3.41%）、芫菁科（15 种，3.20%）、叩甲科（9 种，1.92%）、葬甲科（8 种，1.71%）、郭公虫科（7 种，1.49%）、阎甲科（7 种，1.49%）、皮蠹科（6 种，1.28%）为亚优势科（种数占鞘翅目昆虫总种数的 1%～5%），龙虱科等 15 科为稀有科（种数占鞘翅目昆虫总种数的比例小于 1%），共 30 种，约占贺兰山鞘翅目昆虫的 6.40%，这些亚优势科和稀有科不仅极大地丰富了该地区的昆虫多样性，同时也是昆虫区系分化、演变的历史见证。

由图 3-2 可以看出，贺兰山鞘翅目 31 科昆虫中，单种科 5 个（约占贺兰山鞘翅目昆虫总科数的 16.13%，下同），含 2～3 种的科 8 个（25.81%），含 4～9 种的科 7 个（22.58%），含 10～19 种、20～29 种、30～59 种的科均为 3 个（9.68%），含 63 种和 97 种的科各 1 个（3.23%）。

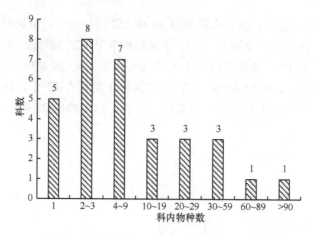

图 3-2　贺兰山鞘翅目昆虫科内种的分级统计

　　贺兰山地区鞘翅目昆虫科的成分中，含 10 种以下的科有 20 个，约占贺兰山总科数的 64.52%，但其所含的属数和种数占贺兰山总属数和总种数的比例仅约为18.25%和 14.29%。由此可见，这些科在贺兰山地区的分化程度相对较低；包含种数多于 10 种的科约占贺兰山总科数的 35.48%，其所含的属数和种数却分别约占贺兰山总属数和总种数的 81.75%和 85.71%，说明这些科的物种是该地区鞘翅目昆虫多样性的重要组成部分，对该地区的昆虫区系组成、动态演替起着重要作用，也表明贺兰山地区鞘翅目昆虫区系中优势种类已趋于集中和明显。

　　步甲科、拟步甲科、金龟科、天牛科、象甲科、瓢虫科 6 个优势科中属内种的分级统计如图 3-3 所示，单种属的数量均超过了每科总属数的 50%，步甲科 18个（58.06%），金龟科 14 个（53.85%），瓢虫科 9 个（56.25%），拟步甲科 14 个（58.33%），天牛科 24 个（77.42%），象甲科 22 个（81.48%）。

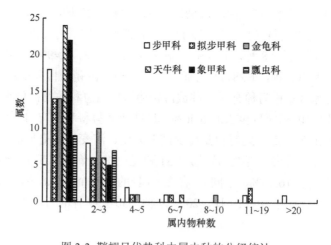

图 3-3 鞘翅目优势科中属内种的分级统计

种数与属数的比例可以反映一个地区所有科或每个科的属的分化程度。贺兰山鞘翅目昆虫各科属的分化如图 3-4 所示，贺兰山地区所有科属的分化值为 1.86，属的分化值为 1 的科包括牙甲科、粪金龟科、皮金龟科、红金龟科、长蠹科、花蚤科、蚁形甲科、暗天牛科和负泥虫科 9 个科，约占贺兰山总科数的 29.03%；属的分化值为 1～2（不包含 2）的科有象甲科、叩甲科、龙虱科、天牛科、阎甲科、郭公虫科、隐翅虫科、叶甲科、皮蠹科、瓢虫科、肖叶甲科、金龟科 12 个科，约占贺兰山总科数的 38.71%；属的分化值为 2～3（不包含 3）的科有锹甲科、丸甲科、花萤科、铁甲科、吉丁科、芫菁科、拟步甲科、葬甲科 8 个科，约占贺兰山总科数的 25.81%；属的分化值大于等于 3 的有齿颚象科和步甲科 2 个科，约占贺兰山总科数的 6.45%。步甲科、拟步甲科、金龟科、天牛科、象甲科、瓢虫科 6 个优势科属的分化值分别为 3.13、2.63、1.88、1.35、1.26、1.69。

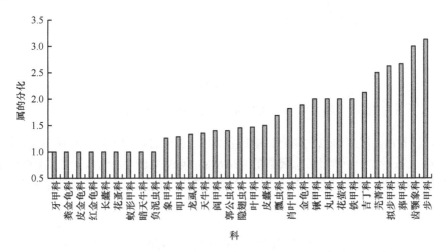

图 3-4 鞘翅目昆虫各科属的分化（种数/属数）

3.1.3 属的特征分析

由图 3-5 可以看出，31 科 252 属鞘翅目昆虫中，单种属 166 个（约占贺兰山总属数的 65.87%，下同），占绝对比例，其所含种数约占贺兰山总种数的 35.39%；含 2～3 种的属 68 个（26.98%），所含种数为 162 种，约占贺兰山总种数的 34.54%；斑芫菁属（5 种）、金叶甲属（5 种）、圆虎甲属（4 种）、青步甲属（4 种）、覆葬甲属（4 种）、齿爪鳃金龟属（4 种）、棕窄吉丁属（4 种）和笨土甲属（4 种）8 个属含 4～5 种，这些属包含的种约占贺兰山总种数的 7.25%；栉甲属（7 种）、隐头叶甲属（7 种）、猛步甲属（6 种）、豆芫菁属（6 种）和草天牛属（6 种）5 个属含 6～7 种，这些属包含的种数约占贺兰山总种数的 6.82%；嗡蜣螂属（8 种）、暗步甲属（18 种）、东鳖甲属（12 种）、琵甲属（11 种）、娄步甲属（26 种）包含的种数大于等于 8 种，所含种数约占贺兰山鞘翅目总种数的 15.99%，嗡蜣螂属、暗步甲属、东鳖甲属、琵甲属和娄步甲属等属的分化较强。

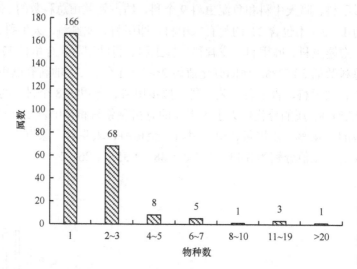

图 3-5　贺兰山鞘翅目中属内种的分级统计

可以看出，贺兰山地区鞘翅目中属包含 2～3 种的寡种属和单种属丰富，共有 234 属，约占贺兰山鞘翅目总属数的 92.86%，包含 328 种，约占贺兰山鞘翅目总种数的 69.94%，由此表明，寡种属与单种属构成了贺兰山地区鞘翅目昆虫多样性的主体成分。

3.2　垂直植被带鞘翅目昆虫物种多样性分析

3.2.1　种类组成

贺兰山山体高大，由山麓到山顶有着明显的气候和土壤成分差异，植被也存在垂直分布规律，形成了 6 个显著的植被垂直带谱：浅山荒漠半荒漠带、山地疏林带、山地草原带、山地灌丛带、山地森林带和亚高山灌丛草甸带（梁存柱等，2012）。受昆虫本身的生物学特性、食物、海拔、植被等因子的影响，鞘翅目昆虫在贺兰山海拔方向上的分布差异明显（表 3-2）。

浅山荒漠半荒漠带见于低山丘陵、洪积扇、山前坡地等地形倾斜地带，位于海拔 1200～1500m 处，贺兰山南北两端山势尤为低缓，该地段的年降水量为 150～200mm，土壤为灰漠土。该地带以强旱生植物为主（包括无芒隐子草、沙生针茅、松叶猪毛菜、红砂等）。处于该地带的鞘翅目昆虫共计 24 科 139 属 222 种，约占

表 3-2 贺兰山垂直植被带甲虫组成及多样性指数

垂直植被带	科数	属数	种数	属的多样性（G 指数）	科的多样性（F 指数）	G-F 指数
亚高山灌丛草甸带	8	21	28	2.967	5.472	0.458
山地森林带	18	117	223	4.356	22.794	0.809
山地灌丛带	24	180	338	4.853	33.813	0.856
山地草原带	23	109	208	4.375	23.807	0.816
山地疏林带	30	221	392	5.135	37.798	0.864
浅山荒漠半荒漠带	24	139	222	4.718	24.797	0.810
贺兰山总体	31	252	469	5.163	40.113	0.871

贺兰山鞘翅目昆虫总种数的 47.33%，6 个优势科物种数由多到少的顺序为：拟步甲科＞金龟科＞象甲科＞步甲科＞天牛科＞瓢虫科，共 147 种，约占该植被带鞘翅目昆虫总种数的 66.22%（图 3-6）。该植被带甲虫 G 指数、F 指数和 G-F 指数分别为 4.718、24.797 和 0.810。

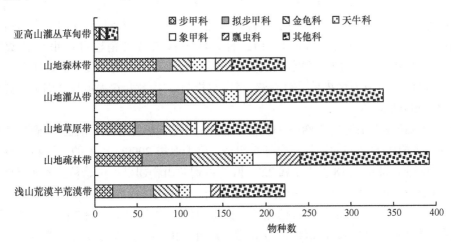

图 3-6 贺兰山垂直植被带甲虫各科物种数的比较

山地疏林带位于山地阳坡和半阳坡，处于海拔 1500～2500m 处，海拔宽幅大，郁闭度低于 30%。该地段内的植被以强旱生稀疏生长的灰榆为主，且在较高海拔段内形成杜松疏林斑块。经统计，该地带内的甲虫共计 30 科 221 属 392 种，约占贺兰山鞘翅目昆虫总种数的 83.58%，6 个优势科物种数由多到少的顺序为：拟步甲科＞步甲科＞金龟科＞象甲科＞瓢虫科＞天牛科，共 240 种，约占该植被带鞘翅目昆虫总种数的 61.22%（图 3-6）。该植被带甲虫 G 指数、F 指数和 G-F 指数均最大。

山地灌丛带位于海拔 1800～2700m 的坡地、沟谷干河床，包括针叶灌丛、中生灌丛和旱生灌丛，中生灌丛主要为小叶忍冬（*Lonicera microphylla*）、黄刺玫（*Rosa xanthina*）、羽叶丁香（*Syringa pinnatifolia*）、叉子圆柏（*Sabina vulgaris*）、蒙古绣线菊（*Spiraea mongolica*）等匍匐灌木，旱生灌丛以甘蒙锦鸡儿（*Caragana opulens*）、蒙古扁桃（*Amygdalus mongolica*）等为主，灌丛下方及四周的植被以阿拉善鹅观草（*Roegneria alashanica* var. *alashanica*）、长芒草（*Stipa bungeana*）、白羊草（*Bothriochloa ischaemum*）为主。经统计该地带甲虫共计 24 科 180 属 338 种，约占贺兰山鞘翅目昆虫总种数的 72.07%，6 个优势科物种数由多到少的顺序为：步甲科＞金龟科＞拟步甲科＞瓢虫科＞天牛科＞象甲科，共 204 种，约占该植被带鞘翅目昆虫总种数的 60.36%（图 3-6）。此外，隐翅虫科、叶甲科物种数也较多。

山地草原带的降水量为 200～300mm，该地带处于海拔 1800～2300m 及以下的贺兰山山地森林带平缓的阳坡、半阳坡，包括典型草原和荒漠草原景观，是以西北针茅（*Stipa sareptana* var. *krylovii*）、长芒草（*Stipa bungeana*）和大针茅（*Stipa grandis*）为建群种的典型草原，共记录甲虫 23 科 109 属 208 种，约占贺兰山鞘翅目昆虫总种数的 44.35%，6 个优势科物种数依次为：步甲科＞拟步甲科＞金龟科＞瓢虫科＞象甲科＞天牛科，共 142 种，约占该植被带鞘翅目昆虫总种数的 68.27%（图 3-6）。常见类群包括皮步甲、双斑猛步甲、直角婪步甲、黄鞘婪步甲等，直角通缘步甲为优势种。该植被带甲虫 G 指数、F 指数和 G-F 指数分别为 4.375、23.807 和 0.816。

山地森林带由海拔 2000～3100m 的油松-青海云杉针叶林、山杨-灰榆阔叶林和油松形成的不完整的针阔混交林带组成，位于海拔 2000m 以上的山坳和沟谷边缘。该地带记录甲虫 18 科 117 属 223 种，约占贺兰山鞘翅目昆虫总种数的 47.55%，6 个优势科物种数依次为：步甲科＞金龟科＞拟步甲科＝瓢虫科＞天牛科＞象甲科，共 161 种，约占该植被带鞘翅目昆虫总物种数的 72.20%（图 3-6）。此外，隐翅虫科物种数也较多。该植被带 G 指数、F 指数和 G-F 指数与浅山荒漠半荒漠带接近。

亚高山灌丛草甸带分布在海拔 2800～3500m，年降水量 30～400mm。该地带面积小，约占贺兰山总体面积的 1%，多为陡峭的山坡或山脊，主要植被有高山柳、鬼箭锦鸡儿、银露梅、小叶金露梅和高原嵩草等耐寒植物。该地带记录甲虫 8 科 21 属 28 种，约占贺兰山鞘翅目昆虫总种数的 5.97%，6 个优势科物种数依次为：金龟科＞步甲科＞拟步甲科＝瓢虫科＝天牛科＞象甲科，共 16 种，约占该植被带鞘翅目昆虫总物种数的 57.14%（图 3-6）。该植被带 G 指数、F 指数和 G-F 指数均最小，是因为该植被带种类少。

3.2.2 垂直植被带鞘翅目昆虫物种组成相似性分析

在各垂直植被带甲虫物种分布信息的基础上建立二元性状矩阵，并以此进行物种及生境相似性分析，所得结果如图 3-7 所示。山地疏林带和浅山荒漠半荒漠带甲虫物种组成最相似，这两类生境和山地草原带较为相似，可归为一大类，山地森林带和山地灌丛带甲虫物种组成较相似，聚为一类，亚高山灌丛草甸带甲虫物种组成与其他植被带差异较大，单独归为一类。

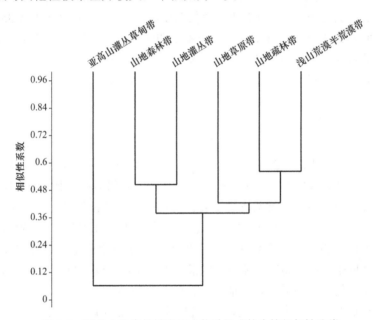

图 3-7 贺兰山垂直植被带甲虫物种组成的生境相似性聚类

3.3 讨 论

本研究调查并鉴定出贺兰山鞘翅目昆虫共 2 亚目 12 总科 31 科 252 属 469 种，其中，隶属于肉食亚目的有 2 科 34 属 101 种，隶属于多食亚目的有 12 总科 29 科 218 属 368 种。优势科有 6 个，分别为步甲科、拟步甲科、金龟科、天牛科、象甲科和瓢虫科，优势科昆虫共 312 种，约占贺兰山鞘翅目昆虫总种数的 66.52%；亚优势科 10 个，共 127 种，约占贺兰山鞘翅目昆虫总种数的 27.08%；稀有科 15 个，共 30 种，约占贺兰山鞘翅目昆虫总种数的 6.40%。黄人鑫等（2005）提出荒漠甲虫物种组成中拟步甲、象甲、金龟甲、芜菁、叶甲最为重要，贺兰山鞘翅目优势类群组成反映了干旱区山地的昆虫区系特征，即由其所处的地理位置决定的。科的组成主要以单种科与含 2～10 种的小型科为主，约占贺兰山鞘翅目昆虫总科数的 64.52%。含有 10 种以上的科约占贺兰山鞘翅目昆虫总科数的 35.48%，科内种的多样化程度较丰富。属的组成中含 2～3 种的属和仅包含 1 种的属构成了贺兰山地区鞘翅目昆虫多样性的主体，约占贺兰山鞘翅目昆虫总属数的 92.86%，说明该地区区系组成复杂，含 3 种以上的属约占贺兰山鞘翅目昆虫总属数的 7.14%。

　　王新谱和杨贵军（2010）对宁夏贺兰山进行的较为系统的昆虫考察中，报道宁夏贺兰山鞘翅目昆虫 33 科 175 属 273 种；白晓拴等（2013）记载内蒙古贺兰山地区有鞘翅目 25 科 164 属 299 种；任国栋等（2019）整理了多位学者的研究成果，统计了宁夏甲虫种类，其中分布于宁夏贺兰山的甲虫共有 30 科 211 属 355 种。本文主要对采集的 4 万余号标本进行分类鉴定和统计，并根据鞘翅目分类学专著对甲虫物种学名进行了校对，新增贺兰山地区新记录甲虫 94 种，新增宁夏新记录 24 种，丰富了该地区鞘翅目昆虫的物种多样性。六盘山、贺兰山和罗山 3 个自然景观分别位于宁夏南部、宁夏北部与内蒙古交界处及宁夏中部。白玲等（2015）分析了 3 个自然景观已知甲虫种类的数量，六盘山、贺兰山和罗山分别有甲虫 35 科 243 属 482 种（亚种）、30 科 211 属 355 种（亚种）、30 科 182 属 287 种（亚种）。罗山面积不及贺兰山的 1/3，甲虫数量明显较少，但两个山体自然环境较为相似，共有物种数最多。六盘山处于黄土高原的西北端，毗邻秦岭山脉，降水比较充沛，植被更丰富，为众多甲虫种类提供了庇护场，甲虫种类也最多，与贺兰山和罗山的甲虫种类组成差异都比较大。本研究记录贺兰山甲虫 31 科 252 属 469 种（亚种），接近于六盘山甲虫数量。六盘山毗邻秦岭山脉，秦岭地区记载鞘翅目昆虫 2003 种（杨星科和林美英，2017；杨星科和张润志，2017；杨星科等，2018），所以作者认为六盘山鞘翅目种类数量可能多于目前报道数量。

　　在植被垂直带分布上，山地疏林带和山地灌丛带具有较高的物种丰富度和较大的 G-F 指数，山地疏林带是贺兰山最富特色的山地植被景观，分布范围广，面积约占贺兰山总面积的 18%，以灰榆疏林为主，位于针阔混交林和山地疏林带之间，约占贺兰山面积 16% 的山地灌丛带是贺兰山繁杂且主要的植被景观，自上而下依次为常绿针叶灌丛、夏绿阔叶灌丛和半旱生灌丛，这两类生境基本上位于贺兰山的中段海拔，具有最丰富的甲虫多样性。山地森林带昆虫组成更接近于山地灌丛带，该景观约占贺兰山总面积的 10%，分布的昆虫类群主要为半湿生种类，物种丰富度和 G-F 指数低于山地疏林带和山地灌丛带。山地草原带约占贺兰山总面积的 11%，主要为低山的荒漠草原和山地森林带下片状分布的典型草原，昆虫组成更接近于山地疏林带。浅山荒漠半荒漠带约占贺兰山总面积的 42%，反映了贺兰山地处荒漠半荒漠区的特点，该植被带分布有拟步甲科、象甲科、金龟科和步甲科昆虫中典型的荒漠景观种类。优势科在不同植被垂直带亦有差异，步甲科是山地垂直带所有生境的优势科，且在中高海拔趋向于在中生湿润的环境聚集，拟步甲科趋向于在海拔 2000m 以下的干旱地区活动，金龟科昆虫表现出对荒漠草原、疏林和旱生落叶灌丛生境的选择性。天牛科趋向于在郁闭度较高的中生环境聚集，但草天牛属昆虫在典型草原带密度较大。

主要参考文献

白玲, 任国栋, 刘少番, 等. 2015. 六盘山、贺兰山和罗山甲虫区系及组成比较. 环境昆虫学报, 37(6): 1141-1148.

白晓拴, 彩万志, 能乃扎布. 2013. 内蒙古贺兰山地区昆虫. 呼和浩特: 内蒙古人民出版社.

黄人鑫, 胡红英, 吴卫, 等. 2005. 新疆及其毗邻地区荒漠昆虫区系的形成与演变. 干旱区地理, 28(1): 38-44.

梁存柱, 朱宗元, 李志刚. 2012. 贺兰山植被. 银川: 阳光出版社.

任国栋. 2010. 六盘山无脊椎动物. 保定: 河北大学出版社.

任国栋, 白兴龙, 白玲. 2019. 宁夏甲虫志. 北京: 电子工业出版社.

王杰, 杨贵军, 岳艳丽, 等. 2016. 贺兰山天牛科昆虫区系组成及垂直分布. 环境昆虫学报, 38(6): 1154-1162.

王培玉, 王伴月. 1998. 内蒙古阿拉善地区的第三系及其动物群. 西北地质科学, 19(2): 1-37.

王新谱, 杨贵军. 2010. 宁夏贺兰山昆虫. 银川: 宁夏人民出版社.

杨星科. 2018. 秦岭昆虫志 5 鞘翅目 一. 西安: 世界图书出版西安有限公司.

杨星科, 林美英. 2017. 秦岭昆虫志 6 鞘翅目 二 天牛类. 西安: 世界图书出版西安有限公司.

杨星科, 张润志. 2017. 秦岭昆虫志 7 鞘翅目 三. 西安: 世界图书出版西安有限公司.

4 贺兰山鞘翅目昆虫区系组成

达尔文和华莱士根据 1857 年 Sclater 世界鸟类的地理分布，将世界陆地动物地理区划分为古北界（Palearctic realm）、东洋界（Oriental realm）、埃塞俄比亚界（Ethiopian realm，旧热带界或非洲界）、澳洲界（Australian realm）、新北界（Nearctic realm）、新热带界（Neotropical realm）6 界，被公认为世界陆地动物地理区划的基础。Holt 等（2013）提出将世界陆地动物地理区划分为古北界（Palearctic realm）、中国-日本界（Sino-Japanese realm）、撒哈拉-阿拉伯界（Saharo-Arabian realm）、埃塞俄比亚界（Ethiopian realm）、东洋界（Oriental realm）、马达加斯加界（Madagascan realm）、大洋洲界（Oceanian realm）、澳新界（Australian realm）、新北界（Nearctic realm）、巴拿马界（Panamanian realm）和新热带界（Neotropical realm）11 界。本文采用世界陆地动物地理区划 6 界划分方法。我国昆虫区系是世界陆地动物地理区划的一部分，分别属于世界大动物地理区中的古北界和东洋界。中国动物地理区系中东北区、华北区、蒙新区、青藏区属于古北界，西南区、华中区、华南区属于东洋界。关于两界在我国境内的分界线，因研究对象不同略有差异，依据陆栖脊椎动物分布的界线起于喜马拉雅山脉南侧-横断山中部，东延至秦岭-伏牛山-淮河，止于长江以北，昆虫地理分布的界线在东部南移至九岭山-天目山，止于浙闽山地（张荣祖，2011）。

贺兰山山地位于内蒙古阿拉善高原东缘与宁夏银川平原西北侧，西坡在内蒙古境内，毗邻腾格里沙漠和乌兰布和沙漠，东坡在宁夏境内。该山体处于北温带草原向荒漠过渡的地带，是干旱半干旱地区具有代表性的自然综合体和较完整的自然生态系统，孕育了丰富而独特的生物资源（梁存柱等，2012），同时又具有水热垂直地带性变化的山地气候特点，植被分布具有明显的垂直分异特征，为各类昆虫提供了适宜的生存条件。对贺兰山区域鞘翅目昆虫区系组成及生物地理学的分析，有助于阐明该区域昆虫区系起源和演化机理。

4.1 贺兰山鞘翅目昆虫在世界动物地理区系归属的分析

根据贺兰山鞘翅目 469 种（亚种，下同）昆虫的分布记录，得到不同科世界动物地理区系的分布类型见表 4-1。将只分布于 1 个动物地理区的称为单区型，属于狭区分布，将分布于 2 个和 2 个以上动物地理区的称为跨区分布类型，跨越多区分布说明分布的范围较广，将分布在所有地理区的称为广布型。根据贺兰山

表 4-1 贺兰山鞘翅目昆虫在世界动物地理区系中的分布类型

种数

区系组合	龙虱科	步甲科	牙甲科	简甲科	葬甲科	隐翅虫科	粪金龟科	皮金龟科	锹甲科	红金龟科	金龟科	吉丁科	丸甲科	叩甲科	花萤科	花蚤科	长蠹科	皮蠹科	郭公虫科	瓢虫科	拟步甲科	芫菁科	蚁形甲科	暗天牛科	天牛科	负泥虫科	肖叶甲科	叶甲科	铁甲科	齿颚象甲科	象甲科
古北界	3	82	1	7	5	14	1	0	2	1	35	13	2	6	4	2	0	7	12	1	63	15	2	1	30	1	18	17	2	2	32
古北界+东洋界	1	15	1	0	3	2	1	1	0	0	12	0	0	3	0	1	1	0	4	0	0	0	0	0	12	1	2	5	0	1	2
古北界+非洲界	0	0	0	0	0	0	0	0	0	0	0	0	0	0	0	0	0	0	1	1	0	0	0	0	0	0	0	0	0	0	0
古北界+新北界	0	0	0	0	0	0	0	0	0	0	0	0	0	0	0	0	0	0	0	0	0	0	0	0	0	0	0	0	0	0	0
古北界+东洋界+澳洲界	0	0	0	0	0	0	0	0	0	0	0	0	0	0	0	2	0	0	2	1	0	0	0	0	0	0	0	0	0	0	0
古北界+东洋界+新北界	0	0	0	0	0	0	0	0	0	0	0	0	0	0	0	0	0	0	0	0	0	0	0	0	0	0	0	0	0	0	0
古北界+新北界+澳洲界	0	0	0	0	0	0	0	0	0	0	2	2	0	0	0	0	0	0	4	0	0	0	0	0	0	0	0	0	0	0	0
古北界+新北界+非洲界	0	0	0	0	0	0	0	0	0	0	0	0	0	0	0	0	0	0	0	0	0	0	0	0	0	0	0	0	0	0	0
古北界+新北界+新热带界	0	0	0	0	0	0	0	0	0	0	0	2	0	0	0	0	0	0	1	0	0	0	0	0	0	0	0	0	0	0	0
古北界+东洋界+新北界	0	0	0	0	0	0	0	0	0	0	0	0	0	0	0	0	0	0	0	0	0	0	0	0	0	0	0	0	0	0	0
古北界+非洲界+新北界	0	0	0	0	0	0	0	0	0	0	0	2	0	0	0	0	0	0	1	0	0	0	0	0	0	0	0	0	0	0	0
古北界+东洋界+澳洲界+新热带界	0	0	0	0	0	0	0	0	0	0	0	0	0	0	0	1	0	0	0	0	0	0	0	0	0	0	0	0	0	0	0

鞘翅目昆虫的分布记录统计，在世界动物地理区划中共有 5 类 11 种分布类型（表 4-2），包括 1 个单区型、3 个双区型、5 个三区型、1 个五区型和 1 个广布型。

表 4-2　贺兰山鞘翅目昆虫在世界动物地理区系中的分布类型及占比

分布类型	区系组合	种数	占贺兰山鞘翅目昆虫总种数的比例/%	各分布类型含特定区系的种数					
				古北界	东洋界	新北界	非洲界	新热带界	澳洲界
单区型	古北界	381	81.24	381	0	0	0	0	0
双区型	古北界+东洋界	68	14.50	68	68	0	0	0	0
	古北界+非洲界	1	0.21	1	0	0	1	0	0
	古北界+新北界	4	0.85	4	0	4	0	0	0
三区型	古北界+东洋界+澳洲界	1	0.21	1	1	0	0	0	1
	古北界+东洋界+新北界	6	1.28	6	6	6	0	0	0
	古北界+新北界+澳洲界	1	0.21	1	0	1	0	0	1
	古北界+新北界+非洲界	1	0.21	1	0	1	1	0	0
	古北界+新北界+新热带界	2	0.43	2	0	2	0	2	0
五区型	古北界+东洋界+新北界+非洲界+澳洲界	2	0.43	2	2	2	2	0	2
广布型	古北界+东洋界+新北界+非洲界+澳洲界+新热带界	2	0.43	2	2	2	2	2	2
合计		469	100.00	469	79	18	6	4	6

由表 4-1 可知，贺兰山鞘翅目昆虫区系以纯古北界分布类型占优势，共计 381 种，占贺兰山鞘翅目总区系分布类型的 81.24%，古北界+东洋界分布类型次之，占贺兰山鞘翅目总区系分布类型的 14.50%，共计 68 种，其他分布类型所占比例较低，合计仅占总数的 4.26%。可以看出，贺兰山鞘翅目昆虫是典型的古北界成分，且与东洋界有着密切关系。在 11 种分布类型中，古北界+新北界分布类型有 4 种，古北界+东洋界+新北界分布类型有 6 种，说明贺兰山鞘翅目昆虫与新北界也有一定的联系，而与其他界联系很弱。

从贺兰山鞘翅目各个科的世界分布看（表 4-1），除瓢虫科、皮金龟科、长蠹科和皮蠹科外，其余科的纯古北界分布类型在各科中所占比例均不低于 50%。6 个优势科中，拟步甲科全部是古北界成分，仅有古北界单区型；步甲科、天牛科和象甲科均只有古北界和古北界+东洋界 2 个分布类型，古北界分布类型占绝对优势，比例分别约为 84.54%、71.43%和 94.12%；金龟科有古北界、古北界+东洋界和古北界+东洋界+新北界 3 个分布类型，古北界分布类型比例约为 71.43%；瓢虫科有 9 种分布类型，古北界分布类型约占 44.44%，其次为古北界+东洋界和古北界+东洋界+新北界两个分布类型，比例均约为 14.81%。步甲科、天牛科、象甲科和金龟科的区系成分体现了贺兰山典型的干旱区域昆虫区系的特点。

　　为进一步分析 6 个世界动物地理区之间的区系关系，采用跨区区系、复计种数、复计比重等统计方法，将含特定地理区的跨区分布类型进行统计，结果见表 4-3。复计种数即含特定地理区的各式跨区分布的种数合计，复计比重为复计种数与总种数的百分比，从复计比重就可看出各地区昆虫与其他各区关系的疏密。结果显示，古北界特有种为 381 种，占贺兰山鞘翅目昆虫总物种数的比例为 81.24%，含东洋界跨区分布类型复计种数有 5 式 79 种，复计比重为 16.84%；含新北界跨区分布类型复计种数有 7 式 18 种，复计比重为 3.84%；含非洲界跨区分布类型复计种数有 4 式 6 种，复计比重为 1.28%；含新热带界跨区分布类型复计种数有 2 式 4 种，复计比重为 0.85%；含澳洲界跨区分布类型有 4 式 6 种，复计比重为 1.28%。

表 4-3　贺兰山鞘翅目昆虫在世界动物地理区系中跨区分布类型的复计比较

跨区分布类型	分布类型数	复计种数	占贺兰山鞘翅目昆虫总种数的比例/%
纯古北界区系型	1	381	81.24
含东洋界跨区分布类型	5	79	16.84
含新北界跨区分布类型	7	18	3.84
含非洲界跨区分布类型	4	6	1.28
含新热带界跨区分布类型	2	4	0.85
含澳洲界跨区分布类型	4	6	1.28

　　可以看出，贺兰山鞘翅目昆虫在世界动物地理区系中属于典型的古北界区系型，并且与东洋界区系联系明显，与新北界区系也有一定的联系，与非洲界、澳洲界和新热带界区系无实质关系，这与贺兰山的地理位置有着密切关系。

4.2　贺兰山鞘翅目昆虫在中国动物地理区系归属的分析

　　从表 4-4 和表 4-5 可知，依据中国动物地理区系，贺兰山鞘翅目昆虫的分布类型比较复杂，总计 28 式分布类型，纯蒙新区分布类型为贺兰山鞘翅目昆虫的主要分布类型，共 112 种，占贺兰山鞘翅目昆虫总物种数的 23.88%；全国广布种次之，共 46 种，占贺兰山鞘翅目昆虫总物种数的 9.81%；蒙新区+东北区+华北区分布类型共 45 种，占贺兰山鞘翅目昆虫总物种数的 9.59%；蒙新区+华北区分布类型共 35 种，占贺兰山鞘翅目昆虫总物种数的 7.46%，说明贺兰山鞘翅目昆虫属于典型的蒙新区分布类型，且与东北区和华北区区系的联系较紧密。

表 4-4 贺兰山鞘翅目昆虫在中国动物地理区系中的分布类型

区系组合	种数																												
	龙虱科	步甲科	牙甲科	阎甲科	葬甲科	隐翅虫科	粪金龟科	皮金龟科	锹甲科	红金龟科	金龟科	吉丁科	丸甲科	叩甲科	花萤科	皮蠹科	长蠹科	郭公虫科	花蚤科	拟步甲科	芫菁科	蚁形甲科	暗天牛科	天牛科	负泥虫科	肖叶甲科	铁甲科	齿颚象科	象甲科
蒙新区	1	24	0	1	0	12	0	0	0	0	0	7	2	1	2	1	0	4	1	42	1	1	0	5	0	3	2	0	2
蒙新区＋东北区	0	1	1	1	1	1	0	0	0	0	1	2	0	0	0	0	0	0	0	1	1	0	0	4	0	0	0	0	1
蒙新区＋华北区	0	8	0	0	0	1	1	0	0	0	2	1	2	1	0	0	0	0	0	11	1	0	0	0	1	0	0	0	2
蒙新区＋青藏区	0	4	1	1	0	1	0	0	0	0	0	0	0	1	1	0	0	2	1	3	0	0	0	0	0	1	1	0	3
蒙新区＋青藏区＋东北区	0	1	0	0	0	0	0	0	0	0	0	0	0	0	0	0	0	0	0	0	0	0	0	0	0	0	2	0	0
蒙新区＋青藏区＋西南区	0	2	0	0	0	0	0	0	0	0	0	0	0	0	0	0	0	0	0	0	0	0	0	0	0	0	0	0	0
蒙新区＋青藏区＋华北区	0	4	0	0	0	0	0	0	0	0	0	1	0	0	0	0	0	0	0	1	2	2	0	2	0	0	0	0	3
蒙新区＋华北区＋华中区	0	0	0	0	0	0	0	0	0	0	3	0	0	0	0	0	0	0	0	0	0	0	0	0	0	0	0	0	1
蒙新区＋华北区＋华南区	0	1	0	0	0	0	0	0	0	0	0	0	0	0	0	0	0	0	0	0	0	0	0	0	0	1	1	0	0
蒙新区＋华北区＋西南区	0	0	0	0	0	0	0	0	0	0	0	0	0	0	0	0	0	0	0	1	0	0	0	0	0	0	0	0	0
蒙新区＋华南区＋西南区	0	1	0	0	0	0	0	0	0	0	0	0	0	0	0	0	0	0	0	0	0	0	0	0	0	0	0	0	0
蒙新区＋西南区	0	0	0	0	0	0	0	0	0	0	16	2	0	1	0	0	0	1	0	1	1	1	0	0	0	0	0	0	0
蒙新区＋东北区＋华北区＋东北区	0	0	0	0	0	1	0	0	0	0	4	0	1	0	0	0	0	0	0	1	1	1	0	1	0	0	3	0	4
蒙新区＋青藏区＋华北区	0	9	2	0	1	0	0	0	0	1	0	0	0	0	0	0	0	0	0	0	0	0	0	0	0	0	0	0	4
蒙新区＋东北区＋华北区＋西南区	0	2	0	0	0	0	0	0	0	0	0	0	0	0	0	0	0	0	0	1	0	0	0	0	0	0	0	0	1
蒙新区＋东北区＋华北区	0	0	0	0	0	0	0	0	0	0	2	0	0	0	1	0	0	1	0	1	1	2	0	0	0	0	1	0	2
蒙新区＋华北区＋华中区	0	4	0	0	0	0	0	0	0	0	0	1	0	0	0	0	0	0	0	0	0	0	0	5	0	5	0	0	3
蒙新区＋华北区＋华中区＋西南区	0	0	0	0	0	0	0	0	0	0	1	0	0	0	0	0	0	0	0	0	0	1	0	0	0	0	0	0	0

续表

区系组合	龙虱科	步甲科	牙甲科	葬甲科	隐翅虫科	粪金龟科	皮金龟科	锹甲科	红金龟科	吉丁科	丸甲科	叩甲科	花萤科	皮蠹科	长蠹科	郭公虫科	芫菁科	拟步甲科	蚁形甲科	暗天牛科	天牛科	负泥虫科	肖叶甲科	叶甲科	铁甲科	齿颚象科	象甲科
蒙新区+华中区+华南区+西南区	0	1	0	0	0	0	0	0	0	0	0	1	0	0	0	0	0	0	0	0	0	0	0	0	0	0	0
蒙新区+东北区+华北区+华南区	0	0	1	0	0	1	0	0	0	0	0	0	0	0	0	0	1	0	0	0	1	1	0	1	0	0	0
蒙新区+青藏区+东北区+华北区+华中区	0	1	0	0	0	0	0	0	3	0	0	0	0	0	0	0	0	0	0	0	1	0	0	3	1	0	0
蒙新区+青藏区+华北区+华中区	0	3	0	0	1	0	0	0	3	2	0	0	0	0	0	2	4	0	4	0	2	3	0	3	0	0	2
蒙新区+东北区+华北区+华中区+华南区	0	6	0	0	0	0	0	0	0	0	1	0	0	0	0	0	0	0	0	0	0	0	0	0	0	0	2
蒙新区+东北区+华中区+华南区	0	0	0	0	0	0	0	0	1	0	0	1	0	0	3	0	0	0	0	0	0	0	0	0	0	0	0
蒙新区+东北区+华南区+华北区+西南区	2	2	1	0	0	0	0	0	0	2	0	0	0	0	0	2	0	2	0	0	1	0	0	1	1	1	2
蒙新区+青藏区+东北区+华中区+西南区	0	1	0	0	0	0	0	0	0	0	0	0	0	0	0	0	0	1	0	0	0	1	0	0	0	0	0
蒙新区+青藏区+东北区+华北区+西南区	0	1	0	0	0	0	0	0	1	0	0	0	0	0	0	2	0	2	0	0	0	2	0	2	0	0	3
蒙新区+东北区+华中区+华南区+西南区	1	12	0	0	0	0	0	0	2	0	0	0	0	0	0	1	0	0	0	0	7	0	0	2	0	0	1
蒙新区+青藏区+华中区+华北区+华南区+东北区+四川区+西南区	0	6	1	3	0	0	0	0	7	0	1	0	2	0	1	8	0	0	0	0	10	1	1	4	0	1	0

表 4-5　贺兰山昆虫在中国动物地理区系中的分布类型及占比

分布类型	区系组合	种数	占贺兰山鞘翅目昆虫总种数的比例/%	各分布类型含特定区系的种数						
				蒙新区	青藏区	东北区	华北区	西南区	华中区	华南区
单区型	蒙新区	112	23.88	112	0	0	0	0	0	0
双区型	蒙新区+东北区	15	3.20	15	0	15	0	0	0	0
	蒙新区+华北区	35	7.46	35	0	0	35	0	0	0
	蒙新区+青藏区	15	3.20	15	15	0	0	0	0	0
三区型	蒙新区+东北区+华北区	45	9.59	45	0	45	45	0	0	0
	蒙新区+华北区+华南区	2	0.43	2	0	0	2	0	0	2
	蒙新区+华北区+华中区	6	1.28	6	0	0	6	0	6	0
	蒙新区+华北区+西南区	7	1.49	7	0	0	7	7	0	0
	蒙新区+华南区+西南区	1	0.21	1	0	0	0	1	0	1
	蒙新区+华中区+华南区	1	0.21	1	0	0	0	0	1	1
	蒙新区+青藏区+东北区	4	0.85	4	4	4	0	0	0	0
	蒙新区+青藏区+华北区	16	3.41	16	16	0	16	0	0	0
	蒙新区+青藏区+西南区	2	0.43	2	2	0	0	2	0	0
四区型	蒙新区+东北区+华北区+华中区	22	4.69	22	0	22	22	0	22	0
	蒙新区+华北区+华中区+西南区	3	0.64	3	0	0	3	3	3	0
	蒙新区+华中区+华南区+西南区	2	0.43	2	0	0	0	2	2	2
	蒙新区+青藏区+东北区+华北区	17	3.62	17	17	17	17	0	0	0
	蒙新区+东北区+华北区+西南区	9	1.92	9	0	9	9	9	0	0
	蒙新区+青藏区+华北区+西南区	4	0.85	4	4	0	4	4	0	0
五区型	蒙新区+东北区+华北区+华中区+华南区	11	2.35	11	0	11	11	0	11	11
	蒙新区+东北区+华北区+华中区+西南区	16	3.41	16	0	16	16	16	16	0
	蒙新区+华北区+华中区+华南区+西南区	5	1.07	5	0	0	5	5	5	5
	蒙新区+青藏区+东北区+华北区+华中区	20	4.26	20	20	20	20	0	20	0
	蒙新区+青藏区+东北区+华北区+西南区	12	2.56	12	12	12	12	12	0	0
六区型	蒙新区+东北区+华北区+华中区+华南区+西南区	27	5.76	27	0	27	27	27	27	27
	蒙新区+青藏区+东北区+华北区+华中区+华南区	2	0.43	2	2	2	2	0	2	2
	蒙新区+青藏区+东北区+华北区+华中区+西南区	12	2.56	12	12	12	12	12	12	0
广布型	蒙新区+青藏区+东北区+华北区+华中区+华南区+西南区	46	9.81	46	46	46	46	46	46	46
合计		469	100.00	469	150	258	317	146	173	97

从贺兰山鞘翅目各个科的我国分布看（表 4-4），拟步甲科、丸甲科、郭公虫科、蚁形甲科、隐翅虫科、花萤科昆虫纯蒙新区成分均不低于 50%，金龟科、牙甲科、葬甲科、粪金龟科等 13 个科没有纯蒙新区种类。6 个优势科中，步甲科有 23 个分布类型，其中，蒙新区单区分布类型占优势，约占 24.74%，蒙新区+东北区+华北区+华中区+华南区+西南区分布类型次之，约占 12.37%，其次为蒙新区+东北区+华北区分布类型，约占 9.28%。拟步甲科有 10 个区系分布类型，其中，单区分布类型蒙新区占优势，约占 66.67%，其次为蒙新区+华北区分布类型，约占 17.46%。金龟科有 15 个区系分布类型，其中，蒙新区+东北区+华北区分布类型最多，约占 32.65%，其次为全国广布分布类型（即蒙新区+青藏区+东北区+华北区+华中区+华南区+西南区，下同），约占 14.29%。天牛科有 13 个区系分布类型，其中，全国广布分布类型最多，约占 23.81%，其次为蒙新区+东北区+华北区+华中区+华南区+西南区分布类型，约占 16.67%，再次为蒙新区和蒙新区+东北区+华北区+华中区分布类型，均约占 11.90%。瓢虫科有 14 个区系分布类型，其中，全国广布分布类型最多，约占 29.63%，其次为蒙新区+华北区+华中区+华南区+西南区分布类型，约占 11.11%。象甲科有 15 个区系分布类型，其中，蒙新区+东北区+华北区和蒙新区+青藏区+东北区+华北区 2 个分布类型最多，均约占 11.76%，其次为蒙新区+青藏区、蒙新区+青藏区+华北区、蒙新区+东北区+华北区+华中区和蒙新区+青藏区+东北区+华北区+华中区+西南区 4 个分布类型，均约占 8.82%。

对贺兰山鞘翅目昆虫在中国动物地理区系中的跨区分布类型进行复计比较（表 4-6），结果显示，贺兰山鞘翅目昆虫有纯蒙新区分布类型 112 种，占贺兰山鞘翅目昆虫总物种数的 23.88%，含华北区跨区分布类型占 67.59%，含东北区跨区分布类型占 55.01%，含华中区跨区分布类型占 36.89%，含青藏区跨区分布类型占 31.98%，含西南区跨区分布类型占 31.13%，含华南区跨区分布类型占 20.68%，进一步说明该区甲虫区系组成与华北区和东北区区系联系甚为密切。

表 4-6　贺兰山鞘翅目昆虫在中国动物地理区系中的跨区分布类型比较

跨区分布类型	分布类型数	复计种数	占贺兰山鞘翅目昆虫总种数的比例/%
纯蒙新区分布类型	1	112	23.88
含东北区跨区分布类型	14	258	55.01
含华北区跨区分布类型	20	317	67.59
含青藏区跨区分布类型	11	150	31.98
含西南区跨区分布类型	13	146	31.13
含华中区跨区分布类型	13	173	36.89
含华南区跨区分布类型	9	97	20.68

对贺兰山鞘翅目优势科昆虫在中国动物地理区系中的跨区分布类型进行复计比较（表 4-7）。结果显示，6 个优势科昆虫不同区系成分间的关系存在差异。拟

步甲科昆虫中纯蒙新区分布类型最多，有42种，约占拟步甲科昆虫总分布类型的66.67%，其次为含华北区跨区分布类型，说明贺兰山拟步甲科昆虫以蒙新区占优势，与华北区联系密切。步甲科、金龟科、瓢虫科和象甲科昆虫在各科总区系分布类型中含华北区跨区分布类型最高，说明这几个科昆虫与华北区联系密切；含东北区跨区分布类型在步甲科、金龟科和象甲科昆虫中仅次于含华北区跨区分布类型，说明这3个科昆虫与东北区也有一定的联系；含西南区跨区分布类型在瓢虫科中仅次于含华北区跨区分布类型，说明瓢虫科与西南区也有一定的联系；金龟科没有纯蒙新区分布类型。天牛科昆虫含华北区跨区分布类型和含东北区跨区分布类型均最高，复计比重均为78.57%，说明贺兰山天牛科昆虫与东北区和华北区联系甚为密切。

表4-7 中国动物地理区系中贺兰山鞘翅目优势科昆虫的跨区分布类型比较

跨区分布类型	步甲科		拟步甲科		金龟科		天牛科		瓢虫科		象甲科	
	复计种数	复计比重/%	复计种数	复计比重/%	复计种数	复计比重/%	复计种数	复计比重/%	复计种数	复计比重/%	复计种数	复计比重/%
纯蒙新区分布类型	24	24.74	42	66.67	0	0.00	5	11.90	1	3.70	2	5.88
含东北区跨区分布类型	50	51.55	5	7.94	41	83.67	33	78.57	18	66.67	22	64.71
含华北区跨区分布类型	64	65.98	17	26.98	48	97.96	33	78.57	26	96.30	28	82.35
含青藏区跨区分布类型	32	32.99	5	7.94	16	32.65	15	35.71	12	44.44	16	47.06
含西南区跨区分布类型	37	38.14	1	1.59	17	34.69	18	42.86	19	70.37	11	32.35
含华中区跨区分布类型	28	28.87	3	4.76	22	44.90	28	66.67	21	77.78	10	29.41
含华南区跨区分布类型	22	22.68	1	1.59	13	26.53	18	42.86	12	44.44	1	2.94

可以看出，贺兰山鞘翅目昆虫在中国动物地理区系中属于典型的蒙新区区系型，并且与华北区和东北区有着密切关系。

4.3 贺兰山垂直植被带鞘翅目昆虫区系组成

贺兰山植被垂直带谱明显，从低海拔的浅山荒漠半荒漠带到高海拔的亚高山灌丛草甸带，物种丰富度表现为中海拔较高，低海拔和高海拔较低的特点，在区系组成上，基本上表现为古北界种类随着海拔升高呈占比增大的趋势（表4-8）。这是由于随着海拔升高，风大雾多，低的年平均气温和长的冰霜期会出现，跨区分布型的物种不能适应这些恶劣环境。

鞘翅目优势科昆虫古北界物种比例总体上表现为沿贺兰山植被垂直带，随着海拔升高而增大，各科存在差异（表4-9）。步甲科古北界物种比例在亚高山灌丛草甸以下的植被带差异不明显；拟步甲科古北界物种在各植被带比例均较高，是因为该区域分布的拟步甲科物种种类组成主要以古北区中亚成分为主；天牛科在山地草原带分布的物种以古北区成分的草天牛属物种为主；象甲科物种在贺兰山趋向于较干旱的中低海拔分布，属于耐干旱的古北界种类。

表 4-8 贺兰山鞘翅目昆虫垂直分布区系组成

垂直植被带	海拔/m	种数	区系组成（占所处植被带鞘翅目昆虫总种数的比例）	
			古北界	广布型
亚高山灌丛草甸带	2800~3500	28	25（89.29%）	3（10.71%）
山地森林带	2000~3100	223	192（86.10%）	31（13.90%）
山地灌丛带	1800~2700	338	265（78.40%）	73（21.60%）
山地草原带	1800~2300	208	170（81.73%）	38（18.27%）
山地疏林带	1500~2500	392	313（79.85%）	79（20.15%）
浅山荒漠半荒漠带	1200~1500	222	172（77.48%）	50（22.52%）

表 4-9 贺兰山鞘翅目优势科昆虫垂直植被带古北界物种数及比例
（占各生境中相应科物种总数的比例）

垂直植被带	步甲科		拟步甲科		金龟科		天牛科		象甲科		瓢虫科	
	种数	比例/%	种数	比例/%	种数	比例/%	种数	比例/%	种数	比例/%	种数	比例/%
亚高山灌丛草甸带	5	83.33	1	100.00	5	71.43	1	100.00	0	0.00	0.00	0.00
山地森林带	41	56.16	17	89.47	14	63.64	7	41.18	4	36.36	8	42.11
山地灌丛带	37	50.68	31	93.94	22	47.83	4	25.00	7	77.78	9	33.33
山地草原带	26	54.17	33	97.06	16	51.61	6	85.71	8	100.00	3	21.43
山地疏林带	30	53.57	57	100.00	23	47.92	6	25.00	23	82.14	1	3.70
浅山荒漠半荒漠带	11	52.38	46	95.83	15	50.00	1	7.69	23	95.83	1	9.09

4.4 讨 论

贺兰山位于阿拉善高原与银川平原之间，扮演着荒漠与北温带草原过渡带的角色，是我国重要的生物多样性中心之一——阿拉善-鄂尔多斯中心的核心区域。毛乌素沙漠、腾格里沙漠和乌兰布和沙漠分别位于贺兰山的东、西、北三面，贺兰山是三大沙漠的分界线，是干旱半干旱地区具有代表性的自然综合体和较完整的自然生态系统。贺兰山区域在中国动物地理区系中属于蒙新区西部荒漠亚区，而且临近东部草原亚区和西部荒漠亚区分界线，动物区系成分以西部荒漠亚区为主，并有东部草原亚区成分渗入，贺兰山南部毗邻华北区，所以表现了与华北区动物区系紧密联系的关系（张荣祖，2011）。贺兰山在行政区划上以山脊为界分别属于宁夏和内蒙古两个自治区，因此，对该区域昆虫区系的研究多以行政区划划分，在宁夏和内蒙古分别研究。吴福桢和高兆宁（1964）基于农业昆虫分布信息，将宁夏农业昆虫划分为 3 地带 4 区：即荒漠草原地带（银川平原黄河灌区和同心荒漠草原区）、干草原地带（黄土高原沟壑区）、森林草原地带（六盘山阴湿区），认为银川平原黄河灌区包含大量贺兰山东坡的低海拔荒漠昆虫种类。章士美（1987）与章士美和赵泳祥（1996）将宁夏昆虫划分为黄土高原沟壑亚区、山旱荒漠亚区和银川平原灌溉亚区 3 个亚区，贺兰山包括在山旱荒漠亚区。王希蒙等（1992）将宁夏昆虫划分为 3 区 3 亚区，即六盘山区、黄土高原区和荒漠半荒漠区（贺兰山罗山亚区、平原绿洲亚区、荒漠半荒漠亚区）。许升全等（2004）以蝗虫为研究对象划分的宁夏昆虫地理区划，贺兰山昆虫区系划归贺兰山荒漠黄土高原省。申效诚（2015）基于昆虫区系的多元相似性原理将宁夏昆虫区系分为六盘山区、黄土高原区、宁中荒漠区、银川平原区、贺兰山区 5 个地理小区，贺兰山区昆虫组成上与黄土高原区、宁中荒漠区、银川平原区的关系比其与六盘山区的关系更为紧密。关于内蒙古贺兰山昆虫区系亦有研究，能乃扎布和齐宝瑛（1987）基于蜻科昆虫的分布提出内蒙古 6 亚区，贺兰山区域为阿拉善荒漠亚区、鄂尔多斯高原亚区和内蒙古高原亚区的交汇处。申效诚（2015）对内蒙古昆虫地理区划分为两大地理群（内蒙古东北部群和西南部群）14 个地理小区，其中贺兰山区小区是西南部群独立的小区。综上可以看出，贺兰山区独特的地理位置，在昆虫地理区划的研究中，均被作为一个重要的地理单元予以对待。本研究结果显示，贺兰山鞘翅目昆虫区系组成以蒙新区成分为绝对主体，充分体现了我国荒漠半荒漠地区昆虫种类组成的特点，中亚成分丰富，与华北区联系最紧密，与东北区联系次之，这与宁夏贺兰山所处的地理位置相辅相成。本结果是王希蒙等（1992）、贺达汉（1998）把该区域划归荒漠半荒漠区的贺兰山、罗山高山昆虫亚区观点的一个极好佐证（杨贵军等，2011；王杰等，2016）。

昆虫分布格局的影响因素有很多，主要包括气候的历史变迁，海陆的生成和再分布，特别是水热条件的剧烈变化，高山或高原的大规模隆起，区域生态环境的复杂性和多样性，还包括动植物区系的演变等。这些因素都将直接或间接地影响昆虫的形成、分布、迁移、繁盛和灭亡，以至于影响区系的形成和演化等。我国现代地域在地质历史上属于北方大陆的南缘，处于北方古陆与南方古陆的交接过渡地带。现代世界动物地理区系中的古北界和新北界属古北大陆，而东洋界在中国地域内的部分也属于古北大陆，印度及相邻区域的东洋界部分属于南方古陆的印支板块。贺兰山现代鞘翅目昆虫区系结构主要与贺兰山的地质历史和气候变迁等有关。贺兰山隆升的最早时间在中生代晚侏罗世（王培玉和王伴月，1998；赵红格等，2007），经历晚白垩世、始新世和上新世 3 次较大隆升，达到现在的高度，受古近纪和新近纪中、晚期喜马拉雅造山运动影响，西北内陆大陆性气候进一步增强，出现了荒漠半荒漠植被带，中亚区系和西伯利亚区系成分逐渐增多，山地垂直植被带奠基于古近纪和新近纪末，晚更新世山地森林面积逐渐扩大（李吉均等，1979；刘东生等，2004；赵红格等，2007）。

化石是研究生物演化的较好例证，目前贺兰山昆虫化石虽尚未见直接报道，但 Feng 等（2017）通过研究采自贺兰山二叠纪晚期（约 2.53 亿年前）被甲虫蛀蚀的松柏类植物的木材化石标本，识别出多种节肢动物，至少包括 3 种甲虫，发现了蛀木甲虫在个体发育过程中存在显著的食性转变现象，并已出现初步的社会分工，推测可能是二叠纪末生物大绝灭事件严重影响了甲虫的演化，让甲虫复杂的行为方式和生态关系的演化进程被中断，直到 1.2 亿年之后的白垩纪早期才得以恢复。贺兰山植物化石的记载非常丰富，昆虫与植物是协同进化的，可以通过植物区系的变化间接反映昆虫区系的起源与演化（王新谱和杨贵军，2010）。有证据显示，贺兰山是华夏植物群的起源中心，拥有较丰富的现生植物种类，是我国西北干旱地区一座重要的天然植物种质资源宝库，而且还是多种地理成分相互渗透和汇集的区域，在植物区系组成上表现出明显的过渡性（孙克勤和邓胜徽，2003）。根据地质历史、气候特征和植物组成的特点，结合现生动物区系组成的特点，推测贺兰山昆虫的起源可能较早。本研究鞘翅目 469 种昆虫中，古北界区系型 381 种，占比达 81.24%，表明其典型的北方起源属性，反映了其古老的起源。在跨区分布类型中，除了古北界+东洋界、古北界+新北界外，其他类型占比都很低，表明贺兰山昆虫与非洲界、新热带界和澳洲界联系很弱，反映了它们之间交流程度很低，亦进一步说明了贺兰山鞘翅目昆虫起源的古老性。

主要参考文献

贺达汉. 1998. 荒漠草原蝗虫群落特征研究. 银川: 宁夏人民出版社.

李吉均, 文世宣, 张青松, 等. 1979. 青藏高原隆起的时代、幅度和形式的探讨. 中国科学, (6): 608-616.

梁存柱, 朱宗元, 李志刚. 2012. 贺兰山植被. 银川: 阳光出版社.

刘东生, 李泽椿, 丁仲礼. 2004. 中国工程院重大咨询项目: 西北地区水资源配置生态环境建设和可持续战略研究(自然历史卷)——西北地区自然环境演变及其发展趋势. 北京: 科学出版社.

能乃扎布, 齐宝瑛. 1987. 内蒙古蜻科昆虫的区系分析. 内蒙古师范大学学报(自然科学版), (3): 22-31.

申效诚. 2015. 中国昆虫地理. 郑州: 河南科学技术出版社.

孙克勤, 邓胜徽. 2003. 贺兰山北段石炭纪和二叠纪植物群. 现代地质, 17(3): 59-267.

王杰, 杨贵军, 岳艳丽, 等. 2016. 贺兰山天牛科昆虫区系组成及垂直分布. 环境昆虫学报, 38(6): 1154-1162.

王培玉, 王伴月. 1998. 内蒙古阿拉善地区的第三系及其动物群. 西北地质科学, 19(2): 1-37.

王希蒙, 任国栋, 刘荣光. 1992. 宁夏昆虫名录. 西安: 陕西师范大学出版社.

王新谱, 杨贵军. 2010. 宁夏贺兰山昆虫. 银川: 宁夏人民出版社.

吴福桢, 高兆宁. 1964. 宁夏农业昆虫调查初报及银川平原农业昆虫区系特点. 昆虫学报, 13(4): 572-580.

许升全, 张大治, 郑哲民. 2004. 宁夏蝗虫地理分布的聚类分析. 陕西师范大学学报(自然科学版), 32(2): 71-73.

杨贵军, 于有志, 王新谱. 2011. 宁夏贺兰山拟步甲科的区系组成与生态分布. 宁夏大学学报(自然科学版), 32(1): 67-72.

张荣祖. 2011. 中国动物地理. 北京: 科学出版社.

章士美. 1987. 宁夏蝽科昆虫种类及区系结构. 宁夏农学院学报, (1): 34-37.

章士美, 赵泳祥. 1996. 中国农林昆虫地理分布. 北京: 中国农业出版社.

赵红格, 刘池洋, 王锋, 等. 2007. 贺兰山隆升时限及其演化. 中国科学(D 辑: 地球科学), 66(S1): 185-192.

Feng Z, Wang J, Rößler R, et al. 2017. Late Permian wood-borings reveal an intricate network of ecological relationships. Nature Communications, 8(1): 556.

Holt B G, Lessard J P, Borregaard M K, et al. 2013. An update of Wallace's zoogeographic regions of the world. Science, 339(6115): 74-78.

5 贺兰山鞘翅目昆虫空间分布格局

生物多样性的分布格局一直是宏观生态学和生物地理学的研究热点（Gaston，2000；Green and Bohannan，2006）。地理信息系统等现代宏观技术日益广泛地用于昆虫地理分布格局的研究（许升全等，2004；郭昆和乔格侠，2005；白义等，2006；张争光等，2018），使空间分析的能力有了较大提高，同时，数字化环境数据的共享有助于生境分析和分布预测（沈梦伟等，2016）。生物多样性水平分布格局与地形地貌、气候等生态环境联系密切。动物多样性沿海拔梯度的分布格局因种类而异，主要有单调递减格局、驼峰格局、先平台后递减格局和单峰分布格局4种。本章基于鞘翅目昆虫的栅格分布信息，分析探讨了贺兰山区域鞘翅目昆虫物种丰富度及区域分异在水平和垂直空间的分布格局，这将有助于理解该区域鞘翅目昆虫区系演变过程及其对环境变化的响应，对于开展物种资源保护与管理具有重要意义。

5.1 鞘翅目昆虫水平分布格局

5.1.1 鞘翅目不同阶元丰富度水平分布格局

基于栅格分析法统计栅格单元内甲虫种类分布信息，研究贺兰山鞘翅目昆虫不同阶元水平分布格局。由图 5-1 和图 5-2 可以看出，在纬度方向，自北向南，科、属和种的丰富度均呈现较为相似的单峰曲线变化趋势，在自北向南 65～125km 距离最大，在此范围的南段、北段减少，而且南段比北段略高。结合鞘翅目昆虫科、属、种丰富度在地理上的分布格局，栅格分析表明，贺兰山鞘翅目昆虫的物种和属自北向南丰富度逐渐增加，并在贺兰山中段（自北向南距离 60～110km）（插旗口—苏峪口—小口子）最大，小口子往南又降低，而且总体上贺兰山南段物种丰富度比北段高（图 5-1A、B）；在科水平上的丰富度与种和属相似，科水平上峰值的范围更广，在贺兰山中段（自北向南距离 60～125km）最大，且总体上南段科丰富度较明显高于北段（图 5-1A、C）。

由图 5-1 和图 5-3 可以看出，沿经度方向，自西向东，科、属和种的丰富度呈现明显的较为相似的不对称单峰曲线变化趋势，即自西向东丰富度先升高后降低，在 105.85°E～106.05°E（自西向东距离 15～30km）科、属和种的丰富度达到峰值，在科水平上的丰富度降低趋势比属和种的降低趋势平缓，属和种丰富度在

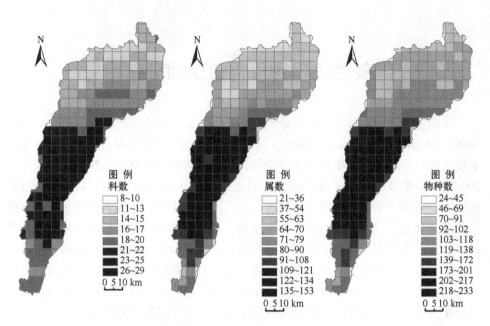

图 5-1 贺兰山鞘翅目科、属、种丰富度水平分布格局

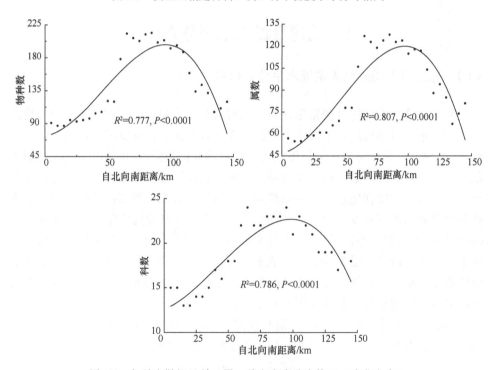

图 5-2 贺兰山鞘翅目科、属、种丰富度分布格局（南北方向）

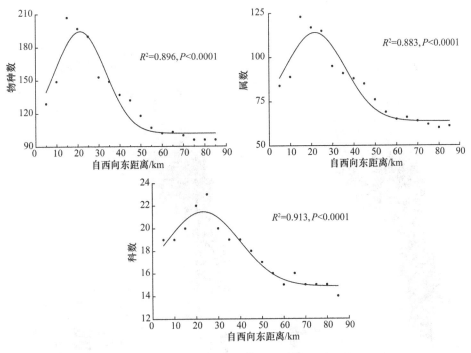

图 5-3 贺兰山鞘翅目科、属、种多样性分布格局（东西方向）

105.25°E 以东基本呈水平变化。在地理分布格局上反映出贺兰山中段的东坡呈现较西坡更低的科、属和种的丰富度。

5.1.2 鞘翅目昆虫区系分化强度的水平分布格局

生物的区系分化是历史地质和环境的表现，一般在属和科的水平上探讨生物的区系分化强度。由图 5-4 和图 5-5 可以看出，自北向南方向在属的水平上区系分化强度呈现明显的单峰曲线（$P<0.0001$），自北向南距离 60～110km 最大，为 1.68～1.72，此范围外的南北两段逐渐下降。区系分化强度在北段插旗口至南段小口子出现较高值，所以在地形复杂、物种多样性丰富的贺兰山中段属的区系分化强度最大。科的区系分化强度在 4.80 与 5.42 之间变化，在北段插旗口至南段甘沟达到峰值，科区系分化强度表现出与属相似的变化趋势，即区系分化强度较大区域主要集中在物种多样性丰富、地形复杂的中段区域，而在北段与南段，鞘翅目昆虫属和科的区系分化能力相对较弱。

由图 5-4 和图 5-6 可以看出，自西向东方向上，鞘翅目在属和科的水平上区系分化强度呈现明显的不对称单峰曲线，在属的水平上，区系分化强度为 1.53～1.90，属区系分化强度高峰（值为 1.90）在自西向东距离 10～20km 处，最大值

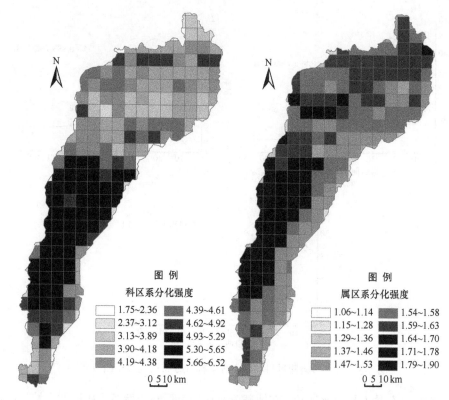

图 5-4 贺兰山鞘翅目科和属区系分化强度水平分布格局

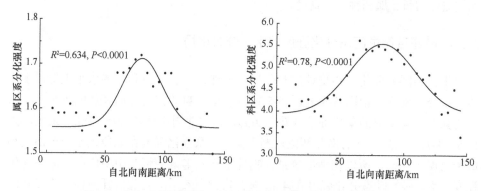

图 5-5 贺兰山鞘翅目属、科区系分化强度的变化（南北方向）

范围集中在西坡；在科的水平上，区系分化强度为 4.06～6.06，科区系分化强度高峰（值为 6.06）出现在自西向东距离 10～30km 处，最大值也集中在西坡，但属区系分化强度的峰值范围（105.85°E～105.95°E）比科区系分化强度的峰值范围（105.85°E～106.05°E）窄。总体上贺兰山东坡的区系分化强度低于西坡，东坡 106.05°E 以东属和科的区系分化强度基本呈水平变化。

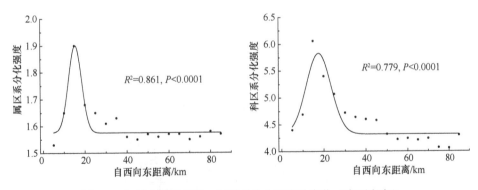

图 5-6 贺兰山鞘翅目属、科区系分化强度的变化（东西方向）

从图 5-7 可以看出，无论在科还是属的水平上，随着科和属区系分化强度的增加，物种丰富度呈递增的趋势，说明区系分化强度的增加对于研究区域内鞘翅目昆虫物种丰富度的提高有明显的促进作用。

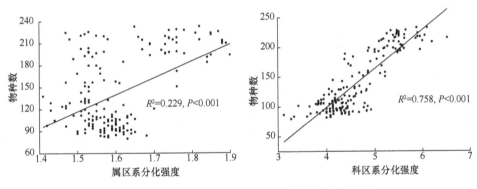

图 5-7 科、属区系分化强度与物种多样性之间的关系

5.1.3 鞘翅目昆虫水平分布格局的相似性聚类分析

基于 183 个栅格单元中的甲虫物种分布数据（二元数据，有分布为 1，无分布为 0），采用 Jaccard 系数计算相似性矩阵，运用非加权组平均法（UPGMA）对地理单元进行聚类分析，如图 5-8 和图 5-9 所示，在 Jaccard 系数为 0.36 水平上，可以将贺兰山甲虫 183 个栅格单元甲虫群落聚为 3 个地理单元群，即北段强旱生景观甲虫地理群（Ⅰ），界线大致为汝箕沟（东坡）-油门沟（西坡）一线以北；中西段半湿生景观甲虫地理群（Ⅱ），界线大致为汝箕沟（东坡）-油门沟（西坡）一线以南，榆树沟（西坡—东坡）以北海拔 1800m 以上；中东段及南段半旱生景观甲虫地理群（Ⅲ），界线大致为中段东部汝箕沟（东坡）和南段榆树沟以南海拔 1200～1800m。

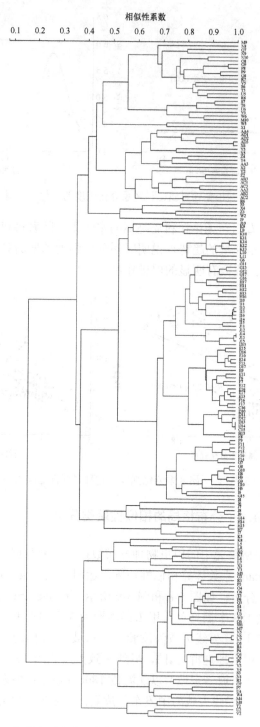

图 5-8　贺兰山甲虫水平空间分布的相似性聚类（种级阶元）

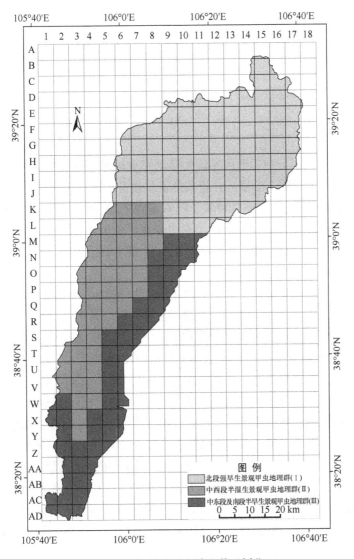

图 5-9 贺兰山甲虫地理单元划分

依据图 5-9 划分的贺兰山不同地理单元，比较不同地理单元鞘翅目昆虫的物种多样性（表 5-1），中东段及南段半旱生景观甲虫地理群（Ⅲ）科、属数最多，中西段半湿生景观甲虫地理群（Ⅱ）物种丰富度最大。从属的多样性（G 指数）和科的多样性（F 指数）上看，中东段及南段半旱生景观甲虫地理群（Ⅲ）甲虫多样性均最大，其次是中西段半湿生景观甲虫地理群（Ⅱ），说明贺兰山中段和南段种类组成上都是比较丰富的。G-F 指数方面，3 个地理单元都非常接近，这可能因为是同属于一个山体，地理位置相近，但总体上表现为中东段及南段半旱生

表 5-1 贺兰山不同地理单元甲虫多样性比较

	科数	属数	种数	G 指数	F 指数	G-F 指数	属区系分化强度	科区系分化强度
北段强旱生景观甲虫地理群（Ⅰ）	26	145	250	4.71	26.80	0.824	1.57	3.19
中西段半湿生景观甲虫地理群（Ⅱ）	29	218	419	5.03	35.35	0.858	1.73	4.29
中东段及南段半旱生景观甲虫地理群（Ⅲ）	30	222	378	5.14	37.49	0.863	1.53	3.79

景观甲虫地理群（Ⅲ）＞中西段半湿生景观甲虫地理群（Ⅱ）＞北段强旱生景观甲虫地理群（Ⅰ）。因 G 指数是 F 指数的次一级分类阶元多样性，所以 G 指数小于等于 F 指数，如果非单种科越多，则 G 指数与 F 指数的比值越小，G-F 指数就越高，从 G-F 指数上看，中西段半湿生景观甲虫地理群（Ⅱ）和中东段及南段半旱生景观甲虫地理群（Ⅲ）都相对较高，说明了贺兰山中段和南段甲虫非单种科最多，而北段甲虫非单种科最少。

区系分化强度结果显示，以中西段半湿生景观甲虫地理群（Ⅱ）属和科的区系分化强度均为最大，北段强旱生景观甲虫地理群（Ⅰ）属区系分化强度略大于中东段及南段半旱生景观甲虫地理群（Ⅲ），中东段及南段半旱生景观甲虫地理群（Ⅲ）科区系分化强度略大于北段强旱生景观甲虫地理群（Ⅰ），同样说明中西段半湿生景观甲虫地理群（Ⅱ）种类组成更丰富。

基于不同地理单元物种二元分布的 Jaccard 系数分析（表 5-2）可以看出，中西段半湿生景观甲虫地理群（Ⅱ）和中东段及南段半旱生景观甲虫地理群（Ⅲ）2 个地理单元物种组成上最相似（相似性系数为 0.72），北段强旱生景观甲虫地理群（Ⅰ）和中东段及南段半旱生景观甲虫地理群（Ⅲ）相似性系数次之，相似性系数为 0.57，北段强旱生景观甲虫地理群（Ⅰ）和中西段半湿生景观甲虫地理群（Ⅱ）物种组成相似性系数小于 0.50。因此，中西段半湿生景观甲虫地理群（Ⅱ）和中东段及南段半旱生景观甲虫地理群（Ⅲ）鞘翅目昆虫群落组成更为相似。

表 5-2 3 个地理单元的物种组成的相似性比较

地理单元	北段强旱生景观甲虫地理群（Ⅰ）	中西段半湿生景观甲虫地理群（Ⅱ）	中东段及南段半旱生景观甲虫地理群（Ⅲ）
北段强旱生景观甲虫地理群（Ⅰ）		0.47	0.57
中西段半湿生景观甲虫地理群（Ⅱ）	214		0.72
中东段及南段半旱生景观甲虫地理群（Ⅲ）	229	333	

注：右上角为相似性系数，左下角为共有种数

5.1.4 鞘翅目优势科昆虫物种丰富度水平分布格局

贺兰山已知鞘翅目 31 科 252 属 469 种（亚种，下同）昆虫中，步甲科（31 属 97 种）、拟步甲科（24 属 63 种）、金龟科（26 属 49 种）、天牛科（31 属 42 种）、象甲科（27 属 34 种）和瓢虫科（16 属 27 种）物种数占比均大于 5%，是贺兰山地区的优势科。根据栅格内优势科不同种类的分布信息，得到优势科昆虫物种丰富度水平分布格局（图 5-10）。

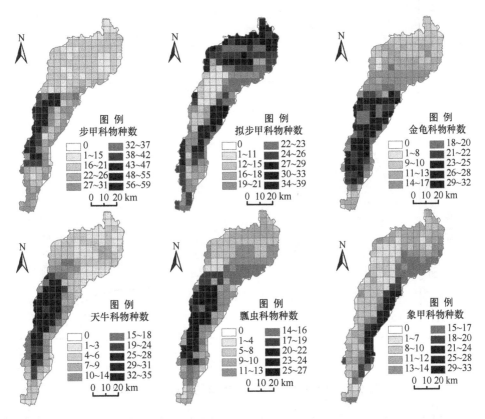

图 5-10　优势科昆虫物种丰富度水平分布格局

由图 5-10 和图 5-11 可以看出，步甲科昆虫物种丰富度在自北向南距离 60～110km 处（此范围略窄于贺兰山全部甲虫丰富度较高值范围）较高，在此范围外的南段、北段减少，而且南段比北段略高。自西向东距离 5～25km 处达到峰值，西部明显高于东部，自西向东距离 40～85km 处物种丰富度变化不明显，呈明显的降低趋势。

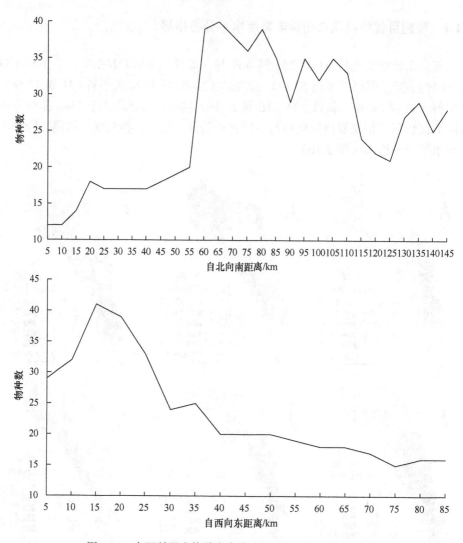

图 5-11　步甲科昆虫物种丰富度在南北和东西方向的变化

　　拟步甲科物种丰富度水平分布格局如图 5-10 和图 5-12 所示。明显不同于贺兰山全部鞘翅目昆虫物种丰富度的分布格局。在自北向南方向呈现先下降后上升再下降又略上升的变化趋势，在自北向南距离 45～65km 和 115～125km 处出现两个低谷，且前者（有 15 种，约占贺兰山拟步甲科物种总数的 23.8%）低于后者（有 19 种，约占贺兰山拟步甲科物种总数的 30.2%），但总体上呈现北高南低的趋势。自西向东呈现先下降后逐步上升的趋势，在自西向东距离 25～35km 处最低，东坡物种数略高于西坡。

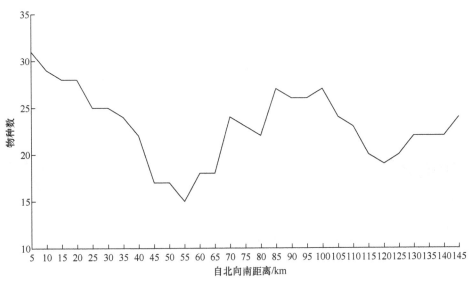

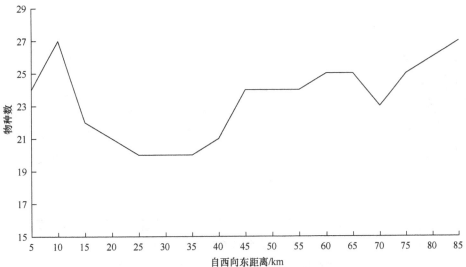

图 5-12　拟步甲科昆虫物种丰富度在南北和东西方向的变化

金龟科昆虫物种丰富度水平分布格局如图 5-10 和图 5-13 所示。在自北向南方向呈现先上升后下降的趋势，在自北向南距离 65～125km 处，即贺兰山中南段物种丰富度较高。自西向东呈现先上升后下降的趋势，在自西向东距离 10～45km 处物种丰富度较高，总体上西坡物种数高于东坡。

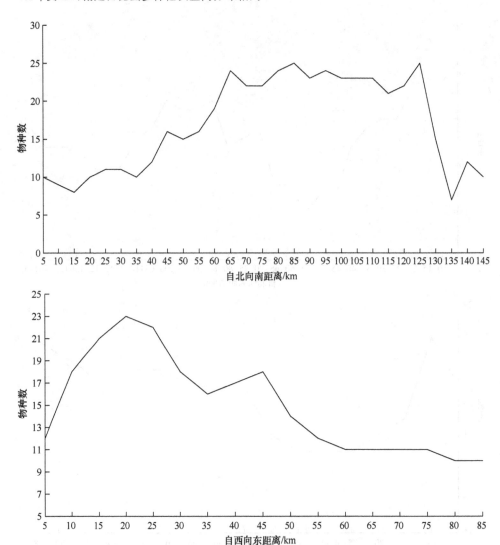

图 5-13　金龟科昆虫物种丰富度在南北和东西方向的变化

天牛科昆虫物种丰富度水平分布格局如图 5-10 和图 5-14 所示。在自北向南方向呈现先上升后下降的趋势，在贺兰山中段自北向南距离 65～110km 处物种丰富度较高，南段高于北段。自西向东呈现先上升后下降的趋势，在自西向东距离 15～35km 处物种丰富度较高，总体上西坡物种数高于东坡。

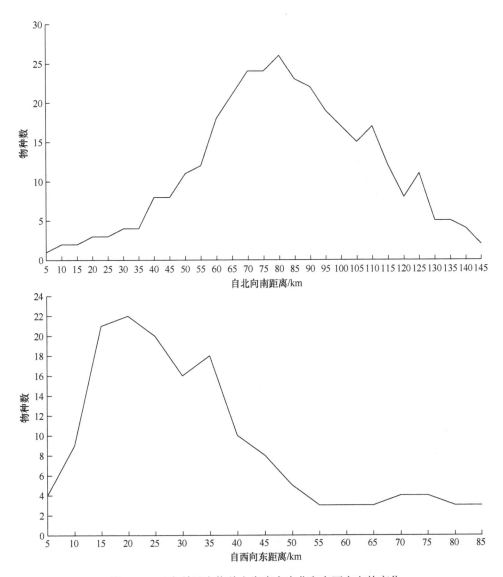

图 5-14　天牛科昆虫物种丰富度在南北和东西方向的变化

　　象甲科昆虫物种丰富度水平分布格局如图 5-10 和图 5-15 所示。在自北向南方向呈现先上升后下降的趋势，在贺兰山中南段自北向南距离 65～130km 处物种丰富度较高。自西向东物种丰富度变化不大，在自西向东距离 25km 处物种丰富度达到峰值。

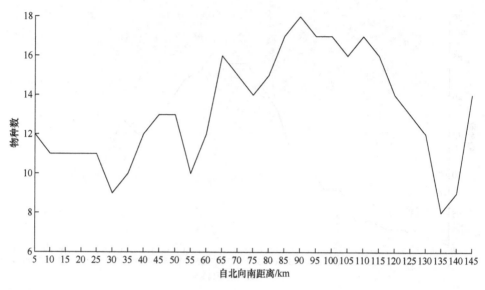

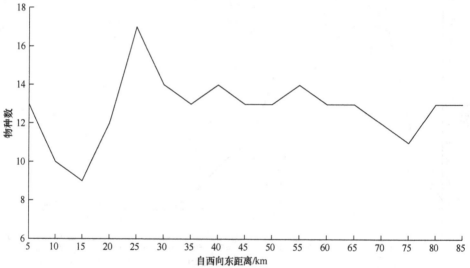

图 5-15　象甲科昆虫物种丰富度在南北和东西方向的变化

　　瓢虫科昆虫物种丰富度水平分布格局如图 5-10 和图 5-16 所示。在自北向南方向呈现先上升后下降的趋势，在贺兰山中南段自北向南距离 50~115km 处物种丰富度较高。自西向东呈现先上升后下降的趋势，在自西向东距离 10~25km 处物种丰富度较高，总体上西坡物种数高于东坡。

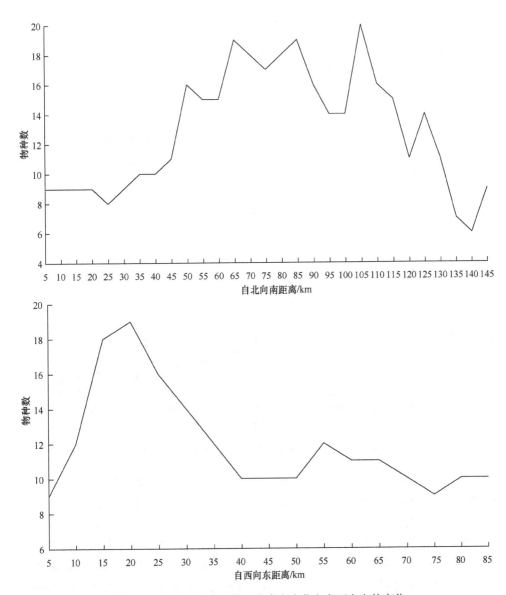

图 5-16 瓢虫科昆虫物种丰富度在南北和东西方向的变化

5.2 鞘翅目昆虫垂直分布格局

5.2.1 鞘翅目昆虫不同阶元丰富度垂直分布格局

贺兰山甲虫的物种丰富度格局随海拔梯度呈现不对称的单峰格局（图 5-17）。在整个贺兰山地区接近海拔中段范围具有较高的物种丰富度，峰值在海拔 1800～

1900m 处，物种数（372 种）占贺兰山鞘翅目物种总数的 79.32%。在海拔 2400m 以下，各海拔段甲虫物种数均占贺兰山鞘翅目物种总数的 50% 以上，在海拔 2400m 以上明显降低，说明贺兰山地区甲虫主要分布在中低海拔区域。

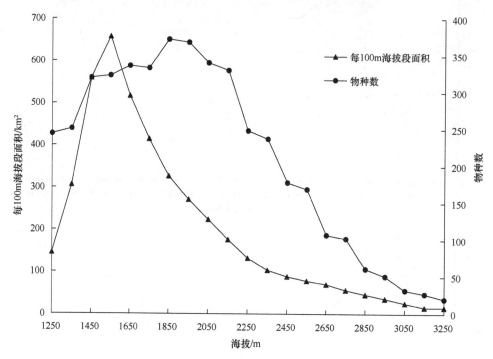

图 5-17　贺兰山甲虫物种丰富度的海拔梯度格局

由图 5-17 可以看出，随着海拔的升高，每 100m 海拔段面积亦呈现单峰格局，峰值在海拔 1500~1600m 处，占山体总面积的 39.1%，该海拔段甲虫物种数占贺兰山鞘翅目物种总数的 68.9%。甲虫物种丰富度峰值和每 100m 海拔段面积峰值的海拔段不对应。总体上，每 100m 海拔段内甲虫物种丰富度与山体面积呈正相关（$r=0.768$，$P<0.01$），在海拔 1600m 以下（$r=0.966$，$P<0.05$）和 2000m 以上（$r=0.999$，$P<0.01$）甲虫物种丰富度与山体面积亦呈正相关，在海拔 1600~2000m 处，甲虫物种丰富度与山体面积呈负相关（$r=-0.886$，$P<0.05$）。

属丰富度随海拔梯度呈现不对称的单峰格局，在海拔 1500~2400m 处属丰富度最大，在海拔约 1900m 属丰富度到达最大值，低海拔段（1200~1600m）属丰富度明显高于海拔 2400m 以上的属丰富度（图 5-18A）。科的丰富度随海拔升高呈总体下降趋势，海拔 1950m 以下较平缓，海拔 1950m 以上科丰富度明显下降（图 5-18B）。

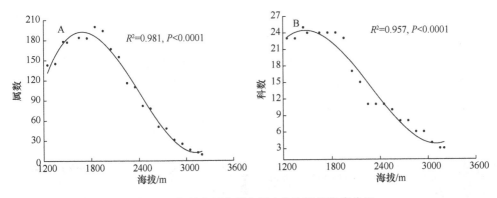

图 5-18 贺兰山甲虫科和属丰富度海拔梯度格局

5.2.2 鞘翅目昆虫区系分化强度的垂直分布格局

随着海拔的升高,贺兰山甲虫属区系分化强度呈总体上升的趋势(图 5-19A),在海拔 2400m 以上趋于平缓,在海拔 2400～2600m 处最大,中、高海拔段甲虫属区系分化强度高于低海拔段。随着海拔升高,科区系分化强度亦呈不对称单峰曲线(图 5-19B),在海拔 2100～2400m 处最大(在 10.0 以上),海拔 2800m 以上的科区系分化强度低于低海拔带。

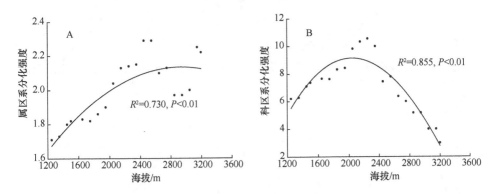

图 5-19 贺兰山鞘翅目昆虫属和科的区系分化在垂直方向的变化

5.2.3 鞘翅目优势科昆虫物种丰富度垂直分布格局

步甲科昆虫物种丰富度格局随贺兰山海拔梯度呈现略对称的单峰格局(图 5-20A),在整个贺兰山地区接近海拔中段范围具有较高的物种丰富度,峰值在海拔 2000～2200m,物种数占贺兰山步甲科物种总数的 93.8%。在海拔 1600～2000m 和 2200～2600m 处,步甲科昆虫物种数均占贺兰山步甲科物种总数的 50%以上,在海拔 2600～2800m 和 1200～1400m 处物种数相当,占贺兰山步甲科物种总数的 26.8%，海拔 2800m 以上物种数明显降低，说明贺兰山地区步甲科昆虫主要分布在中低海拔（1600～2600m）处。

拟步甲科和象甲科昆虫物种丰富度格局随海拔梯度略呈现单调递减格局（图 5-20B、F），即随海拔升高，物种丰富度明显降低。

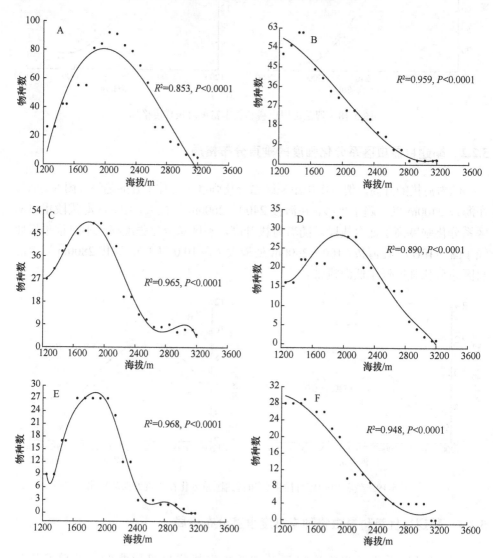

图 5-20　优势科昆虫物种丰富度海拔梯度格局

A. 步甲科；B. 拟步甲科；C. 金龟科；D. 天牛科；E. 瓢虫科；F. 象甲科

金龟科、天牛科和瓢虫科昆虫物种丰富度格局随海拔梯度略呈现不对称的单峰格局（图 5-20C～E），金龟科昆虫物种丰富度峰值在海拔 1800～2000m 处，海拔 2100m 以上物种丰富度明显降低；天牛科昆虫物种丰富度峰值在海拔 1800～2000m 处，海拔 2400m 以上物种丰富度明显降低，海拔 2500m 以上物种丰富度低于海拔 1200～1400m；瓢虫科昆虫物种丰富度峰值在海拔 1600～2100m 处，海拔 2400m 以上物种丰富度明显降低。

5.2.4　鞘翅目昆虫物种种域海拔梯度格局

5.2.4.1　全部甲虫种域海拔梯度 Rapoport 法则验证

海拔 Rapoport 法则认为高海拔的物种克服极端环境的影响最终占据较宽的分布区，因此物种平均种域宽度与海拔梯度呈正相关。利用 4 种算法得到贺兰山鞘翅目昆虫在海拔梯度上的种域格局，验证 Rapoport 法则是否适用于描述鞘翅目昆虫物种种域与其海拔梯度上的位置关系。

Stevens 法的检验结果如图 5-21 A 所示。随着海拔的上升，每 100m 海拔梯度带内出现的所有物种的平均种域宽度呈极显著上升趋势（$R^2=0.923$，$P<0.001$），

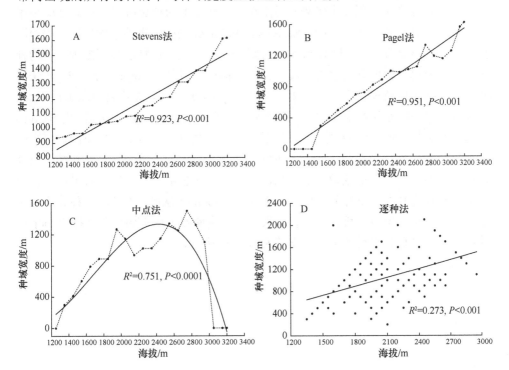

图 5-21　全部甲虫种域海拔分布的 Rapoport 法则验证

在局部略微有波动。但总的来说，Stevens 法得到的种域宽度海拔梯度格局支持 Rapoport 法则。

Pagel 法检验的结果如图 5-21B 所示。物种沿海拔梯度的平均分布宽度格局随海拔上升呈现极显著的上升趋势（R^2=0.951，$P<0.001$），在局部有略微的波动。该检验结果支持 Rapoport 法则。

中点法的检验结果如图 5-21C 所示。得到的物种沿海拔梯度分布宽度的格局呈极显著的单峰型（R^2=0.751，$P<0.0001$），最大值在海拔 2000～2800m 处。该检验结果整体上与 Rapoport 法则不一致，不支持 Rapoport 法则。

逐种法检验结果如图 5-21D 所示。物种在山麓附近的海拔平均分布宽度大多数较窄，以小宽度范围为主，随着海拔的上升而向山体中心接近，物种分布宽度的最大值逐渐增加，并达到峰值。图中各个数据点所形成的近似三角形的格局显著地反映了物种分布区域受物种在不同海拔上分布的边界限制。物种的海拔分布宽幅与海拔之间存在较弱的正相关关系（R^2=0.273，$P<0.001$），支持 Rapoport 法则。

5.2.4.2 优势科物种种域海拔梯度 Rapoport 法则验证

利用 4 种算法得到 6 个优势科昆虫在海拔梯度上的种域格局（图 5-22）。步甲科昆虫 4 种算法验证结果表明，Stevens 法和 Pagel 法检验物种平均种域宽度随海拔梯度升高显著升高，支持 Rapoport 法则。Stevens 法和逐种法验证拟步甲科物种平均种域随海拔梯度升高显著升高，支持 Rapoport 法则。Stevens 法、Pagel 法和逐种法验证金龟科和天牛科的结果，支持 Rapoport 法则。象甲科和瓢虫科 Pagel 法和逐种法验证结果都显示出无规则变化，不明显支持 Rapoport 法则，而 Stevens 法验证结果与 Rapoport 法则相反，即随海拔升高物种平均种域宽度下降，用线性模型拟合 Stevens 法结果，物种平均种域宽度和海拔梯度呈负相关，线性模型拟合后的解释力很低。受中域效应的影响，中点法验证显示，所有优势科平均种域宽度随海拔梯度升高呈单峰分布格局，不支持 Rapoport 法则。总之，4 种算法验证表明，步甲科、拟步甲科、金龟科、天牛科海拔梯度种域格局部分支持 Rapoport 法则，象甲科和瓢虫科基本上不支持 Rapoport 法则。

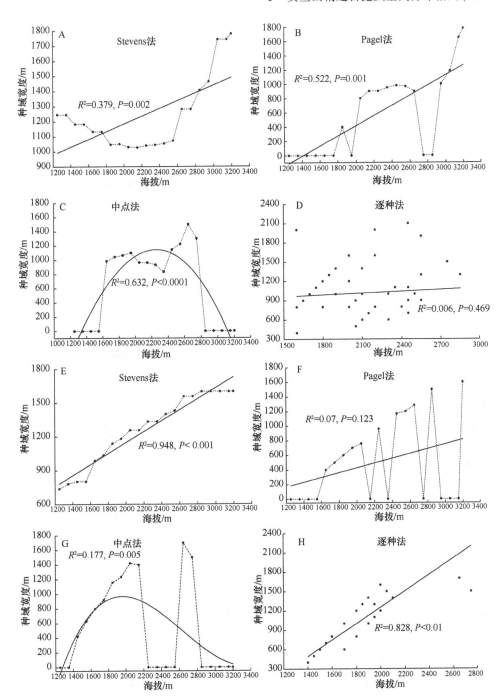

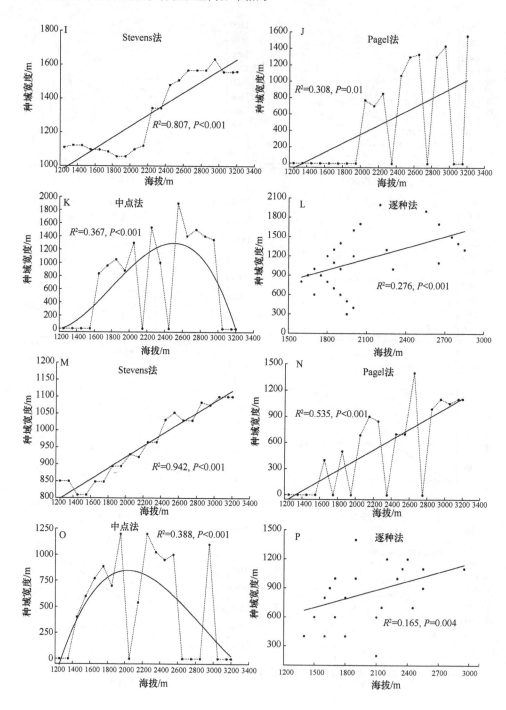

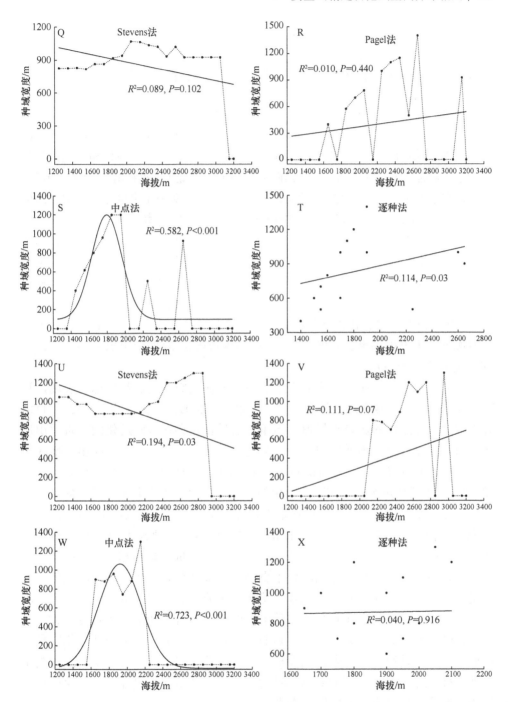

图 5-22　优势科物种种域海拔分布的 Rapoport 法则验证

A~D. 步甲科；E~H. 拟步甲科；I~L. 金龟科；M~P. 天牛科；Q~T. 象甲科；U~X. 瓢虫科

5.3 讨 论

5.3.1 贺兰山鞘翅目昆虫物种丰富度及区系分化强度的水平分布格局

贺兰山是我国北方阿拉善-鄂尔多斯生物多样性中心的核心区域,是北温带草原向荒漠过渡的地带,该区域生态环境脆弱,但孕育了较为丰富的生物多样性,其中植物区域物种丰富度存在着显著的空间异质性,即中段以森林和中生灌丛为主,南北段荒漠化程度较高,东坡比西坡植被覆盖度低(梁存柱等,2004,2012)。本研究结果表明,贺兰山已知的鞘翅目31科252属469种昆虫也存在着明显的地理分布差异,物种丰富度以贺兰山中段(自北段插旗口至南段小口子)较高,西坡较东坡高,说明贺兰山中段地区甲虫物种多样性最为丰富,值得重点保护和关注,而其他地区则相对贫乏。区系分化强度较大区域主要集中在物种多样性丰富的中段区域及西坡,而在北段与南段,鞘翅目昆虫属和科的区系分化能力则相对较弱,说明贺兰山地区甲虫物种丰富度与区系分化强度之间存在密切的联系。甲虫物种丰富度和区系分化强度与植被空间分异有较好的对应关系,说明植物多样性增加可为甲虫提供更丰富的生态空间及食物资源,有助于甲虫多样性的提高(Zhang et al.,2016)。

研究结果表明,属的分化通常被认为是近现代历史地质和环境的表现,科被认为可以表征比较久远的地质历史(李果等,2009;梁存柱等,2012)。目前关于贺兰山昆虫的起源未见报道,但植物与昆虫是存在协同进化的,贺兰山地区的植物区系变化、地质历史、气候变迁特征等在一定程度上反映出该地区甲虫区系的起源可能较早(王新谱和杨贵军,2010)。研究表明,贺兰山是滨太平洋和特提斯-喜马拉雅构造域联合作用的结果,贺兰山经历了3次较大隆升,致使大陆性气候增强,山地垂直植被带于古近纪和新近纪末形成,中段抬升最高,在南北方向和东西方向上具有不同的水热条件组合及植被组成(赵红格等,2007;王小明,2011),为甲虫分布创造了条件,造成了地形相对复杂的贺兰山中段地区甲虫区系的强烈分化,使甲虫物种丰富度显著增加,南北段较低,尤其是北段整体维持在较低水平。基于栅格甲虫分布的聚类分析表明,以中西段半湿生景观甲虫地理群(Ⅱ)的物种丰富度、属和科的区系分化强度最大,是由于该区域海拔高差最大,由此引起的生境异质性最大,昆虫物种分化明显,因此,该区域是甲虫物种多样性保护的核心区域。中东段及南段半旱生景观甲虫地理群(Ⅲ)具有较高的科、属多样性,G-F指数较大,可能是由于该区域有银川平原及黄河湿地昆虫种类的渗透。

5.3.2 贺兰山鞘翅目昆虫物种丰富度垂直分布格局

本研究表明，贺兰山甲虫物种丰富度随海拔梯度先上升后下降，即呈现不对称的单峰格局，中低海拔物种丰富度高于高海拔，峰值出现在海拔 1900～2000m 处。物种丰富度的海拔单峰分布格局最为普遍，本研究结果与新疆东部天山蝶类（张鑫等，2013）、河西走廊及祁连山蝶类（谢宗平等，2009）、黑河亚洲小车蝗（张军霞等，2012）、广西猫儿山的叶蜂（游群和聂海燕，2007）、三峡库区昆虫（刘晔和沈泽昊，2011）等昆虫类群多样性海拔梯度格局相似，即中海拔地带丰富度和多样性高。贺兰山是位于阿拉善高原与银川平原之间的高大山体，山地植被垂直分异明显（梁存柱等，2004），维管植物物种丰富度呈单峰式海拔分布格局，峰值在海拔 2000m 附近（朱源等，2007）。甲虫物种丰富度格局与植物物种丰富度格局呈现较好的对应。自晚更新世以来，贺兰山海拔 1400～2200m 曾经发育过多种植被，多种植被带在海拔 2000m 带上下摆动，使该海拔范围内植物最为丰富（江源和熊敏，2002），生境异质性最高，降低了甲虫物种之间的竞争排斥，从而维持了更多物种的共存。水热组合影响物种丰富度分布格局，在低海拔区域热量充足，水分不足是限制甲虫丰富度的主要气候因素，尤其是在贺兰山东坡海拔 1200～1800m 处，年降水量低于 200mm；在高海拔区域水分充足，但年平均气温在 0℃以下，热量有限是限制甲虫丰富度的主要气候因素；中海拔区域水热条件组合最佳，甲虫物种丰富度最大。生境异质性较大、水热条件较好的中海拔段为甲虫分布创造了条件，造成了该海拔段甲虫区系的强烈分化，甲虫属和科的区系分化在中海拔段强度最大。

相对整个海拔梯度而言，尤其是在干旱区域，中海拔段适宜的水热组合是物种多样性呈单峰分布格局的合理解释（Kerr et al.，2006），贺兰山鞘翅目、步甲科、金龟科、天牛科和瓢虫科昆虫物种丰富度在垂直梯度呈现单峰或单调递减分布的格局，不同优势科海拔梯度格局存在差异，可能是不同种类的食性、扩散能力与生活史策略的差异，步甲科昆虫物种丰富度格局随海拔梯度略呈现对称的单峰格局，是由于步甲科昆虫适应性强，广泛分布于垂直植被带的各种生境，且在中高海拔趋于向中生湿润的环境聚集。金龟科、天牛科和瓢虫科昆虫物种丰富度格局随海拔梯度略呈现不对称的单峰格局，高海拔地带物种丰富度明显降低，金龟科、天牛科和瓢虫科昆虫在贺兰山种类组成为半湿生昆虫种类，但又缺乏适应高海拔高寒种类，故总体呈现中段海拔丰富度较高，高海拔地带物种丰富度明显降低的特点。拟步甲科和象甲科昆虫物种丰富度格局随海拔梯度略呈现单调递减格局，在贺兰山分布的拟步甲科和象甲科昆虫是典型的适应旱生类群，趋于向贺兰山低海拔区域干旱少雨生境分布（王新谱和杨贵军，2010；白晓拴等，2013；杨贵军等，2016；杨益春等，2017）。

　　海拔 Rapoport 法则认为，物种丰富度随海拔升高而逐渐变低，种域宽度逐渐变宽（Rapoport，1982；沈泽昊和卢绮妍，2009），可能的原因是在高海拔分布的物种通过占据较宽的生态位以克服极端的环境（Stevens，1992）。本研究分析了贺兰山鞘翅目昆虫物种丰富度及其种域宽度的海拔梯度格局，基于 4 种方法验证了物种丰富度与其分布中点间的关系，并检验了 Rapoport 法则的适应性，Stevens 法、Pagel 法和逐种法验证结果支持海拔 Rapoport 法则，中点法由于受中域效应的影响（Colwell and Lees，2000），物种种域与海拔梯度呈先升后降的单峰分布。优势科物种种域海拔梯度格局的验证结果随方法不同具有明显的差异，步甲科、拟步甲科、金龟科、天牛科昆虫海拔梯度种域格局部分支持 Rapoport 法则，象甲科和瓢虫科昆虫基本上不支持 Rapoport 法则，可能是与不同种类对环境适应能力和食性的差异有关。此外，研究发现，采用不同的研究方法和分析方法会产生不同的结论（Ribas and Schoereder，2006；Gaston et al.，1998；Ruggiero and Werenkraut，2007）。本研究的结论也支持了不同的验算结果存在不一致性，也说明 Rapoport 法则的检验结果受方法的影响。因此，Rapoport 法则的验证方法限制了物种种域格局研究的深入（沈泽昊和卢绮妍，2009），此外，Rapoport 法则与物种多样性海拔梯度格局的关系也仍未得到确定的结论（Ruggiero and Werenkraut，2007）。

主要参考文献

白晓拴, 彩万志, 能乃扎布. 2013. 内蒙古贺兰山地区昆虫. 呼和浩特: 内蒙古人民出版社.

白义, 许升全, 邓素芳. 2006. 陕西蝗虫地理分布格局的聚类分析. 动物分类学报, 31(1): 18-24.

郭昆, 乔格侠. 2005. 扁蚜亚科(同翅目, 扁蚜科)蚜虫地理分布格局初探. 动物分类学报, 30(2): 252-256.

江源, 熊敏. 2002. 贺兰山植物物种资源构成的垂直分异. 资源科学, 24(3): 49-53.

李果, 沈泽昊, 应俊生, 等. 2009. 中国裸子植物物种丰富度空间格局与多样性中心. 生物多样性, 17(3): 272-279.

梁存柱, 朱宗元, 李志刚. 2012. 贺兰山植被. 银川: 阳光出版社.

梁存柱, 朱宗元, 王炜, 等. 2004. 贺兰山植物群落类型多样性及其空间分异. 植物生态学报, 28(3): 361-368.

刘晔, 沈泽昊. 2011. 长江三峡库区昆虫丰富度的海拔梯度格局——气候、土地覆盖及采样效应的影响. 生态学报, 31(19): 5663-5675.

沈梦伟, 陈圣宾, 毕孟杰, 等. 2016. 中国蚂蚁丰富度地理分布格局及其与环境因子的关系. 生态学报, 36(23): 7732-7739.

沈泽昊, 卢绮妍. 2009. 物种分布区范围地理格局的 Rapoport 法则. 生物多样性, 17(6): 560-567.

王小明. 2011. 宁夏贺兰山国家级自然保护区综合科学考察. 银川: 阳光出版社.

王新谱, 杨贵军. 2010. 宁夏贺兰山昆虫. 银川: 宁夏人民出版社.

谢宗平, 倪永清, 李志忠, 等. 2009. 祁连山北坡及河西走廊蝶类垂直分布及群落多样性研究. 草业学报, 18(4): 195-201.

许升全, 郑哲民, 李后魂. 2004. 宁夏蝗虫地理分布格局的聚类分析. 动物学研究, 25(2): 96-104.

杨贵军, 贾龙, 张建英, 等. 2016. 宁夏贺兰山拟步甲科昆虫分布与地形的关系. 环境昆虫学报, 38(1): 77-86.

杨益春, 杨贵军, 王杰. 2017. 地形对贺兰山步甲群落物种多样性分布格局的影响. 昆虫学报, 60(9): 1060-1073.

游群, 聂海燕. 2007. 广西猫儿山沿海拔梯度的叶蜂多样性. 应用生态学报, 18(9): 2001-2005.

张军霞, 赵成章, 殷翠琴, 等. 2012. 黑河上游天然草地亚洲小车蝗蝗蝻与成虫多度分布与地形关系的 GAM 分析. 昆虫学报, 55(12): 1368-1375.

张鑫, 胡红英, 吕昭智. 2013. 新疆东部天山蝶类多样性及其垂直分布. 生态学报, 33(17): 5329-5338.

张争光, 张梦博, 徐镇超, 等. 2018. 中国瓢蜡蝉科(半翅目: 蜡蝉总科)昆虫的地理分布格局. 井冈山大学(自然科学版), 39(2): 97-103.

赵红格, 刘池洋, 王锋, 等. 2007. 贺兰山隆升时限及其演化. 中国科学(D 辑: 地球科学), 66(S1): 185-192.

朱源, 江源, 刘全儒, 等. 2007. 基于等面积高度带划分的贺兰山维管植物物种丰富度的海拔分布格局. 生物多样性, 15(4): 408-418.

Colwell R K, Lees D C. 2000. The mid-domain effect: geometric constraints on the geography of species richness. Trends in Ecology & Evolution, 15(2): 70-76.

Gaston K J. 2000. Global patterns in biodiversity. Nature, 405(6783): 220-227.

Gaston K J, Blackburn T M, Spicer J I. 1998. Rapoport's rule: time for an epitaph? Trends in Ecology & Evolution, 13(2): 70-74.

Green J, Bohannan B J M. 2006. Spatial scaling of microbial biodiversity. Trends in Ecology & Evolution, 21(9): 501-507.

Kerr J T, Perring M, Currie D J. 2006. The missing Madagascan mid-domain effect. Ecology Letters, 9(2): 149-159.

Rapoport E H. 1982. Areography: geographical strategies of species. New York: Pergamon Press.

Ribas C R, Schoereder J H. 2006. Is the Rapoport effect widespread? Null models revisited. Global Ecology and Biogeography, 15(6): 614-624.

Ruggiero A, Werenkraut V. 2007. One-dimensional analyses of Rapoport's rule reviewed through meta-analysis. Global Ecology and Biogeography, 16(4): 401-414.

Stevens G C. 1992. The elevational gradient in altitudinal range: an extension of Rapoport's latitudinal rule to altitude. The American Naturalist, 140(6): 893-911.

Zhang K, Lin S L, Ji Y Q, et al. 2016. Plant diversity accurately predicts insect diversity in two tropical landscapes. Molecular Ecology, 25(17): 4407-4419.

6 贺兰山鞘翅目昆虫空间分布格局的环境解释

物种区系分化和空间分异是长期地质历史环境影响的结果，生物多样性的空间分布格局是各种生态因子梯度变化的综合反映，已有许多学者提出面积效应假说（Rosenzweig，1995）、中域效应假说（Colwell and Lees，2000）、生产力假说（Brown，1981；Wright，1983）、环境能量假说（Turner，2004）、水热动态假说（O'Brien，2006）、生态学代谢假说（West et al.，1997；Brown et al.，2004）、寒冷忍耐假说（Hawkins，2001）、种库假说（Zobel，1997）及生境异质性假说（Cox et al.，2016）等解释物种多样性空间分布格局的形成机制。不同区域尺度的物种形成、灭绝及迁徙与种间关系等共同影响物种多样性的地理分布格局（Fine，2015；Svenning et al.，2015；张宇和冯刚，2018）。研究表明，在较小尺度，单一类群昆虫的分布格局主要受某类因子影响，如在山地森林中，蚂蚁的丰富度主要受能量制约（Sanders et al.，2007）；在较大空间尺度，降水量、年平均气温、最冷月平均气温、生境异质性因子等均可显著影响蚂蚁丰富度格局（Gotelli and Arnett，2000；沈梦伟等，2016）。影响多个类群昆虫分布格局的因子主要有植物多样性、海拔等生境异质性因子（Schuldt et al.，2010；Shah et al.，2015；张宇和冯刚，2018）。本章基于鞘翅目昆虫的分布信息，在分析昆虫的丰富度及区系分化强度水平和垂直格局的基础上，结合气候及生境异质性等特征进行空间分异形成机制研究，将有助于理解昆虫区系起源及其进化、分化的历史，并为生物多样性保护提供依据。

6.1 鞘翅目昆虫物种丰富度水平分布格局与环境因子的关系

6.1.1 鞘翅目昆虫物种丰富度与环境因子的关系

6.1.1.1 鞘翅目昆虫群落组成与环境因子的关系

对 183 个栅格单元鞘翅目昆虫群落组成与 10 个环境因子进行冗余分析（RDA）（表 6-1，图 6-1），所有排序轴蒙特卡洛置换检验显示极显著（F=27.009，P=0.002），第 1 排序轴和第 2 排序轴的特征值分别为 0.371 和 0.126，甲虫群落组成-环境关系累积解释因变量变异达 81.36%，说明排序结果良好。年平均气温、最冷月平均气温、年均潜在蒸散量和年均辐射与第 1 排序轴显著负相关；年均降水量、海拔高差、年均实际蒸散量、归一化植被指数和植被类型数与第 1 排序轴

表 6-1 鞘翅目昆虫群落 RDA 排序轴的特征值及群落组成与环境因子的相关性

参数	第 1 排序轴	第 2 排序轴	前项选择			
			解释率/%	贡献率/%	F 值	P 值
特征值	0.371	0.126				
物种-环境因子相关系数	0.970	0.923				
累积解释因变量变异的百分数	60.68%	81.36%				
蒙特卡洛置换检验	$F=27.009$，$P=0.002$					
年平均气温（MAT）	−0.9372	0.0638	34.8	57.0	96.6	0.002
年均降水量（MAP）	0.8751	0.2975	9.9	16.2	32.1	0.002
最冷月平均气温（MTCM）	−0.8137	0.1464	3.8	6.1	13	0.002
年均潜在蒸散量（MPET）	−0.9178	0.0956	3.6	5.9	13.3	0.002
海拔高差（AD）	0.5950	0.4169	3.0	4.9	11.7	0.002
最热月平均气温（MTWM）	−0.9326	0.0473	2.8	4.5	11.6	0.002
年均实际蒸散量（MAET）	0.8945	0.1605	1.5	2.5	6.5	0.002
年均辐射（MASR）	−0.8380	−0.2982	1.0	1.6	4.2	0.002
归一化植被指数（NDVI）	0.8550	0.1699	0.6	0.9	2.5	0.002
植被类型数（VD）	0.7197	0.3212	0.3	0.5	1.4	0.048

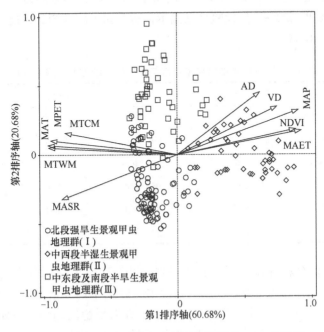

图 6-1 鞘翅目昆虫群落组成与环境因子的 RDA 排序图

显著正相关。前项选择结果显示，贡献率和解释率由高到低的顺序为：年平均气温＞年均降水量＞最冷月平均气温＞年均潜在蒸散量＞海拔高差＞最热月平均气温＞年均实际蒸散量＞年均辐射＞归一化植被指数＞植被类型数，尤其是年平均气温和年均降水量是影响甲虫分布的关键因素，贡献率分别为57.0%和16.2%。

RDA排序图（图6-1）反映了3个地理单元甲虫群落组成与环境因子的关系，北段强旱生景观甲虫地理群（Ⅰ）群落大部分位于第1排序轴的负方向（坐标轴的第二、三象限），昆虫分布与年平均气温、最冷月平均气温、年均潜在蒸散量、最热月平均气温和年均辐射正相关。中西段半湿生景观甲虫地理群（Ⅱ）位于坐标轴的第一、四象限，昆虫分布与年均实际蒸散量、年均降水量、植被类型数、海拔高差和归一化植被指数正相关。中东段及南段半旱生景观甲虫地理群（Ⅲ）主要位于坐标轴的第一、二象限，昆虫分布受环境因子的影响作用介于北段强旱生景观甲虫地理群（Ⅰ）和中西段半湿生景观甲虫地理群（Ⅱ）之间。

6.1.1.2 鞘翅目昆虫物种丰富度与环境因子的关系

经逐步回归分析，由GAM的AIC值进行选择（表6-2），最佳GAM的AIC值为74 162.94，总偏差解释率为88.49%，其中贡献最大的因子是年均降水量，偏差解释率为63.83%，其他因子贡献由大到小依次是年实际蒸散量、归一化植被指数、年均潜在蒸散量、年平均气温和海拔高差，偏差解释率分别为13.57%、2.35%、2.19%、5.33%和1.22%。F检验结果显示，所有因子均与鞘翅目昆虫物种丰富度显著相关（$P < 0.05$）。

表6-2 鞘翅目昆虫物种丰富度与环境因子的GAM偏差分析

模型因子	偏差解释率/%	AIC值	F值	P值
年均降水量（MAP）	63.83	180 555.10	285.47	0.000
年均实际蒸散量（MAET）	13.57	116 728.60	101.48	0.000
归一化植被指数（NDVI）	2.35	104 240.6	23.65	0.000
年均潜在蒸散量（MPET）	2.19	98 192.08	13.04	0.011
年平均气温（MAT）	5.33	84 504.78	30.93	0.000
海拔高差（AD）	1.22	74 162.94	26.75	0.000

GAM可以分析环境因子对鞘翅目昆虫物种丰富度空间分布的非线性影响关系，其分析结果（图6-2）显示，物种丰富度随年均降水量、年实际蒸散量、归一化植被指数和海拔高差呈明显先缓慢上升后平稳的趋势。物种丰富度随年均潜在蒸散量和年平均气温呈先平台后缓慢下降的趋势，在年均潜在蒸

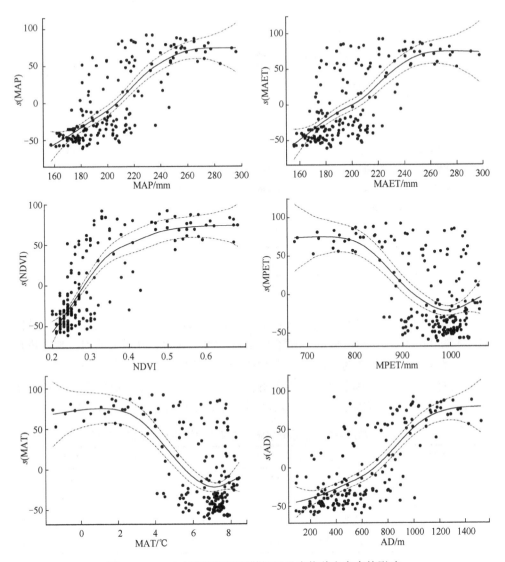

图 6-2　GAM 中环境因子对鞘翅目昆虫物种丰富度的影响

散量 700～800mm 时较大且变化平缓,在年平均气温−1.5～3℃时物种丰富度大
且变化平稳。

6.1.2　鞘翅目昆虫区系分化强度水平分布格局与环境因子的关系

　　鞘翅目昆虫属和科区系分化强度与环境因子的相关性表现一致（表 6-3），即
与海拔高差、植被类型数、归一化植被指数、年均降水量、年均实际蒸散量、年
均潜在蒸散量呈正相关（$P<0.01$），与年平均气温、最热月平均气温、最冷月平

均气温和年均辐射呈负相关（$P<0.01$）。

表 6-3　贺兰山鞘翅目昆虫物种丰富度、科和属区系分化强度与环境因子 Pearson 相关系数

环境因子	物种丰富度	属区系分化强度	科区系分化强度
海拔高差（AD）	0.543**	0.270**	0.459**
植被类型数（VD）	0.550**	0.487**	0.270**
归一化植被指数（NDVI）	0.565**	0.411**	0.603**
年均降水量（MAP）	0.610**	0.340**	0.619**
年均潜在蒸散量（MPET）	0.311**	0.497**	0.254**
年均实际蒸散量（MAET）	0.486**	0.392**	0.362**
年平均气温（MAT）	−0.340**	−0.575**	−0.438**
最冷月平均气温（MTCM）	−0.257**	−0.506**	−0.191**
最热月平均气温（MTWM）	−0.407**	−0.583**	−0.340**
年均辐射（MASR）	−0.556**	−0.318**	−0.566**

**$P<0.01$，本章下同

　　由 GAM 的 AIC 值进行选择（表 6-4），得出鞘翅目昆虫属区系分化强度最佳 GAM 的 AIC 值为 0.59，总偏差解释率为 77.14%，其中贡献最大的因子是最热月平均气温，偏差解释率为 58.44%，其他因子贡献由大到小依次是海拔高差、年均潜在蒸散量和年均实际蒸散量，偏差解释率分别为 10.98%、6.11% 和 1.61%。F 检验结果显示，所有因子均与甲虫属区系分化强度显著相关（$P<0.05$）。

表 6-4　鞘翅目昆虫区系分化强度与环境因子的 GAM 偏差分析

模型响应变量	模型因子	偏差解释率/%	AIC 值	F 值	P 值
属区系分化强度	最热月平均气温（MTWM）	58.44	0.85	373.36	0.00
	海拔高差（AD）	10.98	0.65	64.61	0.00
	年均潜在蒸散量（MPET）	6.11	0.61	17.00	0.00
	年均实际蒸散量（MAET）	1.61	0.59	7.23	0.00
科区系分化强度	植被类型数（VD）	48.59	44.13	159.86	0.00
	海拔高差（AD）	5.47	40.05	256.81	0.00
	年均辐射（MASR）	5.61	37.65	49.12	0.00
	年均潜在蒸散量（MPET）	4.49	35.77	15.64	0.00
	年平均气温（MAT）	9.61	28.53	49.81	0.00
	最冷月平均气温（MTCM）	0.28	27.64	7.77	0.01

　　GAM 分析环境因子对鞘翅目昆虫属区系分化强度的非线性影响关系，分析结果显示（图 6-3），属区系分化强度随最热月平均气温和年均潜在蒸散量的升高呈单调递减的趋势，随海拔高差呈先平台后缓慢上升的趋势，即在海拔高差

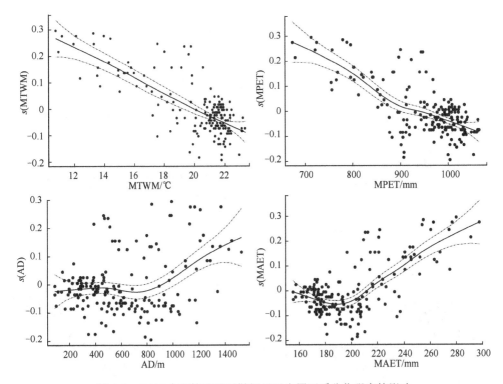

图 6-3 GAM 中环境因子对鞘翅目昆虫属区系分化强度的影响

800m 以下平缓变化，海拔高差 800m 以上缓慢上升，属区系分化强度随年均实际蒸散量呈现先缓慢下降后较大幅度上升的趋势。

科区系分化强度最佳 GAM 的 AIC 值为 27.64，总偏差解释率为 74.05%，其中贡献最大的因子是植被类型数，偏差解释率为 48.59%，其他因子偏差解释率由大到小依次是海拔高差、年均辐射、年均潜在蒸散量、年平均气温和最冷月平均气温，偏差解释率分别为 5.47%、5.61%、4.49%、9.61% 和 0.28%。F 检验结果显示，所有因子均与甲虫科区系分化强度显著相关（$P < 0.05$）。GAM 分析环境因子对鞘翅目昆虫科区系分化强度的非线性影响关系，分析结果（图 6-4）显示，科区系分化强度随植被类型数和海拔高差升高而升高，随年均辐射、年均潜在蒸散量、年平均气温和最冷月平均气温呈现先平台后缓慢下降的趋势。

6.1.3 不同地理单元鞘翅目昆虫物种丰富度与环境因子的关系

6.1.3.1 不同地理单元鞘翅目昆虫群落组成与环境因子的关系

对北段强旱生景观甲虫地理群（Ⅰ）群落组成与 10 个环境因子进行 RDA 排序，前项选择结果（表 6-5）显示，除归一化植被指数外的其他环境因子均显

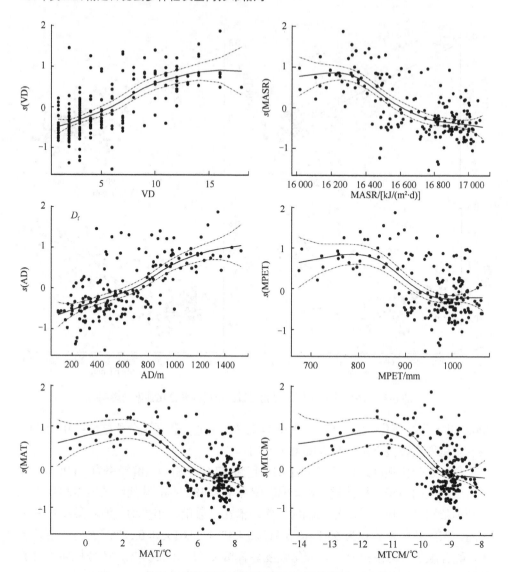

图 6-4　GAM 中环境因子对鞘翅目昆虫科区系分化强度的影响

著影响甲虫空间分布，贡献率和解释率由高到低的顺序为：年平均气温＞海拔高差＞年均实际蒸散量＞年均潜在蒸散量＞年均降水量＞最热月平均气温＞最冷月平均气温＞年均辐射＞植被类型数＞归一化植被指数。

　　前项选择结果（表 6-6）显示，8 个环境因子显著影响中西段半湿生景观甲虫地理群（Ⅱ）群落甲虫空间分布，贡献率和解释率由高到低的顺序为：最热月平均气温＞年平均气温＞海拔高差＞年均实际蒸散量＞最冷月平均气温＞年均辐射＞年均潜在蒸散量＞年均降水量。

表 6-5　环境因子对北段强旱生景观甲虫地理群（Ⅰ）鞘翅目昆虫物种空间分布的相对贡献

环境因子	解释率/%	贡献率/%	F 值	P 值
年平均气温（MAT）	19.6	36.7	20.5	0.002
海拔高差（AD）	14.0	26.3	17.6	0.002
年均实际蒸散量（MAET）	6.8	12.7	9.8	0.002
年均潜在蒸散量（MPET）	3.7	7.0	4.9	0.002
年均降水量（MAP）	2.2	4.0	3.4	0.002
最热月平均气温（MTWM）	2.0	3.7	2.9	0.002
最冷月平均气温（MTCM）	1.7	3.3	2.6	0.006
年均辐射（MASR）	1.3	2.4	2.0	0.006
植被类型数（VD）	1.1	2.1	1.8	0.026
归一化植被指数（NDVI）	1.0	1.9	1.6	0.054

表 6-6　环境因子对中西段半湿生景观甲虫地理群（Ⅱ）鞘翅目昆虫物种空间分布的相对贡献

环境因子	解释率/%	贡献率/%	F 值	P 值
最热月平均气温（MTWM）	23.9	45.3	14.4	0.002
年平均气温（MAT）	7.2	13.7	4.7	0.002
海拔高差（AD）	3.9	7.4	2.7	0.002
年均实际蒸散量（MAET）	3.3	6.3	2.4	0.004
最冷月平均气温（MTCM）	3.2	6.1	2.2	0.008
年均辐射（MASR）	3.1	5.9	2.4	0.004
年均潜在蒸散量（MPET）	2.3	4.3	1.6	0.050
年均降水量（MAP）	2.0	3.8	1.5	0.046
归一化植被指数（NDVI）	1.9	3.6	1.5	0.078
植被类型数（VD）	1.8	3.5	1.4	0.078

对中东段及南段半旱生景观甲虫地理群（Ⅲ）群落组成与环境因子进行 RDA 排序分析，前项选择结果（表 6-7）显示，8 个环境因子显著影响甲虫空间分布，贡献率和解释率由高到低的顺序为：海拔高差＞年均实际蒸散量＞年平均气温＞归一化植被指数＞年均潜在蒸散量＞最热月平均气温＝最冷月平均气温＞植被类型数。

6.1.3.2　不同地理单元鞘翅目昆虫物种丰富度与环境因子的关系

贺兰山不同地理单元鞘翅目昆虫物种丰富度最佳 GAM 结果见表 6-8，其中，北段强旱生景观甲虫地理群（Ⅰ）最佳 GAM 的 AIC 值为 5195.98，总偏差解释率为 78.36%，其中贡献最大的因子是海拔高差，偏差解释率为 37.29%，其他依次是年均潜在蒸散量、年实际蒸散量和年平均气温，偏差解释率分别为 17.30%、

13.80%和9.97%。F检验结果显示,所有因子均与物种丰富度显著相关($P<0.05$)。

表6-7 环境因子对中东段及南段半旱生景观甲虫地理群(Ⅲ)鞘翅目昆虫物种
空间分布的相对贡献

环境因子	解释率/%	贡献率/%	F值	P值
海拔高差(AD)	19.6	32.9	14.5	0.002
年均实际蒸散量(MAET)	18.3	30.7	10.5	0.002
年平均气温(MAT)	6.8	11.5	5.5	0.002
归一化植被指数(NDVI)	4.4	7.4	3.8	0.002
年均潜在蒸散量(MPET)	2.7	4.5	2.4	0.002
最热月平均气温(MTWM)	1.9	3.2	1.7	0.018
最冷月平均气温(MTCM)	1.9	3.2	1.8	0.016
植被类型数(VD)	1.6	2.7	1.5	0.036
年均辐射(MASR)	1.2	2.0	1.1	0.278
年均降水量(MAP)	1.1	1.9	1.1	0.366

表6-8 不同地理单元群鞘翅目昆虫物种丰富度与环境因子的GAM偏差分析

模型响应变量	模型因子	偏差解释率/%	AIC值	F值	P值
北段强旱生景观甲虫地理群(Ⅰ)物种丰富度	海拔高差(AD)	37.29	11 368.41	94.94	0.00
	年均潜在蒸散量(MPET)	17.30	8 911.10	44.51	0.00
	年均实际蒸散量(MAET)	13.80	6 281.78	45.31	0.00
	年平均气温(MAT)	9.97	5 195.98	19.24	0.00
中西段半湿生景观甲虫地理群(Ⅱ)物种丰富度	年均辐射(MASR)	63.84	43 500.68	43.05	0.00
	年均实际蒸散量(MAET)	2.16	42 239.90	3.32	0.05
	归一化植被指数(NDVI)	6.61	35 212.69	11.04	0.00
	年均潜在蒸散量(MPET)	4.02	33 963.16	13.72	0.00
中东段及南段半旱生景观甲虫地理群(Ⅲ)物种丰富度	海拔高差(AD)	65.93	30 939.4	272.99	0.00
	年均实际蒸散量(MAET)	9.85	22 845.46	49.24	0.00
	最热月平均气温(MTWM)	11.40	13 134.61	53.72	0.00
	植被类型数(VD)	4.90	9 940.87	18.10	0.00
	年均降水量(MAP)	1.38	9 273.83	5.04	0.03

运用GAM分析北段强旱生景观甲虫地理群(Ⅰ)环境因子对鞘翅目昆虫物种丰富度的非线性影响关系,结果(图6-5)显示,物种丰富度与海拔高差呈正相关,即随海拔高差增大而增加,物种丰富度与年均实际蒸散量呈极弱的单峰曲线,物种丰富度随年均潜在蒸散量和年平均气温呈较弱波动。

中西段半湿生景观甲虫地理群(Ⅱ)鞘翅目昆虫物种丰富度最佳GAM的AIC值为33 963.16,总偏差解释率为76.63%,其中贡献最大的因子是年均辐射,偏差

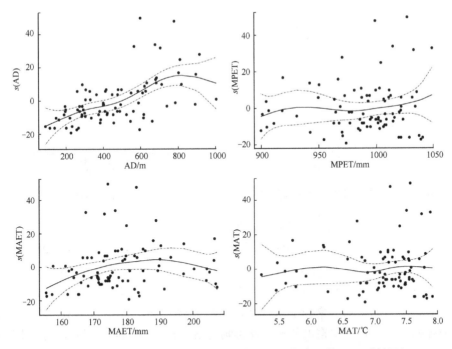

图 6-5 GAM 中环境因子对北段强旱生景观甲虫地理群（Ⅰ）鞘翅目
昆虫物种丰富度的影响

解释率为 63.84%，其他依次是归一化植被指数、年均潜在蒸散量、年均实际蒸散量，偏差解释率分别为 6.61%、4.02%、2.16%。F 检验结果显示，除年均实际蒸散量外，其他因子均与物种丰富度显著相关（P<0.05）。最佳 GAM 分析环境因子对鞘翅目昆虫物种丰富度的非线性影响关系，结果（图 6-6）显示，物种丰富度与年均辐射、年均潜在蒸散量总体上呈负相关，呈现先保持基本不变后下降的趋势，物种丰富度与年均实际蒸散量、归一化植被指数总体上呈正相关，呈现先增加后保持基本不变的趋势。

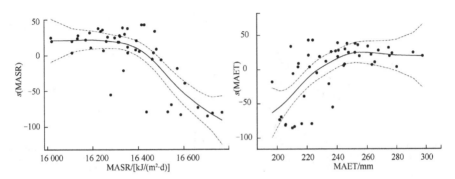

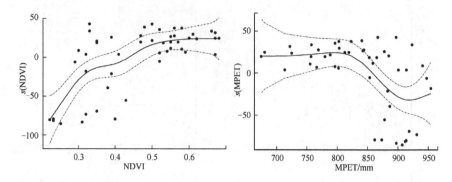

图 6-6　GAM 中环境因子对中西段半湿生景观甲虫地理群（Ⅱ）昆虫物种丰富度的影响

　　中东段及南段半旱生景观甲虫地理群（Ⅲ）鞘翅目昆虫物种丰富度最佳 GAM 的 AIC 值为 9273.83，总偏差解释率为 93.46%，其中贡献最大的因子是海拔高差，偏差解释率为 65.93%，其他依次是最热月平均气温、年均实际蒸散量、植被类型数和年均降水量，偏差解释率分别为 11.40%、9.85%、4.90% 和 1.38%。F 检验结果显示，所有因子均与物种丰富度显著相关（$P < 0.05$）。最佳 GAM 分析环境因子对鞘翅目昆虫物种丰富度的非线性影响关系，结果（图 6-7）显示，物种丰富度

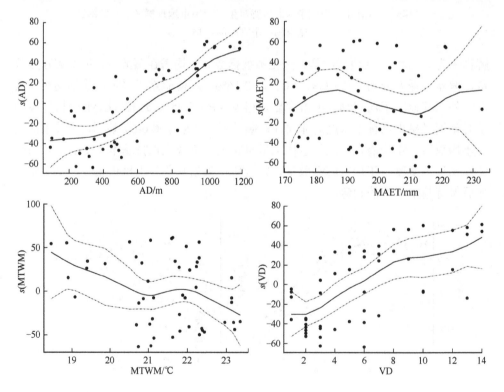

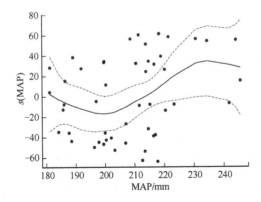

图 6-7　GAM 中环境因子对中东段及南段半旱生景观甲虫地理群（Ⅲ）昆虫
物种丰富度的影响

与海拔高差、植被类型数正相关，与最热月平均气温负相关，但在 21～22℃近平缓；物种丰富度随年均实际蒸散量呈先上升后下降再上升的波动，随年均降水量先微弱下降后上升再略下降，总体上呈现升高趋势。

6.1.4　鞘翅目优势科昆虫分布格局与环境因子的关系

6.1.4.1　鞘翅目优势科昆虫群落组成与环境因子的关系

1）步甲科昆虫群落组成与环境因子的关系

对步甲科昆虫群落组成与 10 个环境因子进行 RDA 的前项选择结果（表 6-9）显示，9 个环境因子显著影响步甲科昆虫的空间分布，贡献率和解释率由高到低的顺序为：年平均气温＞年均降水量＞年均潜在蒸散量＞海拔高差＞最冷月平均气温＞最热月平均气温＞年均实际蒸散量＞年均辐射＞归一化植被指数＞植被类型数。

步甲科昆虫群落组成与 10 个环境因子的 RDA 排序结果（表 6-9，图 6-8）显示，所有轴蒙特卡洛置换检验显示极显著（$F=28.759$，$P=0.002$），第 1 排序轴和第 2 排序轴的特征值分别为 0.421 和 0.099，步甲科昆虫群落组成-环境累积解释因变量变异达 83.10%，说明排序结果良好。依据 97 种步甲科昆虫的分布及其与环境因子的关系，可以分为三类生态种组：半湿生种组（包括 64 种）、旱生种组（包括 16 种）、中生种组（包括 17 种）。

2）拟步甲科昆虫群落组成与环境因子的关系

对拟步甲科昆虫群落组成与 10 个环境因子进行 RDA 的前项选择结果（表 6-10）显示，9 个环境因子显著影响拟步甲科昆虫的空间分布，贡献率和解释

表 6-9　步甲科昆虫群落组成 RDA 排序轴的特征值及群落组成与环境因子的相关性

参数	第1排序轴	第2排序轴	前项选择			
			解释率/%	贡献率/%	F 值	P 值
特征值	0.421	0.099				
物种-环境因子相关系数	0.946	0.887				
累积解释因变量变异的百分数	67.20%	83.10%				
蒙特卡洛置换检验	F=28.759, P=0.002					
年平均气温（MAT）	-0.9234	0.0605	40.2	64.2	122	0.002
年均降水量（MAP）	0.8322	0.3088	8.1	13.0	28.2	0.002
年均潜在蒸散量（MPET）	-0.8848	0.0710	3.5	5.5	12.9	0.002
海拔高差（AD）	0.5616	0.3314	2.9	4.7	11.5	0.002
最热月平均气温（MTWM）	-0.9178	0.0500	2.4	3.9	10	0.002
最冷月平均气温（MTCM）	-0.845	0.1906	2.5	4.0	11	0.002
年均实际蒸散量（MAET）	0.8555	0.1989	1.5	2.4	6.7	0.002
年均辐射（MASR）	-0.7827	-0.3418	0.6	1.0	3	0.002
归一化植被指数（NDVI）	0.8498	0.1010	0.5	0.8	2.2	0.018
植被类型数（VD）	0.6629	0.2678	0.3	0.5	1.4	0.140

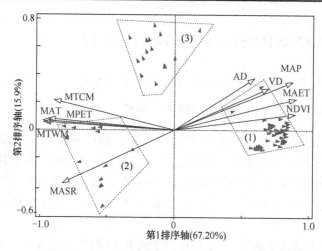

图 6-8　步甲科昆虫群落组成与环境因子的 RDA 排序图

(1)为半湿生种组；(2)为旱生种组；(3)为中生种组，图 6-9 和图 6-10 同

率由高到低的顺序为：年均降水量＞年均潜在蒸散量＞年均辐射＞年均实际蒸散量＞最热月平均气温＞年平均气温＞最冷月平均气温＞海拔高差＞归一化植被指数＞植被类型数。

　　拟步甲科昆虫群落组成与 10 个环境因子的 RDA 排序结果（表 6-10，图 6-9）显示，所有轴蒙特卡洛置换检验显示极显著（F=30.184，P=0.002），第 1 排序轴和第 2 排序轴的特征值分别为 0.369 和 0.133，拟步甲科昆虫群落组成-环境累积解释因变量变异达 78.86%，说明排序结果良好。依据 63 种拟步甲科昆虫在

表 6-10 拟步甲科昆虫群落组成 RDA 排序轴的特征值及群落组成与环境因子的相关性

参数	第 1 排序轴	第 2 排序轴	前项选择			
			解释率/%	贡献率/%	F 值	P 值
特征值	0.369	0.133				
物种-环境因子相关系数	0.9511	0.9179				
累积解释因变量变异的百分数	57.99%	78.86%				
蒙特卡洛置换检验	F=30.184, P=0.002					
年均降水量（MAP）	0.919	0.0008	34.5	54.2	95.5	0.002
年均潜在蒸散量（MPET）	−0.8100	0.3620	11.1	17.4	36.8	0.002
年均辐射（MASR）	−0.8916	0.0082	5.0	7.8	18	0.002
年均实际蒸散量（MAET）	0.8968	−0.1309	3.8	5.9	14.7	0.002
最热月平均气温（MTWM）	−0.8359	0.3420	2.7	4.3	11.3	0.002
年平均气温（MAT）	−0.8330	0.3495	2.4	3.8	10.6	0.002
最冷月平均气温（MTCM）	−0.6779	0.3879	2.1	3.2	9.4	0.002
海拔高差（AD）	0.6537	0.2171	1.4	2.1	6.4	0.002
归一化植被指数（NDVI）	0.8189	−0.1164	0.5	0.7	2.2	0.008
植被类型数（VD）	0.7502	0.0536	0.3	0.4	1.2	0.236

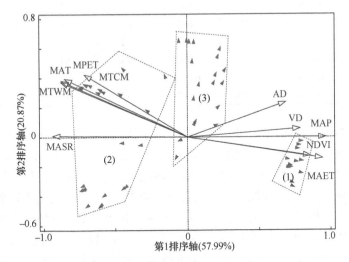

图 6-9 拟步甲科昆虫群落组成与环境因子的 RDA 排序图

水平空间的分布及其与环境因子的关系，可以分为三类生态种组：半湿生种组，包括 14 种，主要为栉甲类和高海拔分布的琵甲类；旱生种组，包括 29 种，主要为鳖甲类、漠甲类和漠王类；中生种类，包括 20 种，主要为琵甲类和土甲类。

3）金龟科昆虫群落组成与环境因子的关系

对金龟科昆虫群落组成与 10 个环境因子进行 RDA 的前项选择结果（表 6-11）显示，环境因子均显著影响金龟科昆虫的空间分布，贡献率和解释率由高到低的顺序为：年平均气温＞年均降水量＞海拔高差＞最冷月平均气温＞年均潜在蒸散量＞最热月平均气温＞年均实际蒸散量＞年均辐射＞植被类型数＝归一化植被指数。

表 6-11　金龟科昆虫群落组成 RDA 排序轴的特征值及群落组成与环境因子的相关性

参数	第 1 排序轴	第 2 排序轴	前项选择			
			解释率/%	贡献率/%	F 值	P 值
特征值	0.381	0.149				
物种-环境因子相关系数	0.949	0.885				
累积解释因变量变异的百分数	61.66%	85.74%				
蒙特卡洛置换检验	F=27.744，P=0.002					
年平均气温（MAT）	−0.8924	0.0607	33.9	54.9	92.7	0.002
年均降水量（MAP）	0.8351	0.2736	10.5	17.0	34.0	0.002
海拔高差（AD）	0.5432	0.4651	4.8	7.8	17.1	0.002
最冷月平均气温（MTCM）	−0.7563	0.1421	3.4	5.5	12.6	0.002
年均潜在蒸散量（MPET）	−0.8742	0.0803	3.2	5.1	12.7	0.002
最热月平均气温（MTWM）	−0.8833	0.0451	3.1	5.0	13.1	0.002
年均实际蒸散量（MAET）	0.8495	0.1354	1.3	2.1	5.6	0.002
年均辐射（MASR）	−0.8102	−0.2651	0.7	1.1	3.1	0.002
植被类型数（VD）	0.6970	0.3502	0.5	0.8	2.1	0.012
归一化植被指数（NDVI）	0.8042	0.1779	0.5	0.7	2.1	0.016

金龟科昆虫群落组成与 10 个环境因子的 RDA 排序结果（表 6-11，图 6-10）显示，所有轴蒙特卡洛置换检验显示极显著（F=27.744，P=0.002），第 1 排序轴和第 2 排序轴的特征值分别为 0.381 和 0.149，金龟科昆虫群落组成-环境累积解释因变量变异达 85.74%，说明排序结果良好。依据 49 种金龟科昆虫在水平空间的分布及其与环境因子的关系，可以分为三类生态种组：半湿生种组，包括 27 种，中西段半湿生景观甲虫地理群（Ⅱ）分布较多；旱生种组，包括 10 种，北段强旱生景观甲虫地理群（Ⅰ）分布较多；中生种组，包括 12 种，中东段及南段半旱生景观甲虫地理群（Ⅲ）分布较多。

4）天牛科昆虫群落组成与环境因子的关系

对天牛科昆虫群落组成与 10 个环境因子进行 RDA 的前项选择结果（表 6-12）显示，9 个环境因子显著影响天牛科昆虫的空间分布，贡献率和解释率由高

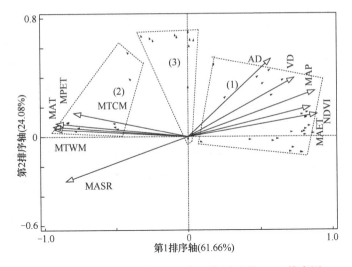

图 6-10　金龟科昆虫群落组成与环境因子的 RDA 排序图

表 6-12　天牛科昆虫群落组成 RDA 排序轴的特征值及群落组成与环境因子的相关性

参数	第 1 排序轴	第 2 排序轴	解释率/%	贡献率/%	F 值	P 值
				前项选择		
特征值	0.485	0.051				
物种-环境因子相关系数	0.9536	0.7128				
累积解释因变量变异的百分数	80.26%	88.65%				
蒙特卡洛置换检验	F=26.234, P=0.002					
最热月平均气温（MTWM）	−0.9049	0.0768	43.9	72.6	141	0.002
年平均气温（MAT）	−0.9046	0.0204	3.3	5.5	11.3	0.002
最冷月平均气温（MTCM）	−0.7743	0.0883	5.0	8.2	18.6	0.002
归一化植被指数（NDVI）	0.8677	−0.2146	2.4	4.0	9.6	0.002
年均潜在蒸散量（MPET）	−0.8864	−0.0417	1.7	2.8	6.7	0.002
年均降水量（MAP）	0.871	−0.0623	1.2	2.0	4.9	0.002
年均实际蒸散量（MAET）	0.8701	−0.0265	1.6	2.7	7	0.002
海拔高差（AD）	0.6614	−0.1192	0.6	1.1	2.8	0.002
年均辐射（MASR）	−0.827	0.0519	0.5	0.8	2.0	0.012
植被类型数（VD）	0.7496	−0.1178	0.2	0.4	1.0	0.460

到低的顺序为：最热月平均气温＞最冷月平均气温＞年平均气温＞归一化植被指数＞年均潜在蒸散量＞年均实际蒸散量＞年均降水量＞海拔高差＞年均辐射＞植被类型数。

天牛科昆虫群落组成与 10 个环境因子的 RDA 排序结果（表 6-12，图 6-11）显示，所有轴蒙特卡洛置换检验显示极显著（F=26.234，P=0.002），第 1 排序轴和第 2 排序轴的特征值分别为 0.485 和 0.051,天牛科昆虫群落组成-环境累积解释因变量变异达 88.65%,说明排序结果良好。42 种天牛科昆虫中,仅有红缘亚天牛、槐绿虎天牛、苜蓿多家天牛、多带天牛、大牙土天牛、桃红颈天牛等 6 种分布于排序图的第二、三象限,为适应旱生种类;柳坡天牛、培甘弱脊天牛等 10 种在排序图中紧贴近第一、四象限,为较低海拔种类,寄主为灌丛和阔叶乔木;光胸断眼天牛等 27 种分布于排序图第一、四象限,为较高海拔种类,以针叶乔木为寄主。

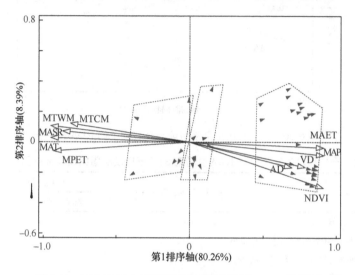

图 6-11　天牛科昆虫群落组成与环境因子的 RDA 排序图

5）瓢虫科昆虫群落组成与环境因子的关系

对瓢虫科昆虫群落组成与 10 个环境因子进行 RDA 的前项选择结果(表 6-13)显示,8 个环境因子显著影响瓢虫科昆虫的空间分布,贡献率和解释率由高到低的顺序为:年平均气温＞年均辐射＞最冷月平均气温＞年均潜在蒸散量＞海拔高差＞最热月平均气温＞年均实际蒸散量＞年均降水量＞归一化植被指数＞植被类型数。

瓢虫科昆虫群落组成与 10 个环境因子的 RDA 排序结果(表 6-13,图 6-12)显示,所有轴蒙特卡洛置换检验显示极显著(F=19.923,P=0.002),第 1 排序轴和第 2 排序轴的特征值分别为 0.416 和 0.053,瓢虫科昆虫群落组成-环境累积解释因变量变异达 87.40%。27 种瓢虫科昆虫在水平空间的分布及其与环境因子的关系,可以分为三类生态种组,十一星瓢虫、十三星瓢虫、多异瓢虫等 6 种位于第二象限,为较适宜旱生种类;七星瓢虫、异色瓢虫和二星瓢虫 3 种位于坐标轴原点,为生境广布种类;其余 18 种位于坐标轴的第一、四象限,为较适宜湿生种类。

表6-13　瓢虫科昆虫群落组成 RDA 排序轴的特征值及群落组成与环境因子的相关性

参数	第1排序轴	第2排序轴	前项选择			
			解释率/%	贡献率/%	F 值	P 值
特征值	0.416	0.053				
物种-环境因子相关系数	0.9011	0.7049				
累积解释因变量变异的百分数	77.56%	87.40%				
蒙特卡洛置换检验	$F=19.923$，$P=0.002$					
年平均气温（MAT）	−0.8595	0.0216	38.00	70.81	111.0	0.002
年均辐射（MASR）	−0.7763	−0.0874	4.57	8.51	14.3	0.002
最冷月平均气温（MTCM）	−0.7332	0.0322	4.05	7.55	13.6	0.002
年均潜在蒸散量（MPET）	−0.8388	0.0482	2.14	3.99	7.4	0.002
海拔高差（AD）	0.5813	0.4519	1.51	2.82	5.4	0.002
最热月平均气温（MTWM）	−0.8551	−0.0115	1.32	2.45	4.8	0.004
年均实际蒸散量（MAET）	0.8353	0.0842	0.87	1.61	3.2	0.006
年均降水量（MAP）	0.8212	0.1586	0.58	1.09	2.2	0.036
归一化植被指数（NDVI）	0.7803	0.1689	0.44	0.82	1.6	0.116
植被类型数（VD）	0.6794	0.2527	0.20	0.36	0.7	0.650

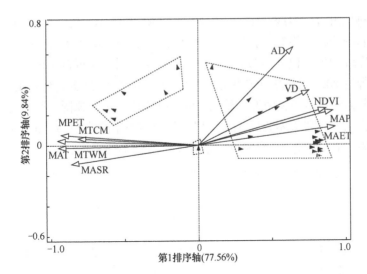

图6-12　瓢虫科昆虫群落组成与环境因子的 RDA 排序图

6）象甲科昆虫群落组成与环境因子的关系

对象甲科昆虫群落组成与 10 个环境因子进行 RDA 的前项选择结果（表6-14）显示，9 个环境因子显著影响象甲科昆虫的空间分布，贡献率和解释率由高到低的顺序为：年均潜在蒸散量＞年均降水量＞最冷月平均气温＞海拔高差＞最热月平均气温＞年平均气温＞年均辐射＞年均实际蒸散量＞归一化植被指数。

表 6-14   象甲科昆虫群落组成 RDA 排序轴的特征值及群落组成与环境因子的相关性

参数	第 1 排序轴	第 2 排序轴	前项选择			
			解释率/%	贡献率/%	F 值	P 值
特征值	0.371	0.143				
物种-环境因子相关系数	0.9516	0.8871				
累积解释因变量变异的百分数	60.78%	84.25%				
蒙特卡洛置换检验	F= 27.019, P=0.002					
年均潜在蒸散量（MPET）	−0.8826	−0.1443	32.6	53.3	87.4	0.002
年均降水量（MAP）	0.7599	0.4756	11.1	18.1	35.4	0.002
最冷月平均气温（MTCM）	−0.7280	−0.1130	5.9	9.6	20.8	0.002
海拔高差（AD）	0.4701	0.5303	3.3	5.3	12.3	0.002
最热月平均气温（MTWM）	−0.8532	−0.1863	2.6	4.3	10.3	0.002
年平均气温（MAT）	−0.8645	−0.1806	2.5	4.1	10.5	0.002
年均辐射（MASR）	−0.7483	−0.4426	1.2	2.0	5.1	0.002
年均实际蒸散量（MAET）	0.8086	0.3634	1.0	1.7	4.4	0.002
归一化植被指数（NDVI）	0.7215	0.3735	0.7	1.2	3.2	0.002
植被类型数（VD）	0.6276	0.4281	0.3	0.5	1.3	0.206

象甲科昆虫群落组成与 10 个环境因子的 RDA 排序结果（表 6-14，图 6-13）显示，所有轴蒙特卡洛置换检验显示极显著（F=27.019，P=0.002），第 1 排序轴和第 2 排序轴的特征值分别为 0.371 和 0.143，象甲科昆虫群落组成-环境累积解释因变量变异达 84.25%，说明排序结果良好。34 种象甲科昆虫依据其在水平空间的分布，可分为两类，一类为湿生种类，位于排序图的第一象限，有 10 种，包括小蠹亚科昆虫及一些以乔木为寄主的象甲；另一类为半旱生种类，位于排序图的第二、三象限，有 24 种，主要是灌木层和草本层活动的象甲。

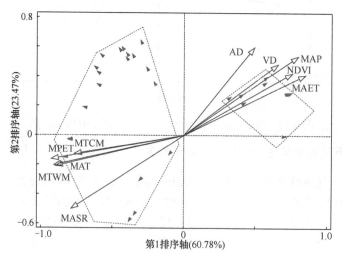

图 6-13   象甲科昆虫群落组成与环境因子的 RDA 排序图

6.1.4.2 鞘翅目优势科昆虫物种丰富度与环境因子的关系

1）步甲科昆虫物种丰富度与环境因子的关系

步甲科昆虫物种丰富度最佳 GAM（表 6-15）的 AIC 值为 8189.85，总偏差解释率为 78.88%，其中贡献最大的因子是最热月平均气温，偏差解释率为 59.11%，其他依次是年平均气温、年均潜在蒸散量、年均实际蒸散量和植被类型数，偏差解释率分别为 6.19%、5.95%、5.20% 和 2.43%。F 检验结果显示，所有因子均与步甲科昆虫物种丰富度显著相关（P＜0.05）。

表 6-15　鞘翅目优势科昆虫物种丰富度与环境因子的 GAM 偏差分析

模型响应变量	模型因子	偏差解释率/%	AIC 值	F 值	P 值
步甲科昆虫物种丰富度	最热月平均气温（MTWM）	59.11	12 841.68	215.53	＜0.001
	年均潜在蒸散量（MPET）	5.20	10 857.02	273.66	＜0.001
	年均实际蒸散量（MAET）	5.95	9 560.94	69.33	＜0.001
	年平均气温（MAT）	6.19	8 424.11	103.91	＜0.001
	植被类型数（VD）	2.43	8 189.85	7.13	＜0.001
拟步甲科昆虫物种丰富度	年均潜在蒸散量（MPET）	26.70	5 854.43	53.09	＜0.001
	归一化植被指数（NDVI）	21.27	5 265.14	24.36	＜0.001
	最热月平均气温（MTWM）	6.27	5 164.24	41.70	＜0.001
	年平均气温（MAT）	2.26	4 913.12	45.17	＜0.001
	年均实际蒸散量（MAET）	5.85	4 617.71	17.46	＜0.001
	年均降水量（MAP）	0.99	4 461.04	8.22	＜0.001
金龟科昆虫物种丰富度	海拔高差（AD）	58.20	3 709.77	336.52	＜0.001
	年均辐射（MASR）	10.57	3 277.58	32.47	＜0.001
	年均潜在蒸散量（MPET）	4.92	2 636.08	46.01	＜0.001
天牛科昆虫物种丰富度	年均降水量（MAP）	82.72	4 079.19	820.19	＜0.001
	年平均气温（MAT）	5.00	3 646.21	30.86	＜0.001
	年均实际蒸散量（MAET）	2.55	2 802.02	56.49	＜0.001
象甲科昆虫物种丰富度	年均潜在蒸散量（MPET）	26.55	3 177.35	90.59	＜0.001
	海拔高差（AD）	49.65	1 519.64	263.46	＜0.001
	归一化植被指数（NDVI）	2.04	1 162.63	57.53	＜0.001
瓢虫科昆虫物种丰富度	归一化植被指数（NDVI）	56.88	2 815.70	202.43	＜0.001
	海拔高差（AD）	2.66	2 688.21	192.70	＜0.001
	最热月平均气温（MTWM）	6.48	2 555.83	63.27	＜0.001
	年均潜在蒸散量（MPET）	2.26	2 456.59	9.32	＜0.001

步甲科昆虫物种丰富度与最热月平均气温、年均潜在蒸散量、年平均气温负相关，与年均实际蒸散量和植被类型数正相关（图6-14）。

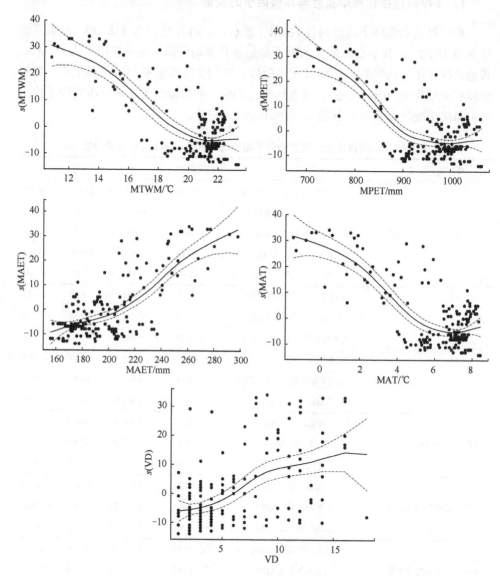

图6-14 GAM中环境因子对步甲科昆虫物种丰富度的影响

2）拟步甲科昆虫物种丰富度与环境因子的关系

拟步甲科昆虫物种丰富度最佳GAM（表6-15）中引入6个变量，该模型最佳模型AIC值为4461.04，总偏差解释率为63.34%，其中贡献最大的因子是年均潜在蒸散量，偏差解释率为26.70%，其他依次是归一化植被指数、最热月平均气温、年均实际蒸散量、年平均气温和年均降水量，偏差解释率分别为 21.27%、6.27%、5.85%、2.26%和 0.99%。拟步甲科昆虫物种丰富度与归一化植被指数、年均实际蒸散量和年均降水量负相关，与年均潜在蒸散量、最热月平均气温和年平均气温正相关（图 6-15）。

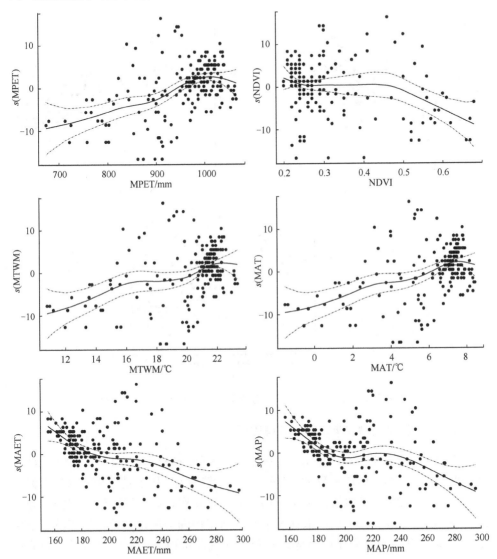

图 6-15　GAM 中环境因子对拟步甲科昆虫物种丰富度的影响

3）金龟科昆虫物种丰富度与环境因子的关系

金龟科昆虫物种丰富度最佳 GAM（表 6-15）的 AIC 值为 2636.08，总偏差解释率为 73.69%，其中贡献最大的因子是海拔高差，偏差解释率为 58.20%，其他依次是年均辐射、年均潜在蒸散量，偏差解释率分别为 10.57%、4.92%。金龟科昆虫物种丰富度与海拔高差正相关，总体上与年均辐射和年均潜在蒸散量负相关（图 6-16）。

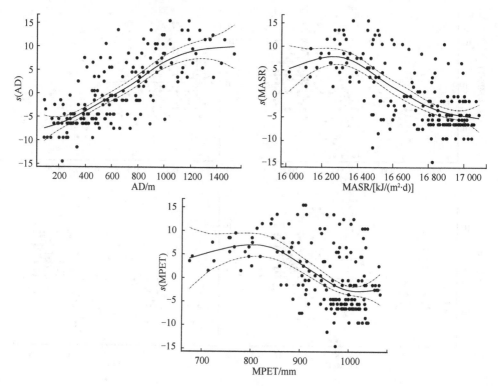

图 6-16　GAM 中环境因子对金龟科昆虫物种丰富度的影响

4）天牛科昆虫物种丰富度与环境因子的关系

3 个环境变量引入天牛科昆虫物种丰富度最佳 GAM（表 6-15），模型 AIC 值为 2802.02，总偏差解释率为 90.27%，其中贡献最大的因子是年均降水量，偏差解释率为 82.72%，其他依次是年平均气温、年均实际蒸散量，偏差解释率分别为 5.00%、2.55%。天牛科昆虫物种丰富度与年均降水量和年均实际蒸散量正相关，呈先上升后平缓变化的趋势，与年平均气温负相关，呈先平缓后下降的趋势（图 6-17）。

5）象甲科昆虫物种丰富度与环境因子的关系

象甲科昆虫物种丰富度最佳 GAM（表 6-15）的 AIC 值为 1162.63，总偏差解释率为 78.24%，其中贡献最大的因子是海拔高差，偏差解释率为 49.65%，其他依

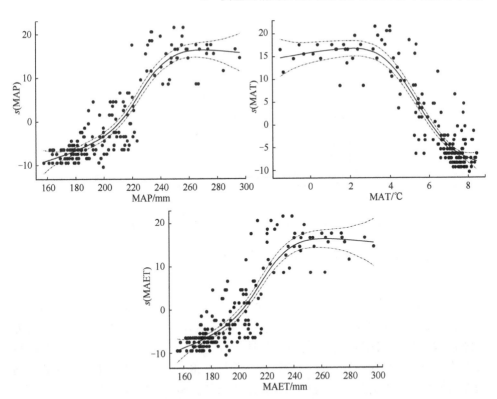

图 6-17 GAM 中环境因子对天牛科昆虫物种丰富度的影响

次是年均潜在蒸散量、归一化植被指数，偏差解释率分别为 26.55%、2.04%。象甲科昆虫物种丰富度与年均潜在蒸散量呈先平缓后升高的趋势，与海拔高差呈略下降后上升再下降的波动变化趋势，与归一化植被指数呈平缓的先升后降的弱波动的变化趋势（图 6-18）。

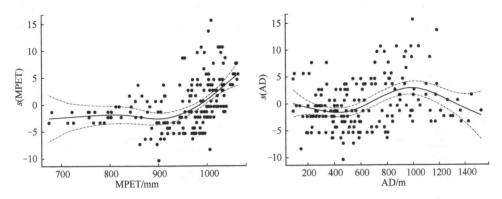

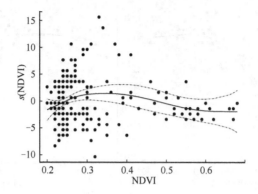

图 6-18　GAM 中环境因子对象甲科昆虫物种丰富度的影响

6）瓢虫科昆虫物种丰富度与环境因子的关系

瓢虫科昆虫物种丰富度最佳 GAM（表 6-15）的 AIC 值为 2456.59，总偏差解释率为 68.28%，其中贡献最大的因子是归一化植被指数，偏差解释率为 56.88%，其他依次是最热月平均气温、海拔高差、年均潜在蒸散量，偏差解释率分别为 6.48%、2.66%、2.26%。瓢虫科昆虫物种丰富度与归一化植被指数呈现不对称单峰变化趋势，总体上呈正相关，与海拔高差呈正相关，与最热月平均气温和年均潜在蒸散量呈现不对称单峰变化趋势，总体上呈负相关（图 6-19）。

6.1.5　能量因子、水分因子与生境异质性因子对鞘翅目昆虫物种丰富度水平分布的相对影响

运用 Canoco 5.12 软件对鞘翅目昆虫物种丰富度与环境因子进行 RDA，前项选择结果（表 6-1）表明，年平均气温（解释率 34.8%，$P<0.01$）、年均降水量（解释率 9.9%，$P<0.01$）、海拔高差（解释率 3.0%，$P<0.01$）分别是能量因子、水分因子和生境异质性因子独立解释率最大的因子。方差分解结果（图 6-20）显示，水分因

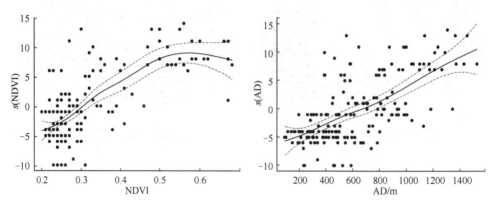

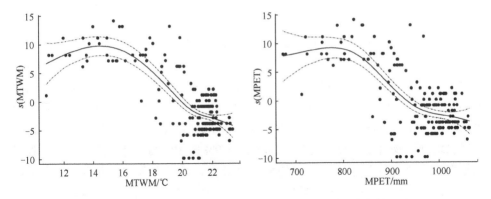

图 6-19　GAM 中环境因子对瓢虫科昆虫物种丰富度的影响

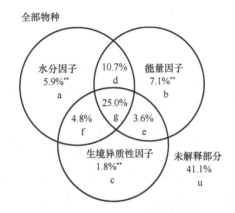

图 6-20　水分因子、能量因子与生境异质性因子对鞘翅目昆虫物种丰富度分布格局的解释
图中数据为解释率。**P<0.01，本章下同

子、能量因子和生境异质性因子共同解释了贺兰山甲虫物种丰富度变异的58.9%，水分因子、能量因子对甲虫物种丰富度变异的共同解释率为57.1%，单独解释率分别为5.9%与7.1%。生境异质性因子可以解释甲虫物种丰富度变异的35.2%，单独解释率仅为1.8%。水分因子、能量因子和生境异质性因子三者公共解释率为25.0%。

　　依据图5-9贺兰山鞘翅目昆虫地理区划结果，分析不同地理单元环境因子对鞘翅目昆虫物种丰富度变异的解释率。年平均气温（解释率19.6%，P<0.01）、年均实际蒸散量（解释率6.8%，P<0.01）、海拔高差（解释率14.0%，P<0.01）分别是北段强旱生景观甲虫地理群（Ⅰ）中能量因子、水分因子和生境异质性因子独立解释率最大的因子（表6-5）。中西段半湿生景观甲虫地理群（Ⅱ）中，最热月平均气温（解释率23.9%，P<0.01）、年均实际蒸散量（解释率3.3%，P<0.01）、海拔高差（解释率3.9%，P<0.01）分别是能量因子、水分因子和生境异质性因子独立解释率最大的因子（表6-6）。中东段及南段半旱生景观甲虫

地理群（Ⅲ）中，年平均气温（解释率 6.8%，$P < 0.01$）、年均实际蒸散量（解释率 18.3%，$P < 0.01$）、海拔高差（解释率 19.6%，$P < 0.01$）分别是能量因子、水分因子和生境异质性因子独立解释率最大的因子（表 6-7）。分析不同区域水分因子、能量因子和生境异质性因子对鞘翅目昆虫物种丰富度的影响（图 6-21），水分因子、能量因子和生境异质性因子共同分别解释了北段强旱生景观甲虫地理群（Ⅰ）、中西段半湿生景观甲虫地理群（Ⅱ）和中东段及南段半旱生景观甲虫地理群（Ⅲ）物种丰富度变异的 47.3%、40.0% 和 48.5%。水分因子分别解释了甲虫地理群物种丰富度变异的 33.5%、28.9% 和 30.2%，对北段强旱生景观甲虫地理群（Ⅰ）物种丰富度变异的解释率最大。对于中西段半湿生景观甲虫地理群（Ⅱ）和中东段及南段半旱生景观甲虫地理群（Ⅲ），能量因子解释率最大，分别为 30.7% 和 31.2%。生境异质性因子单独解释均最低，对中东段及南段半旱生景观甲虫地理群（Ⅲ）物种丰富度变异的解释率最大（21.1%），单独解释率为 9.7%。

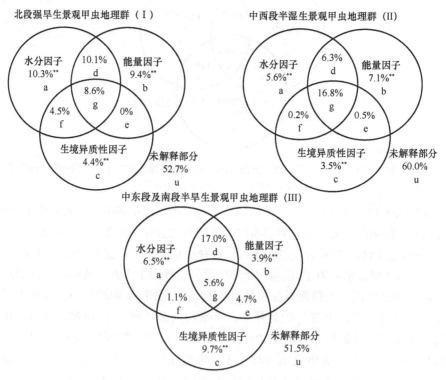

图 6-21 不同地理单元环境因子对鞘翅目昆虫物种丰富度分布格局的解释

不同优势科类群 RDA 前项选择结果显示，环境因子对不同优势科的解释率存在差异。年平均气温（解释率 40.2%，$P<0.01$）、年均降水量（解释率 8.1%，$P<0.01$）、海拔高差（解释率 2.9%，$P<0.01$）分别是能量因子、水分因子和生境异质性因子中对步甲科昆虫物种丰富度变异独立解释率最大的因子（表 6-9）。年均降水量（解释率 34.5%，$P<0.01$）、年均辐射（解释率 5.0%，$P<0.01$）、海拔高差（解释率 1.4%，$P<0.01$）分别是水分因子、能量因子和生境异质性因子对拟步甲科昆虫物种丰富度变异独立解释率最大的因子（表 6-10）。年平均气温（解释率 33.9%，$P<0.01$）、年均降水量（解释率 10.5%，$P<0.01$）、海拔高差（解释率 4.8%，$P<0.01$）分别是能量因子、水分因子和生境异质性因子对金龟科昆虫物种丰富度变异独立解释率最大的因子（表 6-11）。最热月平均气温（解释率 43.9%，$P<0.01$）、年均潜在蒸散量（解释率 1.7%，$P<0.01$）、归一化植被指数（解释率 2.4%，$P<0.01$）分别是能量因子、水分因子和生境异质性因子对天牛科昆虫物种丰富度变异独立解释率最大的因子（表 6-12）。年平均气温（解释率 38.00%，$P<0.01$）、年均潜在蒸散量（解释率 2.14%，$P<0.01$）、海拔高差（解释率 1.51%，$P<0.01$）分别是能量因子、水分因子和生境异质性因子对瓢虫科昆虫物种丰富度变异独立解释率最大的因子（表 6-13）。最冷月平均气温（解释率 5.9%，$P<0.01$）、年均潜在蒸散量（解释率 32.6%，$P<0.01$）、海拔高差（解释率 3.3%，$P<0.01$）分别是能量因子、水分因子和生境异质性因子对象甲科昆虫物种丰富度变异独立解释率最大的因子（表 6-14）。水分因子、能量因子与生境异质性因子对不同优势科昆虫物种丰富度变异解释率不同（图 6-22）。水分因子对拟步甲科昆虫物种丰富度变异具有最大解释率（48.7%），能量因子对天牛科昆虫物种丰富度变异具有最大解释率（52.6%），生境异质性因子对所有科昆虫物种丰富度变异独立解释率均低于水分因子、能量因子，其中对天牛科昆虫物种丰富度变异的解释率最大（41.5%）。水分因子、能量因子和生境异质性因子中任意两个因子的共同影响均表现为对天牛科昆虫物种丰富度变异具有最大解释率。

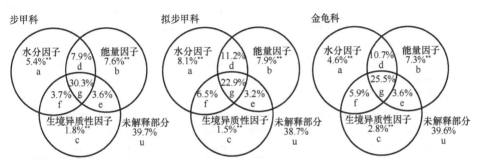

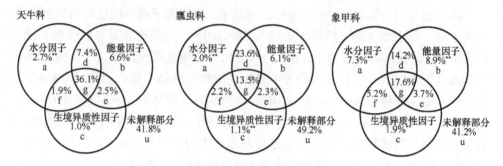

图 6-22　水分因子、能量因子与生境异质性因子对鞘翅目优势科昆虫
物种丰富度分布格局的解释

6.2　鞘翅目昆虫物种丰富度垂直分布格局
与环境因子的关系

6.2.1　鞘翅目昆虫物种丰富度与环境因子的关系

鞘翅目昆虫物种丰富度与环境因子的 Pearson 相关系数分析结果（表 6-16）显示，鞘翅目及优势科昆虫物种丰富度与归一化植被指数、年均降水量和年均实际蒸散量呈负相关，除步甲科、天牛科分别与归一化植被指数，步甲科与年均降水量不显著外，其他均达到显著或极显著水平。鞘翅目及优势科昆虫物种丰富度与每 100m 海拔段面积、植被类型数、年均潜在蒸散量、年平均气温、最冷月平均气温、最热月平均气温、年均辐射等因子呈正相关，除步甲科与每 100m 海拔段面积、年均辐射不显著外，其他均呈显著或极显著正相关。

表 6-16　鞘翅目昆虫物种丰富度与不同海拔段环境因子的相关性

环境因子	相关系数						
	鞘翅目	步甲科	拟步甲科	金龟科	天牛科	象甲科	瓢虫科
每 100m 海拔段面积（A）	0.627**	0.297	0.880*	0.797**	0.592**	0.869**	0.709**
归一化植被指数（NDVI）	−0.491**	−0.078	−0.831**	−0.749**	−0.419	−0.856**	−0.619**
植被类型数（VD）	0.798**	0.458*	0.914**	0.770**	0.694**	0.883**	0.644**
年均降水量（MAP）	−0.747**	−0.341	−0.971**	−0.829**	−0.668**	−0.977**	−0.701**
年均实际蒸散量（MAET）	−0.826**	−0.466*	−0.959**	−0.829**	−0.742**	−0.950**	−0.719**
年均潜在蒸散量（MPET）	0.818**	0.450*	0.958**	0.821**	0.727**	0.953**	0.708**
年平均气温（MAT）	0.696**	0.478*	0.934**	0.818**	0.616**	0.937**	0.697**
最冷月平均气温（MTCM）	0.903**	0.601**	0.909**	0.859**	0.825**	0.904**	0.776**
最热月平均气温（MTWM）	0.839**	0.479*	0.956**	0.864**	0.753**	0.957**	0.759**
年均辐射（MASR）	0.778**	0.391	0.969**	0.806**	0.696**	0.964**	0.685**

*$P<0.05$，本章下同

GAM 的拟合结果显示，有 3 个变量引入 GAM（表 6-17），该模型最佳模型的 AIC 值为 347.72，总偏差解释率为 98.40%，其中贡献最大的因子是最冷月平均气温，偏差解释率为 96.64%，年均辐射次之，偏差解释率为 1.36%，每 100m 海拔段面积解释率仅为 0.40%。F 检验结果显示，所有因子均与甲虫物种丰富度显著相关（$P < 0.05$）。

表 6-17　鞘翅目昆虫物种丰富度与环境因子的 GAM 偏差分析

模型因子	偏差解释率/%	AIC 值	F 值	P 值
最冷月平均气温（MTCM）	96.64	1764.38	460.33	<0.001
年均辐射（MASR）	1.36	464.46	79.75	<0.001
每 100m 海拔段面积（A）	0.40	347.72	8.05	0.01

GAM 可以分析环境因子对鞘翅目昆虫物种丰富度垂直分布的非线性影响，结果（图 6-23）显示，物种丰富度随最冷月平均气温和年均辐射呈不对称单峰曲线变化，在最冷月平均气温–10.5～–9℃、年均辐射 16 400～16 800kJ/(m²·d)有较高的物种丰富度。物种丰富度随每 100m 海拔段面积先急剧上升，在大于 300km² 以上呈弱的下降趋势，300～700km² 物种丰富度变化不大。

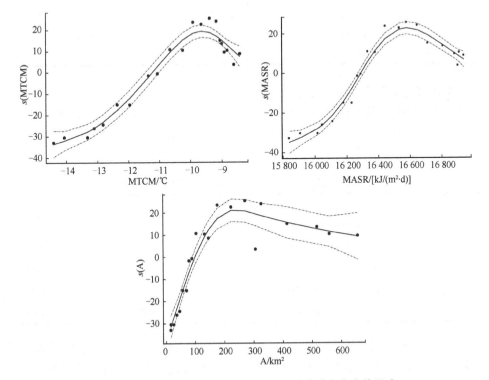

图 6-23　GAM 中环境因子对鞘翅目昆虫物种丰富度的影响

6.2.2 鞘翅目昆虫区系分化强度垂直分布格局与环境因子的关系

鞘翅目昆虫属区系分化强度与每 100m 海拔段面积、植被类型数、年均潜在蒸散量、年平均气温、最冷月平均气温、最热月平均气温和年均辐射呈极显著负相关（$P<0.01$），与归一化植被指数、年均降水量和年均实际蒸散量呈极显著正相关（$P<0.01$），而科区系分化强度与各个环境因子的关系呈现与属区系分化强度相反的趋势（表 6-18）。

表 6-18　鞘翅目区系分化强度与不同海拔段环境因子的相关性

环境因子	相关系数	
	属区系分化强度	科区系分化强度
每 100m 海拔段面积（A）	-0.680^{**}	0.334
归一化植被指数（NDVI）	0.789^{**}	-0.041
植被类型数（VD）	-0.679^{**}	0.517^{*}
年均降水量（MAP）	0.769^{**}	-0.506^{*}
年均实际蒸散量（MAET）	0.743^{**}	-0.542^{*}
年均潜在蒸散量（MPET）	-0.752^{**}	0.524^{*}
年平均气温（MAT）	-0.749^{**}	0.541^{*}
最冷月平均气温（MTCM）	-0.666^{**}	0.661^{**}
最热月平均气温（MTWM）	-0.754^{**}	0.535^{*}
年均辐射（MASR）	-0.781^{**}	0.472^{*}

鞘翅目昆虫属区系分化强度最佳 GAM（表 6-19）的 AIC 值为 0.225，总偏差解释率为 93.03%，其中贡献最大的因子是归一化植被指数，偏差解释率为 82.95%，其他依次是年均辐射和年均实际蒸散量，偏差解释率分别为 8.01%、2.07%。F 检验结果显示，所有模型因子均与甲虫属区系分化强度显著相关（$P<0.05$）。

表 6-19　鞘翅目昆虫区系分化强度与环境因子的 GAM 偏差分析

模型响应变量	模型因子	偏差解释率/%	AIC 值	F 值	P 值
属区系分化强度	归一化植被指数（NDVI）	82.95	0.315	47.58	<0.001
	年均辐射（MASR）	8.01	0.279	5.61	0.028
	年均实际蒸散量（MAET）	2.07	0.225	6.29	0.019
科区系分化强度	最冷月平均气温（MTCM）	95.36	60.890	71.79	<0.001
	年均潜在蒸散量（MPET）	0.77	13.051	74.49	<0.001

GAM 分析结果显示（图 6-24），属区系分化强度随归一化植被指数呈递增变化趋势，在归一化植被指数 0.57～0.60 时，属区系分化强度略下降（后有弱上升）。属区系分化强度随年均实际蒸散量和年均辐射呈递减变化趋势。

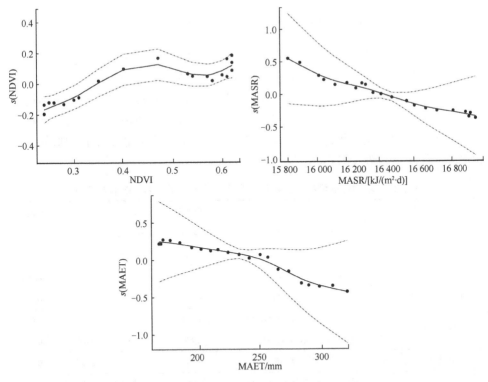

图 6-24　GAM 中环境因子对鞘翅目昆虫属区系分化强度垂直分布的影响

科区系分化强度 GAM 结果（表 6-19）显示，最冷月平均气温和年均潜在蒸散量引入模型的最佳 AIC 值为 13.051，总偏差解释率为 96.13%，科区系分化强度随最冷月平均气温的变化与年均潜在蒸散量的变化而变化（图 6-25），均呈不对称的单峰曲线，在最冷月平均气温-10.24℃、年均潜在蒸散量 850.83mm 处达最大值。

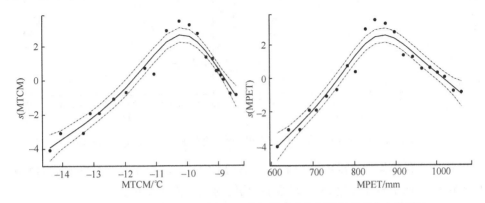

图 6-25　GAM 中环境因子对鞘翅目昆虫科区系分化强度垂直分布的影响

6.2.3 鞘翅目优势科昆虫物种丰富度垂直分布格局与环境因子的关系

鞘翅目优势科昆虫物种丰富度与环境因子的 GAM 偏差分析见表 6-20。其中，步甲科昆虫物种丰富度最佳 GAM 的 AIC 值为 61.55，总偏差解释率为 96.79%，其中贡献最大的因子是最冷月平均气温，偏差解释率为 94.27%，其次是年均辐射，偏差解释率为 2.52%。F 检验结果显示，引入因子均与物种丰富度显著相关（$P<0.05$）。步甲科昆虫物种丰富度随最冷月平均气温和年均辐射呈较相似的不对称单峰曲线变化趋势（图 6-26）。

表 6-20　鞘翅目优势科昆虫物种丰富度与环境因子的 GAM 偏差分析

模型响应变量	模型因子	偏差解释率/%	AIC 值	F 值	P 值
步甲科昆虫物种丰富度	最冷月平均气温（MTCM）	94.27	605.62	51.68	<0.001
	年均辐射（MASR）	2.52	61.55	177.06	<0.001
拟步甲科昆虫物种丰富度	年均辐射（MASR）	98.41	14.79	319.79	<0.001
金龟科昆虫物种丰富度	最冷月平均气温（MTCM）	90.95	51.21	39.49	<0.001
天牛科昆虫物种丰富度	最冷月平均气温（MTCM）	86.84	30.60	79.82	<0.001
	年均潜在蒸散量（MPET）	4.68	8.84	50.65	<0.001
象甲科昆虫物种丰富度	年均辐射（MASR）	95.33	5.32	235.36	<0.001
瓢虫科昆虫物种丰富度	最冷月平均气温（MTCM）	88.71	33.39	37.42	<0.001
	年均潜在蒸散量（MPET）	6.29	24.86	8.62	<0.001

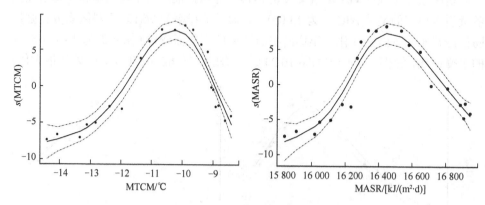

图 6-26　GAM 中环境因子对步甲科昆虫物种丰富度垂直分布的影响

拟步甲科和象甲科昆虫物种丰富度 GAM 中年均辐射是唯一显著影响的变量（表 6-20），两个科昆虫物种丰富度与年均辐射正相关（图 6-27）。

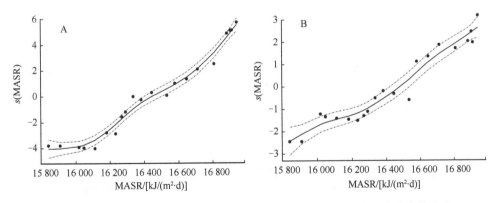

图 6-27　GAM 中环境因子对拟步甲科和象甲科昆虫物种丰富度垂直分布的影响

A. 拟步甲科；B. 象甲科

　　金龟科昆虫物种丰富度最佳 GAM 中仅有最冷月平均气温被引入（表 6-20），该模型的 AIC 值为 51.21，偏差解释率为 90.95%（$P<0.05$）。金龟科昆虫物种丰富度与最冷月平均气温呈不对称单峰曲线变化趋势，在–9.38℃物种丰富度最大（图 6-28）。

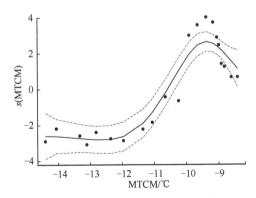

图 6-28　GAM 中环境因子对金龟科昆虫物种丰富度垂直分布的影响

　　天牛科昆虫物种丰富度最佳 GAM（表 6-20）的 AIC 值为 8.84，总偏差解释率为 91.51%，其中偏差解释率最大的因子是最冷月平均气温（偏差解释率 86.84%，$P<0.05$），其次是年均潜在蒸散量（偏差解释率 4.68%，$P<0.05$）。物种丰富度随最冷月平均气温和年均潜在蒸散量呈相似的不对称单峰曲线变化趋势，在最冷月平均气温–9.38℃、年均潜在蒸散量 919.34mm 物种丰富度最大（图 6-29）。

　　瓢虫科昆虫物种丰富度最佳 GAM（表 6-20）的 AIC 值为 24.86，总偏差解释率为 95.00%，其中偏差解释率最大的因子是最冷月平均气温（偏差解释率 88.71%，$P<0.05$），其次是年均潜在蒸散量（偏差解释率 6.29%，$P<0.05$）。瓢虫科昆虫物

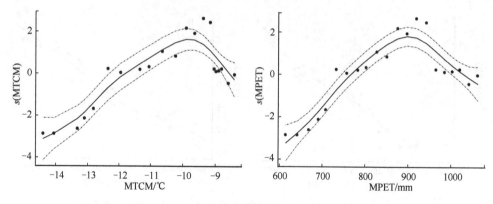

图 6-29　GAM 中环境因子对天牛科昆虫物种丰富度垂直分布的影响

种丰富度随最冷月平均气温和年均潜在蒸散量呈较相似的不对称单峰曲线变化趋势,在最冷月平均气温-9.65℃、年均潜在蒸散量897.39mm 物种丰富度最大(图6-30)。

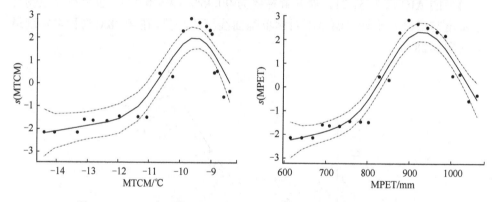

图 6-30　GAM 中环境因子对瓢虫科昆虫物种丰富度垂直分布的影响

6.2.4　能量因子、水分因子与生境异质性因子对鞘翅目昆虫物种丰富度垂直分布的相对影响

6.2.4.1　能量因子、水分因子与生境异质性因子对鞘翅目全部物种垂直分布的相对影响

运用 Canoco 5.12 软件对鞘翅目全部物种垂直分布与环境因子进行冗余分析,前项选择结果(表6-21)表明,最热月平均气温、最冷月平均气温、年均潜在蒸散量、植被类型数、每 100m 海拔段面积和年均降水量 6 个因子显著影响鞘翅目全部物种垂直分布,最热月平均气温(解释率 44.2%,$P<0.01$)、年均潜在蒸散量(解释率 12.7%,$P<0.01$)、植被类型数(解释率 3.4%,$P<0.01$)分别是能量因子、水分因子和生境异质性因子独立解释率最大的因子。

表 6-21 环境因子对鞘翅目全部物种垂直分布的相对贡献

环境因子	解释率/%	贡献率/%	F 值	P 值
最热月平均气温（MTWM）	44.2	48.7	15.1	0.002
最冷月平均气温（MTCM）	22.2	24.4	11.9	0.002
年均潜在蒸散量（MPET）	12.7	14.0	10.3	0.002
植被类型数（VD）	3.4	3.8	3.1	0.004
每 100m 海拔段面积（A）	2.0	2.2	1.9	0.024
年均降水量（MAP）	1.9	2.1	1.9	0.034
归一化植被指数（NDVI）	1.4	1.5	1.5	0.100
年平均气温（MAT）	1.4	1.5	1.5	0.130
年均辐射（MASR）	0.8	0.9	0.8	0.600
年均实际蒸散量（MAET）	0.9	1.0	1.0	0.514

　　方差分解结果（图 6-31）显示，水分因子、能量因子和生境异质性因子分别解释了甲虫全部物种丰富度的 62.3%、72.4% 和 54.7%，水分因子、能量因子和生境异质性因子共同解释了甲虫全部物种丰富度变异的 81.5%，水分因子、能量因子对甲虫物种丰富度变异共同解释率为 80.9%，单独解释率分别为 0.7% 和 5.8%。生境异质性因子单独解释率仅为 0.6%。水分因子、能量因子和生境异质性因子三者公共解释率为 33.5%。

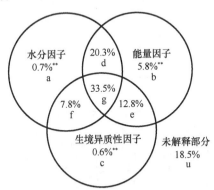

图 6-31　水分因子、能量因子与生境异质性因子对鞘翅目昆虫物种丰富度垂直分布格局的解释

6.2.4.2　能量因子、水分因子与生境异质性因子对鞘翅目优势科昆虫垂直分布的相对影响

1）对步甲科昆虫垂直分布的相对影响

　　对步甲科昆虫垂直分布与环境因子进行冗余分析，前项选择结果（表 6-22）表

明，年均辐射、最冷月平均气温、归一化植被指数和每 100m 海拔段面积显著影响步甲科昆虫垂直分布，年均辐射（解释率37.5%，$P<0.01$）和归一化植被指数（解释率9.3%，$P<0.01$）是能量因子和生境异质性因子独立解释率最大的因子，水分因子中没有显著影响的变量且解释率较低。方差分解结果显示，水分因子、能量因子和生境异质性因子分别解释了步甲科昆虫物种丰富度变异的 61.6%、71.9%和42.6%，水分因子、能量因子和生境异质性因子共同解释了步甲科昆虫物种丰富度变异的 81.5%，未解释部分 18.5%。水分因子、能量因子对步甲科昆虫物种丰富度变异的共同解释率为80.7%，单独解释率分别为 1.8%和8.1%。生境异质性因子单独解释率仅为0.8%。水分因子、能量因子和生境异质性因子三者公共解释率为23.8%（图 6-32）。

表 6-22　环境因子对步甲科昆虫垂直分布的相对贡献

环境因子	解释率/%	贡献率/%	F 值	P 值
年均辐射（MASR）	37.5	41.3	20.6	0.002
最冷月平均气温（MTCM）	29.7	32.7	8.0	0.002
归一化植被指数（NDVI）	9.3	10.3	6.8	0.002
每 100m 海拔段面积（A）	4.8	5.3	4.1	0.002
年平均气温（MAT）	2.1	2.4	1.9	0.064
年均潜在蒸散量（MPET）	1.9	2.1	1.8	0.078
最热月平均气温（MTWM）	1.6	1.8	1.6	0.108
年均降水量（MAP）	1.7	1.9	1.8	0.084
年均实际蒸散量（MAET）	1.6	1.8	1.8	0.058
植被类型数（VD）	0.5	0.6	0.6	0.820

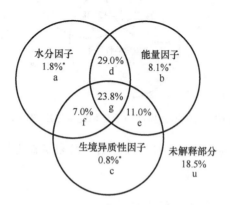

图 6-32　水分因子、能量因子与生境异质性因子对步甲科昆虫物种丰富度垂直分布格局的解释

$*P<0.05$，本章下同

2）对拟步甲科昆虫垂直分布的相对影响

对拟步甲科昆虫垂直分布与环境因子进行冗余分析，前项选择结果（表 6-23）表明，年均辐射、最冷月平均气温、每 100m 海拔段面积、最热月平均气温和植被类型数显著影响拟步甲科昆虫垂直分布，年均辐射（解释率 55.55%，$P<0.01$）和每 100m 海拔段面积（解释率 5.70%，$P<0.01$）是能量因子和生境异质性因子独立解释率最大的因子，水分因子中没有显著影响的变量且解释率较低。方差分解结果表明，水分因子、能量因子和生境异质性因子分别解释了拟步甲科昆虫物种丰富度变异的 68.5%、75.5% 和 59.5%，水分因子、能量因子和生境异质性因子共同解释了拟步甲科昆虫物种丰富度变异的 83.6%，有 16.4% 未被解释。水分因子、能量因子对拟步甲科昆虫物种丰富度变异的共同解释率为 83.6%，能量因子单独解释率为 5.0%。水分因子和生境异质性因子不具有单独解释率。水分因子、能量因子和生境异质性因子三者公共解释率为 41.3%（图 6-33）。

表 6-23 环境因子对拟步甲科昆虫垂直分布的相对贡献

环境因子	解释率/%	贡献率/%	F 值	P 值
年均辐射（MASR）	55.55	60.68	23.7	0.002
最冷月平均气温（MTCM）	19.62	21.44	14.2	0.002
每 100m 海拔段面积（A）	5.70	6.22	5.1	0.002
最热月平均气温（MTWM）	3.28	3.59	3.3	0.004
植被类型数（VD）	3.14	3.43	3.7	0.004
年均潜在蒸散量（MPET）	1.48	1.61	1.8	0.066
年平均气温（MAT）	0.74	0.81	0.9	0.510
年均降水量（MAP）	0.74	0.81	0.9	0.496
年均实际蒸散量（MAET）	0.76	0.83	0.9	0.466
归一化植被指数（NDVI）	0.52	0.57	0.6	0.744

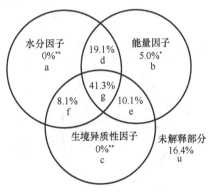

图 6-33 水分因子、能量因子与生境异质性因子对拟步甲科昆虫物种丰富度垂直分布格局的解释

3）对金龟科昆虫垂直分布的相对影响

对金龟科昆虫垂直分布与环境因子进行冗余分析，前项选择结果（表6-24）表明，最热月平均气温、最冷月平均气温、年均潜在蒸散量、每100m海拔段面积和年均降水量显著影响金龟科昆虫垂直分布，最热月平均气温（解释率51.1%，$P<0.01$）、年均潜在蒸散量（解释率14.2%，$P<0.01$）和每100m海拔段面积（解释率 2.9%，$P<0.01$）分别是能量因子、水分因子和生境异质性因子独立解释率最大的因子。方差分解结果显示，水分因子、能量因子和生境异质性因子分别解释了金龟科昆虫物种丰富度变异的57.3%、68.1%和59.6%，水分因子、能量因子和生境异质性因子共同解释了金龟科昆虫物种丰富度变异的79.0%，有21.0%未被解释。水分因子和能量因子对金龟科昆虫物种丰富度变异的共同解释率为78.9%，水分因子和能量因子单独解释率分别为0.6%和5.3%。生境异质性因子的单独解释率仅为0.1%。水分因子、能量因子和生境异质性因子三者公共解释率为33.0%（图6-34）。

表6-24　环境因子对金龟科昆虫垂直分布的相对贡献

环境因子	解释率/%	贡献率/%	F值	P值
最热月平均气温（MTWM）	51.1	57.2	19.9	0.002
最冷月平均气温（MTCM）	13.4	15.1	6.8	0.002
年均潜在蒸散量（MPET）	14.2	15.9	11.4	0.002
每100m海拔段面积（A）	2.9	3.2	2.5	0.028
年均降水量（MAP）	2.3	2.6	2.2	0.042
植被类型数（VD）	1.4	1.6	1.3	0.234
归一化植被指数（NDVI）	1.4	1.6	1.4	0.166
年平均气温（MAT）	1.2	1.3	1.2	0.318
年均辐射（MASR）	0.8	0.9	0.8	0.588
年均实际蒸散量（MAET）	0.6	0.6	0.5	0.766

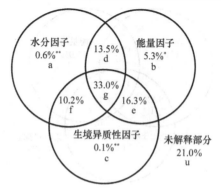

图6-34　水分因子、能量因子与生境异质性因子对金龟科昆虫物种丰富度垂直分布格局的解释

4）对天牛科昆虫垂直分布的相对影响

对天牛科昆虫垂直分布与环境因子进行冗余分析，前项选择结果（表6-25）表明，归一化植被指数、最冷月平均气温、年平均气温和植被类型数显著影响天牛科昆虫垂直分布，归一化植被指数（解释率45.5%，$P<0.01$）、最冷月平均气温（解释率16.3%，$P=0.05$）和年均潜在蒸散量（解释率2.3%，$P=0.05$）分别是生境异质性因子、能量因子和水分因子独立解释率最大的因子。方差分解结果显示，水分因子、能量因子和生境异质性因子分别解释了天牛科昆虫物种丰富度变异的58.7%、71.9%和55.3%，水分因子、能量因子和生境异质性因子共同解释了天牛科昆虫物种丰富度变异的80.1%，有19.9%未被解释。水分因子和能量因子对天牛科物种丰富度变异的共同解释率为79.5%，水分因子和能量因子单独解释率分别为0.1%和5.1%。生境异质性因子单独解释率为0.6%。水分因子、能量因子和生境异质性因子三者公共解释率为31.5%（图6-35）。

表6-25　环境因子对天牛科昆虫垂直分布的相对贡献

环境因子	解释率/%	贡献率/%	F值	P值
归一化植被指数（NDVI）	45.5	50.6	15.9	0.002
最冷月平均气温（MTCM）	16.3	18.1	7.7	0.006
年平均气温（MAT）	15.5	17.2	11.6	0.002
植被类型数（VD）	4.6	5.1	4.0	0.002
年均潜在蒸散量（MPET）	2.3	2.5	2.1	0.050
年均实际蒸散量（MAET）	1.2	1.4	1.2	0.300
最热月平均气温（MTWM）	2.1	2.3	2.2	0.030
年均降水量（MAP）	1.0	1.1	1.0	0.442
年均辐射（MASR）	0.8	0.9	0.8	0.592
每100m海拔段面积（A）	0.8	0.9	0.8	0.588

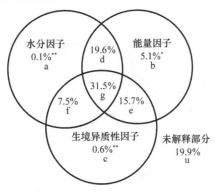

图6-35　水分因子、能量因子与生境异质性因子对天牛科昆虫物种丰富度垂直分布格局的解释

5）对象甲科昆虫垂直分布的相对影响

对象甲科昆虫垂直分布与环境因子进行冗余分析，前项选择结果（表 6-26）表明，归一化植被指数、最热月平均气温、年均辐射和植被类型数显著影响象甲科昆虫垂直分布，归一化植被指数（解释率 65.61%，$P<0.01$）和最热月平均气温（解释率 10.94%，$P<0.01$）是生境异质性因子和能量因子独立解释率最大的因子，水分因子中没有显著解释的因子。方差分解结果显示，水分因子、能量因子和生境异质性因子分别解释了象甲科物种丰富度变异的 70.2%、79.9%和 73.5%，水分因子、能量因子和生境异质性因子共同解释了象甲科昆虫物种丰富度变异的 84.8%，有 15.2%未被解释。水分因子和能量因子对象甲科昆虫物种丰富度变异的共同解释率为 83.4%。水分因子单独解释率为 0.1%。能量因子单独解释率为 1.2%。生境异质性因子单独解释率为 1.4%。水分因子、能量因子和生境异质性因子三者公共解释率为 56.7%（图 6-36）。

表 6-26　环境因子对象甲科昆虫垂直分布的相对贡献

环境因子	解释率/%	贡献率/%	F 值	P 值
归一化植被指数（NDVI）	65.61	71.05	36.2	0.002
最热月平均气温（MTWM）	10.94	11.85	8.4	0.002
年均辐射（MASR）	7.25	7.86	7.6	0.002
植被类型数（VD）	2.82	3.06	3.4	0.002
年均潜在蒸散量（MPET）	1.57	1.70	2.0	0.060
最冷月平均气温（MTCM）	1.37	1.48	1.8	0.088
每 100m 海拔段面积（A）	0.80	0.87	1.1	0.394
年均实际蒸散量（MAET）	0.63	0.68	0.8	0.530
年均降水量（MAP）	0.91	0.99	1.2	0.286
年平均气温（MAT）	0.43	0.46	0.6	0.772

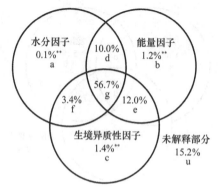

图 6-36　水分因子、能量因子与生境异质性因子对象甲科昆虫物种丰富度垂直分布格局的解释

6）对瓢虫科昆虫垂直分布的相对影响

对瓢虫科昆虫垂直分布与环境因子进行冗余分析，前项选择结果（表 6-27）表明，最热月平均气温、年均潜在蒸散量、归一化植被指数和年均实际蒸散量显著影响瓢虫科昆虫垂直分布，最热月平均气温（解释率 44.3%，$P<0.01$）、年均潜在蒸散量（解释率 20.5%，$P<0.01$）和归一化植被指数（14.1%，$P<0.01$）分别是能量因子、水分因子和生境异质性因子中独立解释率最大的因子。方差分解结果表明，水分因子、能量因子和生境异质性因子分别解释了瓢虫科昆虫物种丰富度变异的 49.2%、63.5%和 46.0%，水分因子、能量因子和生境异质性因子共同解释了瓢虫科昆虫物种丰富度变异的 79.6%，有 20.4%未被解释。水分因子和能量因子对瓢虫科昆虫物种丰富度变异的共同解释率为 79.2%，水分因子和能量因子单独解释率分别为 0.4%和 9.9%。生境异质性因子单独解释率为 0.4%。水分因子、能量因子和生境异质性因子三者公共解释率为 10.2%（图 6-37）。

表 6-27 环境因子对瓢虫科昆虫垂直分布的相对贡献

环境因子	解释率/%	贡献率/%	F 值	P 值
最热月平均气温（MTWM）	44.3	49.3	15.1	0.002
年均潜在蒸散量（MPET）	20.5	22.8	10.5	0.002
归一化植被指数（NDVI）	14.1	15.7	11.3	0.002
年均实际蒸散量（MAET）	4.8	5.3	4.7	0.010
最冷月平均气温（MTCM）	1.6	1.8	1.6	0.170
年均降水量（MAP）	1.4	1.5	1.4	0.254
年均辐射（MASR）	1.1	1.2	1.1	0.360
植被类型数（VD）	1.0	1.1	1.1	0.372
每 100m 海拔段面积（A）	0.6	0.7	0.6	0.626
年平均气温（MAT）	0.5	0.6	0.5	0.728

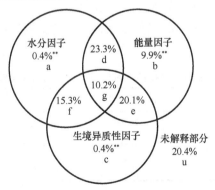

图 6-37 水分因子、能量因子与生境异质性因子对瓢虫科昆虫物种丰富度垂直分布格局的解释

6.2.5 不同环境因子对鞘翅目昆虫物种种域格局的解释

6.2.5.1 鞘翅目昆虫物种种域与环境因子的关系

本研究以验证种域海拔梯度 Rapoport 法则的 Stevens 法定义种域，分析种域与环境因子的关系（表 6-28）。鞘翅目、步甲科、拟步甲科、金龟科和天牛科昆虫物种种域与各个环境因子呈相似的关系，即与每 100m 海拔段面积、植被类型数、年均潜在蒸散量、年平均气温、最冷月平均气温、最热月平均气温和年均辐射呈负相关，与归一化植被指数、年均降水量、年均实际蒸散量呈正相关。象甲科和瓢虫科物种种域与年均降水量和年均实际蒸散量呈负相关，与其他因子呈正相关。

表 6-28　鞘翅目昆虫物种种域与物种丰富度、不同海拔段环境因子的相关性

环境因子	相关系数						
	鞘翅目	步甲科	拟步甲科	金龟科	天牛科	象甲科	瓢虫科
物种丰富度	-0.888^{**}	-0.837^{**}	-0.995^{**}	-0.955^{**}	-0.605^{**}	0.302	0.261
每 100m 海拔段面积（A）	-0.746^{**}	-0.442^{*}	-0.882^{**}	-0.787^{**}	-0.880^{**}	0.176	0.260
归一化植被指数（NDVI）	0.612^{**}	0.137	0.838^{**}	0.813^{**}	0.802^{**}	0.171	0.040
植被类型数（VD）	-0.929^{**}	-0.624^{**}	-0.939^{**}	-0.891^{**}	-0.918^{**}	0.337	0.449^{*}
年均降水量（MAP）	0.966^{**}	0.653^{**}	0.966^{**}	0.902^{**}	0.977^{**}	-0.403	-0.495^{*}
年均实际蒸散量（MAET）	0.975^{**}	0.681^{**}	0.962^{**}	0.909^{**}	0.975^{**}	-0.415	-0.505^{*}
年均潜在蒸散量（MPET）	-0.970^{**}	-0.664^{**}	-0.967^{**}	-0.910^{**}	-0.972^{**}	0.395	0.492^{*}
年平均气温（MAT）	-0.969^{**}	-0.670^{**}	-0.962^{**}	-0.931^{**}	-0.979^{**}	0.391	0.469^{*}
最冷月平均气温（MTCM）	-0.990^{**}	-0.778^{**}	-0.912^{**}	-0.922^{**}	-0.953^{**}	0.503^{*}	0.547^{*}
最热月平均气温（MTWM）	-0.963^{**}	-0.659^{**}	-0.962^{**}	-0.940^{**}	-0.980^{**}	0.371	0.449^{*}
年均辐射（MASR）	-0.958^{**}	-0.628^{**}	-0.972^{**}	-0.890^{**}	-0.973^{**}	0.385	0.492^{*}

鞘翅目昆虫物种种域 GAM 的拟合结果（表 6-29）显示，最佳 GAM 的 AIC 值为 16 684.5，总偏差解释率为 99.34%，其中偏差解释率最大的因子是最冷月平均气温，偏差解释率为 99.03%，其他依次是归一化植被指数和年均辐射，偏差解释率分别仅为 0.24%、0.07%。

表 6-29　鞘翅目昆虫物种种域与环境因子的 GAM 偏差分析

模型因子	偏差解释率/%	AIC 值	F 值	P 值
最冷月平均气温（MTCM）	99.03	21 713.26	1 724.19	<0.001
归一化植被指数（NDVI）	0.24	16 684.50	10.44	0.005
年均辐射（MASR）	0.07	12 983.45	7.10	0.016

环境因子对鞘翅目昆虫物种种域 GAM 分析结果显示，物种种域呈随最冷月平均气温升高而降低的趋势（图 6-38）。

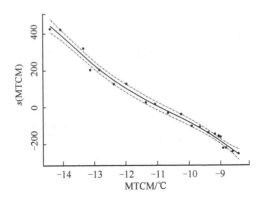

图 6-38　GAM 中环境因子对鞘翅目昆虫物种种域的影响

6.2.5.2　优势科昆虫物种种域与环境因子的关系

不同优势科昆虫物种种域最佳 GAM 拟合结果见表 6-30。步甲科、象甲科和瓢虫科中，最冷月平均气温是物种种域偏差解释率最大的因子，偏差解释率分别为 96.52%、91.33%和 78.52%，但影响方式有差异，步甲科昆虫物种种域随最冷月平均气温升高呈下降的变化趋势，象甲科和瓢虫科昆虫物种种域随最冷月

表 6-30　鞘翅目优势科昆虫物种种域与环境因子的 GAM 偏差分析

优势科	模型因子	偏差解释率/%	AIC 值	F 值	P 值
步甲科	最冷月平均气温（MTCM）	96.52	57 8971.50	180.15	<0.001
	年平均气温（MAT）	0.53	97 750.58	99.43	<0.001
拟步甲科	年均辐射（MASR）	99.04	126 664.30	469.98	<0.001
	归一化植被指数（NDVI）	0.14	90 740.40	9.68	0.006
金龟科	最热月平均气温（MTWM）	97.91	143 168.30	427.57	<0.001
	年均潜在蒸散量（MPET）	0.01	50 631.23	38.06	<0.001
天牛科	最热月平均气温（MTWM）	96.76	10 452.25	821.40	<0.001
	每 100m 海拔段面积（A）	1.51	6 072.83	16.12	<0.001
象甲科	最冷月平均气温（MTCM）	91.33	1 519 884.00	17.12	<0.001
	归一化植被指数（NDVI）	2.73	597 146.80	32.46	<0.001
瓢虫科	最冷月平均气温（MTCM）	78.52	3 262 956.00	13.76	0.002
	归一化植被指数（NDVI）	10.10	2 010 185.00	14.18	0.001

平均气温升高呈上升的变化趋势，其中，象甲科昆虫物种种域在低于–13℃时随温度升高有较大幅度的上升。最热月平均气温是金龟科和天牛科昆虫物种种域偏差解释率最大的因子，偏差解释率分别为 97.91% 和 96.76%，物种种域均随最热月平均气温升高呈下降的变化趋势。年均辐射是拟步甲科昆虫物种种域偏差解释率最大的因子，偏差解释率分别为 99.04%，物种种域与年均辐射呈负相关（图 6-39）。

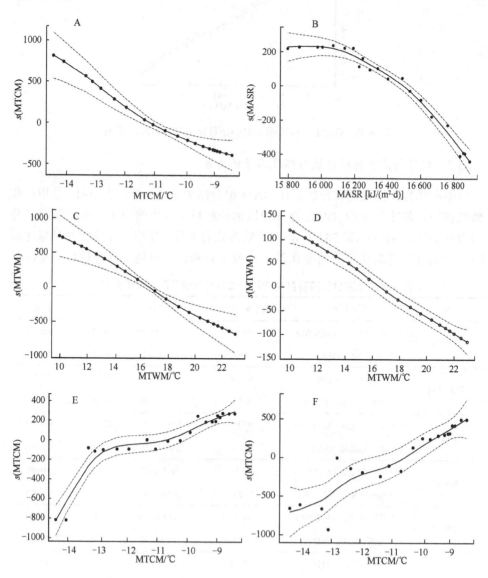

图 6-39　GAM 中环境因子对优势科昆虫物种种域的影响
A. 步甲科；B. 拟步甲科；C. 金龟科；D. 天牛科；E. 象甲科；F. 瓢虫科

6.3 讨 论

6.3.1 能量因子、水分因子与生境异质性因子对鞘翅目昆虫物种丰富度水平分布格局的相对影响

大尺度上的水热条件被认为是地带性植被与生物物种多样性地理分布格局形成的决定性因素。贺兰山地处银川平原和阿拉善高原之间，位于中温带干旱气候区，是典型的大陆性气候，山体陡峭，地形复杂，山地气候明显。贺兰山以西是腾格里沙漠，以东是毛乌素沙漠，以北是乌兰布和沙漠，沙漠景观对该山体水热空间分布有着强烈影响。因此，较小尺度下，山地生物多样性空间分布格局受自身地形地貌及周围景观引起的水热条件的影响。本研究表明，昆虫物种丰富度水平分布与水分因子呈显著正相关，与能量因子显著负相关，说明能量对于地处干旱区的贺兰山鞘翅目昆虫物种丰富度更多是抑制作用，这可能是由于贺兰山地区日照强，蒸发量大，降低了昆虫直接或间接对水资源的利用（王健铭等，2019）。方差分解结果显示，水分因子、能量因子对贺兰山全部甲虫物种丰富度变异的总解释率相当，共同解释了贺兰山全部甲虫物种丰富度变异的 57.1%，且水分因子与能量因子均存在显著的单独解释率，说明水分因子与能量因子共同决定了贺兰山地区甲虫物种丰富度地理格局。基于甲虫物种二元分布数据分区的方差分解结果显示，水分因子对北段强旱生景观甲虫地理群（Ⅰ）和中东段及南段半旱生景观甲虫地理群（Ⅲ）物种丰富度变异的影响大于能量因子，在中西段半湿生景观甲虫地理群（Ⅱ）中能量因子对物种丰富度变异的影响大于水分因子。很多研究证明，生境异质性可以为更多物种提供更多样化的资源与生态位（Chen et al.，2011）。本研究显示，贺兰山甲虫物种丰富度水平分布均与生境异质性因子存在显著的正相关，这说明高生境异质性的确可以为甲虫物种共存与多样性维持提供更多的机会。但是，生境异质性因子对贺兰山全部甲虫单独解释率明显低于水分因子和能量因子。在中东段及南段半旱生景观甲虫地理群（Ⅲ），生境异质性因子对贺兰山全部甲虫物种丰富度变异的解释率明显提高，与水分因子共同成为贺兰山中东段、南段鞘翅目昆虫物种丰富度水分分布的限制性因子。

水分因子、能量因子与生境异质性因子对不同优势科物种丰富度的影响并不一致，可能是由于进化历史、食性、扩散能力与生活史策略的差异造成的（王志恒等，2009）。本研究表明，水分因子对拟步甲科昆虫物种丰富度水平分布格局具有最大解释率，该科昆虫在贺兰山的分布以海拔 2000m 以下的干旱生境为主，说明水分因子是干旱地区拟步甲昆虫物种多样性维持最为关键的限制因子。步甲科昆虫广泛分布于各种生境，且在贺兰山具有较大海拔高差的中段趋于中生湿润的环境聚集，能量因子的作用大于水分因子。天牛科和瓢虫科等其他科昆虫趋向于

植被郁闭度较高的中生环境分布，物种丰富度受能量因子的作用略大。生境异质性因子对所有科昆虫的独立解释率均低于水分因子、能量因子的独立解释率，在各自的模型中，生境异质性因子解释率占比最大的是天牛科昆虫，最小的是瓢虫科昆虫，可能是由于瓢虫科昆虫几乎全部是肉食性，生境异质性因子对该科昆虫的影响比对植食性的天牛科昆虫较小。

综上可见，水分因子和能量因子是贺兰山地区鞘翅目昆虫物种丰富度水平分布格局的主导因子，生境异质性有助于提高甲虫物种丰富度，而在贺兰山的南段和北段，生境异质性因子和水分因子作用明显。在本研究中，水分因子、能量因子和生境异质性因子并没有完全解释贺兰山鞘翅目及其优势科昆虫物种丰富度水平分布格局的所有变异。已有研究表明，地形因子对地表甲虫多样性分布格局存在影响，拟步甲科昆虫在贺兰山山地更倾向选择在热量、光照和水分适中的半阴缓坡聚集（杨贵军等，2016），步甲在山地针叶林生境的背阴坡和浅山荒漠生境的向阳坡聚集明显，且均为缓坡（杨益春等，2017）。土壤理化性质对甲虫多样性也可能存在重要作用，土壤质地和土壤紧实度显著影响草坪地下昆虫分布格局（郭海滨等，2009）。地表昆虫群落的活动密度、多样性与土壤含水量显著相关（娄巧哲等，2011；李岳诚等，2014）；步甲物种丰富度和密度与土壤全钾量和 pH 呈显著负相关，与全盐量、水分呈显著正相关（仲雨霞，2007）。土壤盐碱化会造成步甲多样性水平偏低（Thomas and Marshall，1999）。地表甲虫在鞘翅目昆虫中占较大比例，因此，今后的研究应进一步引入土壤与地形等因素，将有助于更全面探究该区域甲虫物种丰富度分布格局的潜在影响机制。

6.3.2 能量因子、水分因子与生境异质性因子对鞘翅目昆虫物种丰富度垂直分布格局的相对影响

环境因子对鞘翅目昆虫物种丰富度垂直分布的 GAM 分析，仅最冷月平均气温、年均辐射和每 100m 海拔段面积引入模型，且属于能量因子的最冷月平均气温解释率高达 96.64%，总体上呈正相关，说明低温是影响甲虫在贺兰山垂直分布的重要因素。冗余分析和方差分解分析表明，能量因子解释率最大，水分因子次之，生境异质性因子最小。水分因子、能量因子和生境异质性因子对不同优势科昆虫物种丰富度垂直分布的相对影响不同，GAM 偏差分析表明，最冷月平均气温是步甲科、金龟科、天牛科、瓢虫科解释率最大的因子，偏差解释率均在 86%以上，步甲科昆虫物种丰富度随最冷月平均气温呈单峰曲线变化，金龟科、天牛科、瓢虫科随最冷月平均气温总体上呈上升趋势变化。年均辐射是拟步甲科和象甲科解释率最大的因子，偏差解释率在 95%以上。拟步甲科和象甲科昆虫物种丰富度随年均辐射总体上呈上升变化趋势。可见，趋向于较低海拔分布的拟步甲科和象

甲科昆虫表现了其对强旱生环境的适应性，而逐渐向中高海拔分布的步甲科、金龟科、天牛科、瓢虫科昆虫受山地气候的影响，最冷月平均气温成为这些类群垂直分布的显著影响因子。

具有一定海拔的山地综合了温度、光照、水分等环境变量的因素，各海拔段面积及生境异质性被认为是物种多样性海拔格局形成的主要原因（Colwell et al.，2004；Kluge et al.，2006）。本研究冗余分析和方差分解结果表明，能量因子是贺兰山全部甲虫和所有优势科昆虫物种丰富度变异解释率最大的因子，说明能量因子依然是决定贺兰山山地甲虫物种丰富度垂直分布格局的最重要因子，这与贺兰山的地形地貌及周围荒漠景观引起的水热条件有关。水分因子是贺兰山鞘翅目、步甲科、天牛科、拟步甲科、瓢虫科昆虫的次要影响因子。步甲科和拟步甲科昆虫是地表甲虫的重要组成类群，扩散能力弱；步甲科和瓢虫科昆虫多为捕食性；拟步甲科昆虫在贺兰山中低海拔聚集，较多类群为地表杂食性，高海拔阴湿环境分布很少。水分因子对拟步甲单独解释率极低，说明拟步甲是趋向于干旱生境分布的类群。生境异质性因子对金龟科和象甲科昆虫的影响大于水分因子，生境异质性因子对象甲科昆虫单独解释率最大，可能由于这两类甲虫多为植食性，植物类型复杂程度有助于提高其物种丰富度。天牛科昆虫为植食性昆虫，生境异质性因子的单独解释率高于水分因子，该类昆虫趋向于较高海拔植被郁闭度较高的灌丛和乔木中生环境分布。

物种种域宽度 Rapoport 法则的气候变异性假说（climate variability hypothesis）认为，耐受能力较强的物种具有更宽的分布区，对高纬度和高海拔极端环境有较强的耐受能力（Stevens，1992；Brown and Lomolino，1998；Weiser et al.，2007）。本研究结果显示，最冷月平均气温、最热月平均气温及年均辐射等能量因子显著影响每 100m 海拔段物种种域宽度，而且偏差解释率较大，说明能量因子是决定贺兰山山地物种种域的关键因子。最冷月平均气温是显著影响贺兰山鞘翅目、步甲科、瓢虫科昆虫物种丰富度和种域宽度的环境因子，鞘翅目、步甲科昆虫物种丰富度与最冷月平均气温呈正相关，而种域宽度与最冷月平均气温呈负相关。瓢虫科昆虫物种丰富度和种域宽度与最冷月平均气温总体上均呈正相关。拟步甲科昆虫物种丰富度与年均辐射呈正相关，而与种域宽度呈负相关。影响天牛科和金龟科昆虫物种丰富度和物种种域的环境因子也有差异，两个科昆虫物种丰富度与最冷月平均气温显著正相关，两个科昆虫物种种域与最热月平均气温呈显著负相关。本研究还发现，每 100m 海拔段面积鞘翅目、步甲科、拟步甲、金龟科、天牛科昆虫物种丰富度与各自物种种域呈显著负相关，象甲科和瓢虫科昆虫物种丰富度与各自物种种域呈不显著正相关，这证明 Stevens 法验证步甲科、拟步甲科、金龟科、天牛科昆虫物种丰富度支持 Rapoport 法则，而象甲科和瓢虫科昆虫物种丰富度不支持，也说明物种丰富度和物种种域沿海拔梯度表现并不完全一致。

Weiser 等（2007）研究了美洲木本植物分布区大小和物种丰富度的纬度格局，预测物种丰富度与物种种域大小呈显著正相关，然而多数学者认为物种种域 Rapoport 法则与物种多样性海拔梯度格局的关系尚无确切的结论（Ruggiero and Werenkraut，2007），因此，影响物种丰富度和物种种域的环境因子也不尽相同，即使相同的环境因子对物种丰富度与物种种域的影响方式也会存在差异。

主要参考文献

郭海滨, 李保平, 强胜, 等. 2009. 狗牙根草坪昆虫群落组成与环境因子相关性研究. 南京农业大学学报, 32(3): 63-70.

李岳诚, 张大治, 贺达汉. 2014. 荒漠景观固沙柠条林地地表甲虫多样性及其与环境因子的关系. 林业科学, 50(5): 109-117.

梁存柱, 朱宗元, 李志刚. 2012. 贺兰山植被. 银川: 阳光出版社.

娄巧哲, 徐养诚, 马吉宏, 等. 2011. 古尔班通古特沙漠南缘地表甲虫物种多样性及其与环境的关系. 生物多样性, 19(4): 441-452.

沈梦伟, 陈圣宾, 毕孟杰, 等. 2016. 中国蚂蚁丰富度地理分布格局及其与环境因子的关系. 生态学报, 36(23): 7732-7739.

王健铭, 崔盼杰, 钟悦鸣, 等. 2019. 阿拉善高原植物区域物种丰富度格局及其环境解释. 北京林业大学学报, 41(3): 14-23.

王志恒, 唐志尧, 方精云. 2009. 物种多样性地理格局的能量假说. 生物多样性, 17(6): 613-624.

杨贵军, 贾龙, 张建英, 等. 2016. 宁夏贺兰山拟步甲科昆虫分布与地形的关系. 环境昆虫学报, 38(1): 77-86.

杨益春, 杨贵军, 王杰. 2017. 地形对贺兰山步甲群落物种多样性分布格局的影响. 昆虫学报, 60(9): 1060-1073.

张宇, 冯刚. 2018. 内蒙古昆虫物种多样性分布格局及其机制. 生物多样性, 26(7): 701-706.

仲雨霞. 2007. 北京野鸭湖湿地自然保护区甲虫群落多样性及其动态分布的研究. 首都师范大学硕士学位论文.

Brown J H. 1981. Two decades of homage to Santa Rosalia: toward a general theory of diversity. American Zoologist, 21(4): 877-888.

Brown J H, Gillooly J F, Allen A P, et al. 2004. Toward a metabolic theory of ecology. Ecology, 85(7): 1771-1789.

Brown J H, Lomolino M V. 1998. Biogeography, 2nd Edition. Massachusetts, Sunderland: Sinauer Associates.

Chen S B, Jiang G M, Ouyang Z Y, et al. 2011. Relative importance of water, energy, and heterogeneity in determining regional pteridophyte and seed plant richness in China. Journal of Systematics and Evolution, 49(2): 95-107.

Colwell R K, Lees D C. 2000. The mid-domain effect: geometric constraints on the geography of species richness. Trends in Ecology & Evolution, 15(2): 70-76.

Colwell R K, Rahbek C, Gotelli N J. 2004. The mid-domain effect and species richness patterns: what have we learned so far? The American Naturalist, 163(3): E1-E23.

Cox C B, Moore P D, Ladle R. 2016. Biogeography: an ecological and evolutionary approach.

Chichester: John Wiley & Sons.

Fine P. 2015. Ecological and evolutionary drivers of geographic variation in species diversity. Annual Review of Ecology, Evolution, and Systematics, 46: 369-392.

Gotelli N J, Arnett A E. 2000. Biogeographic effects of red fire ant invasion. Ecology Letters, 3(4): 257-261.

Hawkins B A. 2001. Ecology's oldest pattern? Trends in Ecology & Evolution, 16(8): 470.

Kluge J, Kessler M, Dunn R R. 2006. What drives elevational patterns of diversity? A test of geometric constraints, climate and species pool effects for pteridophytes on an elevational gradient in Costa Rica. Global Ecology and Biogeography, 15(4): 358-371.

O'Brien E M. 2006. Biological relativity to water-energy dynamics. Journal of Biogeography, 33(11): 1868-1888.

Ribas C R, Schoereder J H. 2006. Is the Rapoport effect widespread? Null models revisited. Global Ecology and Biogeography, 15(6): 614-624.

Rosenzweig M L. 1995. Species diversity in space and time. Cambridge: Cambridge University Press.

Ruggiero A, Werenkraut V. 2007. One-dimensional analyses of Rapoport's rule reviewed through meta-analysis. Global Ecology and Biogeography, 16(4): 401-414.

Sanders N J, Lessard J P, Fitzpatrick M C, et al. 2007. Temperature, but not productivity or geometry, predicts elevational diversity gradients in ants across spatial grains. Global Ecology and Biogeography, 16(5): 640-649.

Schuldt A, Baruffol M, Böhnke M, et al. 2010. Tree diversity promotes insect herbivory in subtropical forests of south-east China. Journal of Ecology, 98(4): 917-926.

Shah D N, Tonkin J D, Haase P, et al. 2015. Latitudinal patterns and large-scale environmental determinants of stream insect richness across Europe. Limnologica, 55: 33-43.

Stevens G C. 1992. The elevational gradient in altitudinal range: an extension of Rapoport's latitudinal rule to altitude. The American Naturalist, 140(6): 893-911.

Svenning J C, Eiserhardt W L, Normand S, et al. 2015. The influence of Paleoclimate on present day patterns in biodiversity and ecosystems. Annual Review of Ecology, Evolution, and Systematics, 46: 551-572.

Thomas C F G, Marshall E J P. 1999. Arthropod abundance and diversity in differently vegetated margins of arable fields. Agriculture, Ecosystems & Environment, 72(2): 131-144.

Turner J R. 2004. Explaining the global biodiversity gradient: energy, area, history and natural selection. Basic and Applied Ecology, 5(5): 435-448.

Weiser M D, Enquist B J, Boyle B, et al. 2007. Latitudinal patterns of range size and species richness of New World woody plants. Global Ecology and Biogeography, 16(5): 679-688.

West G B, Brown J H, Enquist B J. 1997. A general model for the origin of allometric scaling laws in biology. Science, 276(5309): 122-126.

Wright D H. 1983. Species-energy theory: an extension of species-area theory. Oikos, 41(3): 496-506.

Zobel M. 1997. The relative role of species pools in determining plant species richness: an alternative explanation of species coexistence? Trends in Ecology & Evolution, 12(7): 266-269.